《信息与计算科学丛书》编委会

国家科学技术学术著作出版基金资助出版

信息与计算科学丛书 92

偏微分方程的移动网格方法

汤 涛 李 若 张争茹 著

科学出版社

北 京

内 容 简 介

　　本书介绍了移动网格方法的历史和现状，作者根据这几年对移动网格方法的一些研究体会，写成此书. 本书研究的移动网格方法要做的就是保持单元或节点数不变而通过重新分布节点位置实现自适应目标. 特别地，我们将把动态网格与求解过程结合起来，用最适合求解问题的方式来生成网格，即在解的梯度大的地方网格自动加密，而在解的梯度小的地方网格自动变稀疏，其基本目标是改进计算精度，并使数值误差分布趋于均匀. 本书侧重自适应网格技术，在流体计算、相场界面问题、双曲守恒律方程等问题上都有成功的应用. 本书易读性强，深入浅出，提供代码，使读者容易上手实践.

　　本书对科学计算领域的本科生和研究生，以及从事科学计算、工程计算研究的相关人员是一本有益的专业参考书.

图书在版编目 (CIP) 数据

偏微分方程的移动网格方法/汤涛，李若，张争茹著. —北京：科学出版社，
2023. 1

　(信息与计算科学丛书；92)
　ISBN 978-7-03-074268-1

　Ⅰ. ①偏… 　Ⅱ. ①汤… ②李… ③张… 　Ⅲ. ①偏微分方程-网格计算
Ⅳ. ①O175.2

中国版本图书馆 CIP 数据核字 (2022) 第 236185 号

责任编辑：王丽平 李 萍／责任校对：彭珍珍
责任印制：吴兆东／封面设计：陈 敬

科 学 出 版 社 出版
北京东黄城根北街 16 号
邮政编码：100717
http://www.sciencep.com
北京中科印刷有限公司 印刷
科学出版社发行 各地新华书店经销

*

2023 年 1 月第 一 版　开本：720×1000 1/16
2023 年 1 月第一次印刷　印张：13 1/4
字数：270 000
定价：138.00 元
(如有印装质量问题，我社负责调换)

《信息与计算科学丛书》序

20 世纪 70 年代末, 由著名数学家冯康先生任主编、科学出版社出版的一套《计算方法丛书》, 至今已逾 30 册. 这套丛书以介绍计算数学的前沿方向和科研成果为主旨, 学术水平高、社会影响大, 对计算数学的发展、学术交流及人才培养起到了重要的作用.

1998 年教育部进行学科调整, 将计算数学及其应用软件、信息科学、运筹控制等专业合并, 定名为 "信息与计算科学专业". 为适应新形势下学科发展的需要, 科学出版社将《计算方法丛书》更名为《信息与计算科学丛书》, 组建了新的编委会, 并于 2004 年 9 月在北京召开了第一次会议, 讨论并确定了丛书的宗旨、定位及方向等问题.

新的《信息与计算科学丛书》的宗旨是面向高等学校信息与计算科学专业的高年级学生、研究生以及从事这一行业的科技工作者, 针对当前的学科前沿, 介绍国内外优秀的科研成果. 强调科学性、系统性及学科交叉性, 体现新的研究方向. 内容力求深入浅出, 简明扼要.

原《计算方法丛书》的编委和编辑人员以及多位数学家曾为丛书的出版做了大量工作, 在学术界赢得了很好的声誉, 在此表示衷心的感谢. 我们诚挚地希望大家一如既往地关心和支持新丛书的出版, 以期为信息与计算科学在新世纪的发展起到积极的推动作用.

石钟慈

2005 年 7 月

前　言

20 世纪初, 英国数学家理查森 (L. Richardson, 1881—1953) 撰写了《用数值过程预测天气》(*Weather Prediction by Numerical Process*) 一书. 为了求得准确的数据, 理查森在 1916 年至 1918 年期间, 还组织了大量人力进行了第一次数值天气预报的尝试. 他的这一次天气预报计算是许多人用手摇计算机进行了 12 个月才完成的. 那时的手摇计算机太慢了, 要得到未来 24 小时的预报, 如果一个人日夜不停地进行计算, 需要算 64000 天, 也就是 175 年. 也就是说, 要跟上变化多端的天气, 要有一个 64000 人一起工作的计算工厂, 才能把 24 小时的天气预报计算出来, 实际上就是计算要与天气赛跑. 这次实验虽然失败了, 但它给了人们有意义的启示, 是一个 "异想天开" 的创新. 今天, 人们认为理查森的工作是现代数值预报的开始, 称之为数值预报发展的第一个里程碑.

当电子计算机取代了理查森的手摇计算机后, 数值天气预报的思想才得到了真正的实施. 1950 年, 著名动力气象学家查尼 (J. Charney, 1917—1981) 等使用世界上第一台电子计算机 "埃尼阿克" (ENIAC), 首次成功地对北美地区的 24 小时天气变化进行了预报, 给出了历史上第一张数值预报天气图. 这一结果的公布被认为是数值天气预报发展的第二个里程碑. 而当时所用的计算工具是世界上第一台现代电子计算机 "埃尼阿克", 它于 1946 年 2 月 14 日在美国宾夕法尼亚大学的莫尔电机学院诞生. 当时这个庞然大物占地面积达 170 平方米, 重达 30 吨, 能在 1 秒内进行 5000 次加法运算和 500 次乘法运算, 其计算速度是手工计算的 20 万倍.

从那以后, 一些国家相继将先进的数值天气预报引入实际研究中. 中国也于 1959 年开始了数值天气预报的研究, 1965 年中国气象局首次发布数值计算出来的天气预报, 这也是现在每天新闻联播后面必不可少的一个节目.

随着计算机硬件的飞速发展, 科学计算不仅在天气预报方面取得了成功, 还在核武器模拟、飞行器设计、油田勘探、汽车设计和金融分析等众多领域取得了巨大成功, 成为和理论科学、实验科学并驾齐驱的三驾马车之一.

"科学计算" 和计算机是紧密联系在一起的. 没有计算机, 也就谈不上 "科学计算". 但它又和计算机科学不一样. 计算机就是一个可以用来算题的机器. 然而, "科学计算", 是把一个完全无法计算的东西, 比如一个无穷维的微分方程, 变换和简化成可以在计算机上演算的东西. 也就是说, 一个复杂而神秘的东西, 用一个简单的算法来做它的"替身",放到计算机上去求解.计算数学的任务就是寻找和创造这些"替身".

　　计算数学的核心是找到快速、有效的"算法",让计算机的力量最大化地发挥出来.这些算法的目标是计算一大类的问题,而不是某个单一的"项目".比如计算圆周率是完成一个项目,欧拉计算巴塞尔级数求和问题也是一个单一项目.但是,刘徽的线性方程组消去法、高斯的最小二乘法、高斯数值求积分、秦九韶的高阶方程近似求根,都是实实在在的"算法".用这些算法编出的程序,可以解决成百上千个同类问题.比如高斯数值求积分,只要输入积分区间和函数,"算法"就可以立刻且高精度地给出积分值,而不需要绞尽脑汁去找积分的"原函数".

　　我们知道,宇宙中球体间的引力和它们之间的距离有关.计算每一对星球之间的引力、整个银河系统里的运动规律……模拟这个庞大的系统,计算量是非常可怕的.硬算的话,计算机不知道要算到猴年马月,人们只能望"洋"兴叹.再看看设计宇宙飞船、飞机导弹,其周围被一层流体气层包围着,如何设计流线型的运行物体,那是航天航空、汽车制造业的关键之关键.当然,还有如何设计我们周围的电磁波,那是我们的无线通信、互联网、隐形飞机的重要基石.这些设计,很多可以通过计算机仿真、数值计算来完成.总之,大到宇宙,小到电子,无处不存在工程师和科学家想克服的"计算"难关.

　　计算数学,在探索自然界奥秘的过程中,可以扮演什么角色呢?

　　应用数学家为上面的自然现象写出微分方程,这叫做建立模型.科学家认为,这些微分方程能够准确地描述人们想要知道的物理现象.但是,这些微分方程都是"无穷维"的,非常复杂,是"海市蜃楼",基本上是无法找到精确答案的.有了这些微分方程,只能得到定性分析,实际结果还是看不见摸不着的.

　　而当代的计算机,无论有多先进,只能够对付有限多个数的运算,我们想要在计算机上运算无穷维的微分方程,得到它的解,是不可能办到的.也就是说,在计算机上做无穷多个加减乘除的运算,现在还只能是天方夜谭.

　　既然这般,我们可以退而求次.工程师说了,我们不需要模型的准确解,如果能得到一个相对误差不超过百分之几的"近似解",画出一个合理的图像,让我们眼见为实,知道我们的设计结果是否合理就行了."计算数学"要做的事,就是要做到眼见为实,要找到"近似解".具体地说,就是要找到一个算法,设计一个编程,可以在计算机上运算,以此来代替那个可怕的微分方程.这样还不够,还要在理论上证明,得到的近似解和精确解间的相对误差不超过工程师心中的底线.有了这样的证明,确保了精确度,工程师方才"心服口服".

　　我们再看看是如何代替可怕的微分方程的.不管用什么方法,都是要将方程"离散化",将连续的无穷维的微分方程,变成有限多个线性或非线性方程组.与此同时,还要将求解区域作网格剖分,简单地讲,就是将感兴趣的求解区域划成一个个格子, 形成 "网格", 然后写出每个格点上微分方程的近似格式. 为此, 将微分方程在格点上的导数用相应的 "差商" 来代替, 如一阶差商就是两个相邻格点上的函数值之差与相应坐标之差的比值, 也就是说用 "割线" 代替切线. 每个格点有一个差分方程, 这就形成了一个代数方程组. 离散化的工作至此完成, 剩下的就是如何求解离散后形成的代数方程组了.

精确解的替身找到了, 工程师却又改变主意, 得寸进尺了. 他们说现在精确度达到 1% 了, 但我想得到 0.1% 甚至 0.01% 的精度, 让图像分辨率更高一些, 如何达到? 计算数学家可以用同样一个程序, 达到这些要求, 只不过要增加计算量. 比如, 增加网格点的个数. 只要你给出要求——精确度 E, 我总能找到网格 $N(E)$, 来满足你的要求, 在数学上, 这叫收敛性. 如果一个算法, 可以通过加密网格点数来使精度越来越好, 那这个算法就是收敛的.

除了收敛性这一核心问题, 计算数学还有两个关心的核心问题: 稳定性和效率.

计算机是不能准确表达所有的数的. 比如分数 1/3, 如果表示成小数的话, 就是无穷循环小数, 所以存在计算机里的是 0.3333333333333……, 到底小数点后给出多少位, 那就看你的计算机是怎么设计的. 现在的计算机, 不能准确表达无理数, 也不能准确表达 1/3, 1/7 等有理数, 一般可以保留十几位有效数字. 被截断的部分, 就是 "截断误差". 当今的计算机里, 截断误差通常可以小到 10^{-16}, 似乎微不足道. 但是问题在于, 很多算法, 都要在计算机上重复运算成千上万次. 假设有一个算法, 它在计算机上的每一次运算, 都把误差放大 1%, 这一点点看似微不足道的放大, 似乎无害, 但是运算一万次后, 误差就被放大了 10^{43} 倍, 原来微不足道的 10^{-15} 的截断误差, 现在就被放大成了 10^{28} 倍, 这可是个天文数字啊! 这样的误差, 把所有真解的影子全都埋没了, 那还了得! 正所 "谓差之毫厘, 谬以千里". 这就涉及 "稳定", 一个好的算法是不允许把误差不断放大的.

效率的问题可以简单地描述如下. 如果有两个算法, 一个 A, 一个 B, 都能达到误差不超过 1% 的要求, 但在同一台机器上, A 要花两天才能算出结果, 然而, B 只要两小时就能给出同样的结果. 我们喜欢谁呢? 当然是 B. 这就是计算方法中不可忽视的问题, 叫做算法的效率.

当今计算数学的一个重点研究方向, 就是找到 "高效" 算法, 就是说算法的效率特别高.

总而言之, 科学计算的物质基础是计算机, 但关键软实力是 "计算方法". 计算方法是计算数学的核心, 其三要素是收敛、稳定、高效.

本书就是要研究数值求解微分方程的收敛、稳定、高效算法. 我们的侧重点是通过研究自适应网格算法, 达到高效的目的.

数值计算中, 按一定规律分布于求解区域的离散点的集合称为网格, 产生这些节点的过程就称为网格生成. 网格生成是连接几何模型和数值算法的纽带, 几何模型就只有被划分成一定标准的网格时才能对其进行数值求解. 一般而言, 网格划分越密, 得到的结果就越精确, 但耗时也越多. 数值计算结果的精度及效率主要取决于网格及划分时所采用的算法, 它和控制方程的求解是数值模拟中最重要的两个环节. 网格生成技术已经发展成为计算流体力学、工业设计等领域的一个重要分支.

网格也是偏微分方程数值解法的基础, 网格体系的好坏直接影响计算结果的精度, 甚至影响计算的成败. 网格方法的研究经历了从结构化到非结构化、从单一网格到混合网格的过程. 经过几十年的发展, 这些网格方法已经很好地用于各种问题的计算, 并不断出现新的针对不同情况的网格生成技术, 而且形成了一些好的网格生成软件. 近三十多年来, 自适应网格方法 (主要有移动网格方法和局部细化或粗化的网格方法) 一直受到国际学术界和各类应用部门的高度重视, 并且成为网格方法研究的热点问题.

非线性偏微分方程的奇性解往往反映了自然现象最核心、最复杂的部分. 在数值求解中, 奇性解的数值模拟也是最困难的. 困难之一就是奇性导致数值解强烈地依赖于离散化的方式, 或更具体地说强烈地依赖于网格. 事实上, 对于很多问题, 网格的分布已经成为求解问题的一个重要的组成部分, 其结果也构成了数值解不可分割的一部分. 对于很多复杂问题, 得到这样一个初始网格本身就是一件很困难的研究课题. 网格变换法的基本思想是将网格的分布直接与解的某种物理性质联系起来. 通过结合具体问题对网格变换法的深入研究将对发展一套快速有效的自适应网格调整方法起到重要的推动作用.

移动网格的思想是保持求解过程中网格节点数及其相互之间的拓扑连接的结构不变, 但网格节点的位置则随着时间而变化, 并且将较多的网格点移动到解的性质较奇异、需要进行精细地逼近的地方. 通过这种调整, 可以合理分布网格点, 使得解变化较大的局部区域有较多的网格, 从而使整体的误差减小, 数据存储量减小, 计算速度加快. 和局部加密方法一样, 在实现网格移动的时候, 我们需要一个指示子一样的量来对网格移动进行指导. 对于局部加密方法来说, 其追求的目标是: 对于事先给定的误差要求, 设法使用最少的计算资源来获得相应的结果. 而移动网格方法的目标则是: 现在给定一定量的计算资源, 设法获得最高质量的数值结果.

2004 年夏天, 美国布朗大学舒其望教授和北京应用物理与计算数学研究所蔚喜军教授在中国科技大学组织了偏微分方程自适应算法暑期班. 美国宾夕法尼亚州立大学许进超教授和本书作者之一汤涛教授于 2006 年夏天在北京大学也举办了自适应算法讨论班. 还有一些小规模的研讨会在过去的十年也时有出现. 在此期间, 国内有多位学者和研究生参与了自适应算法的算法研究.

在广泛的实际应用问题中, 往往出现解的性质相对恶劣, 方程在求解区域的局部变化非常剧烈, 或者是求解区域整体相对较大, 却又要对其中小部分上解的细节信息要求很高的情况. 对于这样的问题, 在均匀的网格上求解是不现实的, 尤其是高维的问题, 计算量远远超出硬件的能力. 自适应方法是解决这种问题的一个途径, 其中一个重要的工具是移动网格方法, 其在过去的三十多年得到了重要的发展. 我们根据这几年对移动网格方法的一些研究体会, 写成此书. 本书研究的移动网格方法要做的就是保持单元或节点数不变而通过重新分布节点位置实现自适应目标. 特别地, 我们将把动态网格与求解过程结合起来, 用最适合求解问题的方式来生成网格, 即在解的梯度大的地方网格自动加密, 而在解的梯度小的地方网格自动变稀疏, 其基本目标是改进计算精度, 并使数值误差分布趋于均匀.

在进行移动网格研究以及准备本书过程中, 我们受益于多位学者的合作和帮助, 在此表示衷心的感谢! 他们分别是: 北京大学汤华中、张平文, 英国肯特大学刘文斌, 湘潭大学黄云清, 上海大学马和平, 美国堪萨斯大学黄维章, 荷兰乌特勒大学 Paul Zegeling, 香港理工大学乔中华, 北京师范大学-香港浸会大学联合国际学院邸亚娜, 浙江大学王何宇, 中山大学谭志军, 澳门大学胡光辉, 以及他们的学生和合作者. 邸亚娜教授认真校阅了本书, 在此特别致谢.

感谢科学出版社的王丽平副编审和李萍编辑, 她们的耐心和鼓励, 是我们完成此书的重要保证.

由于时间仓促和能力有限, 书中肯定会有很多疏漏和不足之处, 恳请读者谅解和批评指正.

汤涛　李若　张争茹

2021 年 3 月

目　　录

第 1 章 自适应方法

18 世纪的拉普拉斯是一位法国的机械决定论者, 被称为法国的"牛顿", 他把牛顿的质点运动确定论扩展到了无穷质点系统的确定论. 拉普拉斯在《概率论的哲学试验》著作中写道: "我们可以把宇宙现在的状态看作是它历史的果和未来的因. 如果存在这么一个智者, 它在某一时刻, 能够获知驱动这个自然运动的所有的力, 以及组成这个世界的所有物体的位置, 并且这个智者有足够强大的能力, 可以把这些数据进行分析, 那么宇宙之中从最宏大的天体到最渺小的原子都将包含在一个运动方程之中; 对这个智者而言, 未来将无一不确定, 恰如历史一样, 在它眼前一览无遗."

拉普拉斯的这段名言, 在科学和哲学界引起了轩然大波, 余波至今未消. 拉普拉斯这里所说的"智者"便是后人所称的"拉普拉斯妖"(Laplace's demon). 事实上, 拉普拉斯希望找到一个独立的公式, 把宇宙的万物运动描述清楚. 他提到: 公式中要包含力、位置和原子状态等的描述. 这样, 宇宙的前因后果都确定了, 也都能回溯过去和预测未来了. 直到现在, 人们还在不断完善公式, 发展探测工具, 获取高分辨率的资料, 努力实现拉普拉斯的理想目标.

实际上, 在自然科学与工程技术中, 很多运动发展过程与平衡现象会遵循一定的规律. 这些规律的定量表述一般地呈现为含有未知函数及其导数的方程. 我们将只含有未知多元函数及其偏导数的方程, 称为偏微分方程, 初始条件和边界条件称为定解条件; 而偏微分方程和定解条件作为一个整体, 称为定解问题. 我们居住的地球, 表面上空被一厚度十几公里到二十多公里的大气层所环绕. 我们每天感受到的阴晴雨霜、冷暖风雪天气就发生在这十几到二十几公里厚的大气层里. 大气环绕着地球每天都在运动变化, 它遵循牛顿运动定理、质量守恒定理、大气状态方程、热力学定理和水汽守恒定理. 数值天气预报, 就是将描述大气的流体动力学纳维–斯托克斯 (Navier-Stokes) 方程、热力学方程组, 根据某一时刻观测到的大气状态, 用数学方法求解, 得到未来某一个时间的大气状态.

欧拉方程组可以理解为纳维–斯托克斯方程的简化形式. 欧拉方程组适用的地方很多, 可以描述飞行中的流场变化, 比如飞行器在空中速度过快 (马赫数大于 1) 的情况下, 会使周围的压力、空气密度、温度等产生不连续分布, 即产生了激波. 这些都可以通过欧拉方程组描述出来.

广义相对论是爱因斯坦在 1915 年提出来描述引力现象的几何理论, 其基本观点是时空结构取决于物质的运动及分布. 爱因斯坦提出的引力场方程, 体现了运动的物质及其分布决定周围的时空性质, 对于任意坐标变换, 场方程的形式不变. 求解爱因斯坦方程是人们了解宇宙运行规律的前提条件, 但是爱因斯坦场方程是一个强非线性偏微分方程组, 是自然科学中最复杂的偏微分方程之一, 因此想要求得其精确解十分困难. 尽管如此, 仍有相当数量的精确解被求得, 但仅有少数具有物理上的直接应用.

1948 年, 柯朗 (Courant) 和弗里德里希斯 (Friedrichs) 合作出版了《超音速流和激波》(*Supersonic Flow and Shock Waves*), 这是一本经典性的理论著作. 这本书问世之后, 刻画激波的守恒律方程为 20 世纪 50 年代兴起的一个主要研究领域. 此类型方程的特征之一就是: 即使初始数据是充分光滑的, 守恒律的解在有限时刻也可能会发生间断, 形成激波、切向间断和稀疏波. 由这一理论形成的空气动力学偏微分方程组, 成了研究高速飞行器、核武器等的重要工具.

在上述例子中, 要想找到描述大气的流体动力学纳维–斯托克斯方程的解, 找到描述激波的欧拉方程组的解, 找到描述引力现象的爱因斯坦方程的解, 或者是描述激波的双曲型方程的解, 大多数情况下是不可能的. 换句话说, 要把这众多的数学方程 (组) 求解出来, 给出一个数学公式, 是十分困难或几乎不可能的事情. 在这种情况下, 很长时间以来, 人们只能通过很多简化, 找到有限个解析解, 这对复杂问题的理解有很大的局限性.

自从 20 世纪 50 年代电子计算机逐渐出现在科学计算中以来, 以上问题得到了根本解决. 人们开始结合数学和计算机, 通过数值计算方法得到满足精度要求的微分方程近似解. 这样, 纳维–斯托克斯方程、欧拉方程组、爱因斯坦方程等, 都可以得到令人满意的近似解.

数值计算的基本思路就是用简单问题近似复杂问题 (两种问题具有相同或非常接近的解), 用有限空间代替无限维空间, 用有限过程代替无限过程, 用代数方程代替微分方程, 用线性问题代替非线性问题. 而微分方程的数值方法, 无论是常微分方程还是偏微分方程, 都是将连续的、无限未知数的问题近似为离散的、有限未知数的问题, 并进一步数值求解. 经典数值分析通常会关心如下一些问题: 相容性、稳定性、收敛性、收敛阶、计算量等. 相容性是说格式在局部是不是做出了正确的近似, 有一定的 "精度"; 稳定性是说局部的近似误差会不会随着计算而积累放大; 收敛性是说当离散尺度无穷小的时候数值解是否会趋向于真实解; 收敛阶则刻画了收敛的速度, 高阶的格式可以用较大的离散尺度获得较好的数值结果. 因此, 数值方法的最终表现需要在精度、稳定性和计算量之间找到一个平衡.

偏微分方程的数值方法常见的有有限差分方法、有限元方法、有限体积法和谱方法等. 本书根据不同的问题, 分别采用前三种方法, 即有限差分方法、有限元方法和有限体积法.

第一类方法是有限差分法, 主要推导工具是泰勒展开, 它是最早用来求解偏微分方程定解问题的数值方法, 也是应用最广泛的方法之一. 其基本思想是: 第一步, 对求解区域作网格剖分 (二维一般是正方形网格或长方形网格; 三维就是立方体或长方体网格), 使得自变量的连续变化区域被有限离散点 (网格点) 集代替; 第二步, 将问题中出现的连续变量的函数用定义在网格点上的离散变量代替, 通过用网格点上函数的差商代替导数, 将含连续变量的偏微分方程定解问题化成只含有限个未知数的代数方程组. 如果差分格式有解, 且当网格无限变小时其解收敛于微分方程定解问题的解, 则差分格式的解就作为原问题的近似解 (数值解). 这个方法主要基于泰勒展开, 其优势是简单易行, 容易理解、容易实现, 但局限性就是对求解区域的要求相对苛刻, 复杂区域的突现变得比较烦琐.

第二类方法是有限元方法, 主要基于变分原理. 有限元方法的第一步是对整个求解区域进行分解, 使每个子区域都成为简单的部分 (比如在平面区域可以是一个个小三角形, 这些小三角形内部互不相交, 但所有小三角形又充满了整个给定的区域). 这种简单剖分被称作有限元, 而它形成的数值方法则被称作有限元方法. 有限元方法的第二步就是对求解的偏微分方程采用 "广义函数", 把偏微分方程转换为在 "更弱" 的函数空间 (通常是分片多项式空间) 上成立的积分形式. 很多实际问题可以化为数学上的 "泛函", 然后要找到最小化泛函, 而达到这一目的就需要采用变分方法. 有限元的核心思想就是假定未知函数在 "更弱" 的函数空间具有简单的表达式, 比如在每个单元上都是一阶多项式, 这样就会由变分形式推出每个单元上简单的代数方程组, 而代数方程组问题可以交由计算机求解. 有限元方法可以达到很高的计算精度, 并且可以应对复杂求解区域, 因此在科学和工程界非常受欢迎. 另外, 有限元方法的求解步骤可以系统化、标准化, 能够开发出灵活通用的计算机程序, 广泛应用于很多实际问题.

著名数学家冯康曾用简单形象的比喻形容有限元方法: 分整为零、裁弯取直、以简驭繁, 化难为易. 他还形象地总结了有限元方法的巨大作用: 求解微分方程的定解问题好像是大海捞针, 成功的可能是微乎其微; 但有限元离散后, 寻求近似解就好像是碗里捞针, 显而易见容易多了.

举个例子说明有限元计算的重要性. 1991 年 8 月 23 日, 在挪威北海 "Sleipner A" 石油钻井平台的最后建造期间, 发生了一次灾难性的故障. 原始船体坍塌, 造成 7 亿美元的损失和里氏 3.0 级地震. 这个钻井平台设计高度是 82 米, 有 24 个格室, 底座建筑面积有 16000 平方米. 斯堪的纳维亚独立研究机构 SINTEF 主持的调查结论显示, 基础结构 24 个格室中的一个格室壁破裂, 导致泄漏量超出泵机的处理能力. 根据 SINTEF 的结论, 基于线性弹性模型的有限元计算不够准确, 导致剪切应力被低估 47%. 事故发生之后, 更精确的有限元计算结果显示原始设计将会在 62 米深度发生故障, 与实际发生故障的 65 米深度基本匹配. 也就是说,粗糙的有限元计算是这次灾难的罪魁祸首, 如有相关的有限元计算结果足够准确, 这个灾难将会避免.

第三类方法是有限体积法, 也叫控制体积法. 有限体积法是在有限差分基础上发展起来的, 同时它又吸收了有限元方法的一些优点. 有限体积法易于人们理解和使用, 并且可以得到更合理的物理解释. 它最大的意义在于, 使用有限体积法得到的离散方程, 完美地体现了守恒性. 其具体的步骤如下: 第一, 在计算过程当中, 将需要计算的区域分割成一连串的具有不重复的控制体积, 使得各个得以控制的体积都可以有一个作为代表的节点; 第二, 通过对未知函数做出时空分片函数假设, 在任意的控制体积内对微分方程作积分, 并对积分量作合理近似, 从而得出离散方程组, 其中的未知量是网格点上的因变量. 有限体积法获得的离散方程, 物理上表示的是控制容积的通量平衡, 方程中各项有明确的物理意义, 这也是有限体积法与有限差分法和有限元方法相比更具优势的地方. 有限体积法的解可以达到高精度, 且能很好地保持守恒性, 因此在很多物理和工程问题计算上非常受欢迎.

1.1 自适应方法综述

在过去的数十年里, 尽管计算机的速度和内存都有大幅度提高, 但很多实际问题的数值模拟仍需在很多简化下才可完成. 也就是说, 现有的计算机能力对付过多的自由度仍然有很多困难, 特别是三维空间问题. 在这种情形下, 自适应算法应运而生, 并在实际应用和理论研究上受到了广泛的重视. 如果一个偏微分方程的解有足够的光滑度, 则一致网格 (有时也叫均匀网格) 就可以给出满意的解. 但是, 也有一些很重要的问题, 其解的光滑性并非很好, 比如说解间断或解有大梯度情形. 局部的奇性会导致求解区域上的网格过细, 会造成不必要的计算时间和数据储存上的浪费.

在数值计算中, 自适应网格所起的作用就是: 在物理解变化剧烈的区域, 通过某些数学方法, 让网格在迭代过程中不断调节, 使得网格点分布与物理解特性相耦合, 从而提高解的精度和分辨率. 自适应网格希望在物理解变动大的区域自动聚集网格, 而在物理解变化平缓区域稀疏网格, 这样可以兼顾计算效率和解的精度.

网格自适应方法主要分为三种类型, 分别叫做 h-方法、p-方法和 r-方法 (图 1.1). 其中 h-方法是对网格进行自适应的局部加密和稀疏化, 这里 h 代表有限元离散的网格特征长度. 也就是说, h-方法表示网格的大小可以改变 (通过增加或减少网格数量), 但计算方法的格式精度 (比如说线性元) 保持不变. 而 p-方法是在网格的不同位置根据解的光滑性质采用不同的基函数, p 是多项式 (polynomial) 的缩写, p-方法表示局部地方不改变网格大小和位置, 但通过提高局部的格式精度, 比如说从一次元到二次元或高次元, 来提高数值解的分辨率. h-p 方法就是把 h-方法和 p-方法有机地结合起来. 简单地说, 在解的光滑度比较高的地方, 可用高阶元来逼近, 而在光滑度比较低的地方, 则通过减少网格大小来提高解的精度. r-方法是进行网格点的重新分布, 又叫做移动网格方法, 这里的 r 是重新分布 (redistribution) 的意思. 这个方法的特点是网格点数固定, 相邻点的排列顺序不变, 但在不同的时间层或迭代层上, 格点的位置要根据某些准则来重新分布.

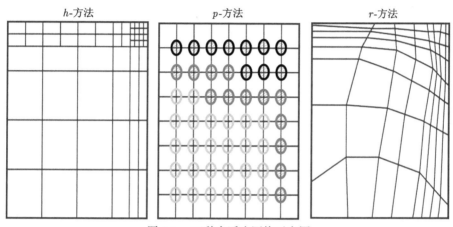

图 1.1 三种自适应网格示意图

网格自适应方法最根本的目标在于使用最少的计算资源来解决复杂问题, 从而可以在现有的硬件资源条件下扩大计算的规模和提高计算的精度.

进一步地, h-方法的基本想法是在原有网格的基础上, 通过近似解的某种后验估计和解在局部的误差表现, 在有需要的地方做局部加密和稀疏. 这个方法可以对解的误差加以控制, 也就是说, 当计算停止时, 近似解可以达到所需的精度. 为了能够使得局部加密方法得到比较好的效果, 需要两个方面的准备工作: 一个是非常精细的误差估计, 最好这个误差估计的精度在区域上的分布几乎和实际误差的分布基本一致; 另一个是关于在网格数据结构上进行加密和稀疏化的操作的算法实现, 较好的实现方法能够减少进行网格自适应带来的额外工作量, 并且和不进行网格自适应的时候的实现方式能够进行比较顺畅的对接, 其中带来的技术性问题是相当多的. 人们对这一方法也有较多的理论探讨, 主要是关于如何实现加密的策略下, 方法的收敛性和稳定性问题.

移动网格, 即 r-方法的思想是保持求解过程中网格节点数及其相互之间的拓扑连接的结构不变, 但网格节点的位置则随着时间而变化, 并且将较多的网格点移动到解的性质非常奇异、需要进行精细逼近的地方. 通过这种调整, 可以合理分布网格点, 使得解变化较大的局部区域有较多的网格, 从而使整体误差减小, 数据存储量减小, 计算速度加快. 移动网格在求解区域内以解的特征决定网格的特征, 并且在求解过程中不断更新网格, 使之自动与微分方程的解相匹配.

最早的 h-有限元方法的文献之一是 1956 年 Turner 等[186] 的工作, 而最早的 p-有限元方法是 1978 年 Szabo 和 Mehta[175] 的工作. 第一篇关于 p-方法的理论文章则是 1981 年 Babuška 等[15] 的工作. 而最早的关于 h-p 有限元方法的理论文章是 1981 年 Babuška 和 Dorr[16] 的工作. 最早的 r-有限元方法的文献之一是 1979 年 Alexander 等[3] 的工作. Miller[126, 127] 1981 年的工作也在 r-有限元方法方面很有影响. 在过去的三十多年, 自适应网格方法一直受到国际学术界和各类应用部门的高度重视, 并且成了网格方法研究的热点问题, 在很多领域得到广泛的应用.

本书的重点是偏微分方程数值解的移动网格方法.

1.2　移动网格方法的基本思想

移动网格方法主要是用来求解带时间的偏微分法方程的一种方法, 它根据物理解的变化动态地调整网格的疏密和形状. 移动网格方法既可以精确分辨物质界面又可以保持网格的几何特性, 因此在求解网格大变形问题时具有不可比拟的优点.

在不同区域用不同的网格长度进行计算已经是一个很常用的技术. 最常见的例子之一是关于边界层问题的计算. 在不可压流体力学的问题里, 当雷诺数非常大时, 边界处会出现一个非常小的区域叫边界层. 在这个小区域里, 解的变化非常剧烈, 非线性也很强, 而在其他的求解区域里, 解的变化相对比较小. 在这种情况下, 用一致网格 (也叫均匀网格) 进行计算, 会极大地浪费计算资源以至于高维计算的实现变得非常困难. 因此, 采用变步长计算是非常自然的. 考虑一个一维的边界层问题例子, 假设边界层长度是 ε, 整个区间长度是 1, 那么最好有约一半的网格点分布在边界层里, 其余一半的点应分布在边界层之外. 也就是说, 在这个计算里, 有两种空间步长: 一种是 $\mathcal{O}(N^{-1})$; 另一种是 $\mathcal{O}(\varepsilon N^{-1})$. 这些观察也可以从第 7 章的理论分析里面得到一些量化概念.

边界层问题中选取变网格长度相对比较容易, 因为要选取小步长的区域位置是知道的, 它就在区域的边界上. 但如果要选取小步长的区域位置随着时间变化, 在计算之前不知道的话, 这就比较麻烦. 在这种情形下, 网格必须随着时间的变化进行调整. 常见的一个例子是激波的传播问题, 其间断线随时间移动. 一个自然的想法是, 随着激波位置的传播, 网格的位置也需随时调整, 并把光滑区域的网格平滑地移动到激波点附近, 如图 1.2 所示. 对于这个问题, 大梯度的地方会有较多的网格点, 在计算中大梯度是网格移动的一个重要判据, 我们在后面的章节里会经常见到. 对于图 1.2 所示的问题, 如果用一致网格, 想得到同样的分辨率, 则需要很多倍的计算时间. 如果一个移动网格的方法设计得好的话, 最大网格和最小网格的长度比可能是几十甚至上百, 可以大大节省计算量. 这一点从图 1.3 中也可以看出.

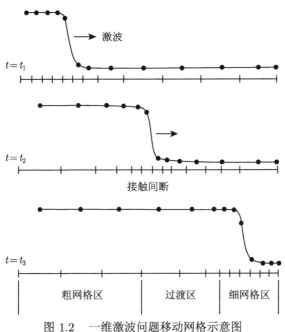

图 1.2 一维激波问题移动网格示意图

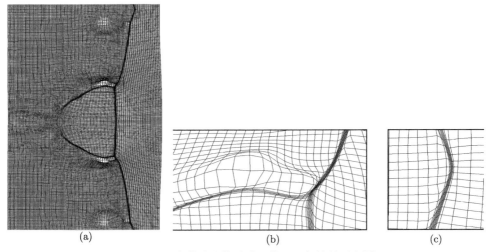

图 1.3 二维激波计算移动网格及局部效果示意图

移动网格技术里有很多值得注意和研究的问题. 比如从图 1.2 中可以看到, 从粗网格 (coarse grid) 到细网格 (fine grid) 移动的过程中, 有一个过渡区域 (transition region). 在这个移动过程中, 网格的变化应该是平稳的, 较缓慢的. 过分快速的网格变化会降低计算的精度, 但过分缓慢的变化又起不到自适应的效果. 这里, 应用光滑化技术是提高移动网格计算效果的重要手段. 一个常见的光滑化技术就是网格的平均化, 即把每个计算区间的左右端点 (或邻近端点) 进行合理的平均. 另外, 这一光滑化过程可能还要进行适当的迭代处理, 也就是说, 每个时间层上形成的网格需要通过两到三次迭代磨合最后形成.

移动网格方法的核心技术有三点: 网格方程、控制函数 (monitor function) 和插值.

移动网格的关键是需要找到一个函数变换, 把相对不规则的物理区域上的网格点映射到规则的计算平面上 (图 1.4), 而这个变换是由网格方程决定的. 这个变换的作用就是把比较 “陡峭” 的物理解变换为比较 “平和” 的函数, 同时把不规则的物理区域变换为相对规则的计算平面 (图 1.5), 在计算区域采用的计算网格也比较规则. 有时候, 求解偏微分方程的计算格式仍然在物理区域上进行 (大部分时候采用有限元方法对付不规则区域), 此时计算区域隐藏在背景里面; 有时候计算格式就在计算区域上进行, 物理区域作为背景不参加计算.

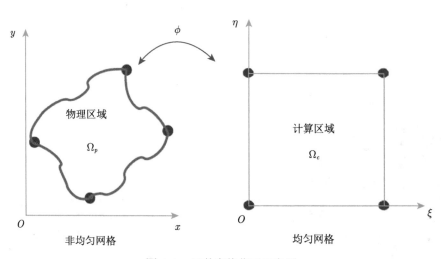

图 1.4   函数变换作用示意图

网格的移动很多时候取决于网格移动中控制函数的选取. 控制函数其实就是求解域上给定的一个正定的函数矩阵, 它是生成移动网格的关键因素. 控制函数可以用来控制网格的质量, 并使网格与求解域的物理解耦合起来, 这时控制函数就可以用来度量物理区域上的物理量. 移动网格方法最早形成的动机是求解微分方程解有大梯度的问题, 这类问题包含很多的物理和工程应用, 比如说空气动力学问题、化学反应问题等. 但移动网格不只是求解大梯度问题, 一些问题的解梯度不一定特别大, 即解的奇性相对比较弱, 比如界面问题或障碍物问题, 这时怎样刻画这些弱奇性就需要特别对待. 目前关于控制函数的选取, 仍是移动网格方法不太成熟的一个问题, 大部分方法仍是根据经验, 或根据对解的性质的一些先验估计. 另外, 这些根据经验形成的控制函数还含有一些人为的参数. 关于控制函数的选取, 很多困难都集中在这些参数的选取上.

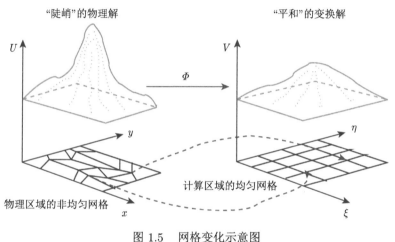

图 1.5 网格变化示意图

等分布原理对应一种特殊的控制函数, 基于调和映射的变换对应另一类控制函数. 这两点将在本书后面仔细讨论.

移动网格第三个关键技术是插值, 对于本书的后半部分问题起着重要的作用. 移动网格方法的主要特点是网格点数保持一致, 网格点平缓移动. 如果能适当地把求解偏微分方程和网格移动这两部分分割开, 那么可以用现成的偏微分方程求解器, 则程序要相对简单, 容易实施. 这样处理还有一个明显的优点, 就是比较容易并行化, 可以更大地发挥现代计算机性能. 如果网格方程和给定的偏微分方程独立求解, 那么把偏微分方程的数值解从旧网格上插值到新网格就变得至关重要. 这种插值不只关心精度, 还要兼顾物理解的一些物理性质, 比如守恒律的守恒性、不可压流体的速度场散度为零.

移动网格能达到什么样的效果呢? 其主要的优点是用给定的网格点数, 不需要在局部增加节点数. 在解结构变化比较大的地方, 很多网格点能够自动聚集到这里; 而因为有了足够的点在这些变化剧烈的区域, 解的分辨率大大提高了. 此点可以从图 1.6 和图 1.7 直观地看到. 这样既节约了内存 (对高维问题如计算宇宙学超大区域问题尤其重要), 又得到一定的可信度, 对很多实际问题给予了一个可行的计算方案.

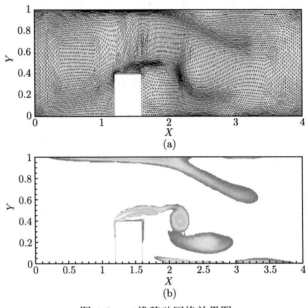

图 1.6　二维移动网格效果图

移动网格方法的缺点是不能定量地准确判断近似解的误差, 这和下面将介绍的 h-方法形成了对比. 在这一点上, 具有极高精度的谱方法也具有同样的缺点.

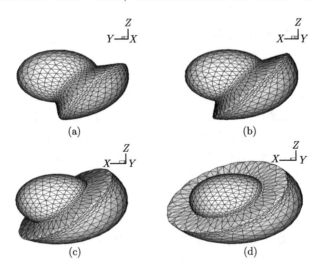

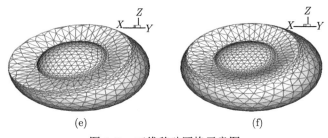

(e)   (f)

图 1.7   三维移动网格示意图

1.3   *h*-方法的基本思想

有限元方法是求解偏微分方程的一种数值方法, 此方法在 20 世纪 50 年代初由工程师们提出, 并用于求解简单的结构问题. 实际上, 有限元方法的原始思想可以追溯到更早, 大数学家柯朗于 1943 年提出在三角形网格上用分片线性函数去逼近椭圆型问题.

有限元方法从物理问题出发, 利用变分原理整体地考虑物理问题, 得到方程的变分表达式, 同时对物理区域做剖分形成计算网格, 然后在剖分区域 (单元) 上用简单函数去逼近原问题的解. 具体来说, 有限元方法把计算区域剖分成一个一个的 "单元", 通过遍历每一个单元, 结合方程的变分形式计算单元刚度矩阵, 并将其组装到总刚度矩阵, 形成一个大的线性方程组. 对于椭圆型问题, 通过求解线性方程组, 得到分布于网格上的数值解.

有限元方法的最大优点是能方便地处理复杂计算区域, 以及具有较完善的数学理论. 中国数学家冯康就是有限元数学理论的主要奠基人之一.

来源于实际问题的偏微分方程往往存在局部奇性, 采用传统有限元方法求解时, 在解有奇性的区域需要使用非常细的网格才能保证有限元解的精度. 传统有限元由于使用一致网格, 会导致网格规模非常大. 而解光滑的区域并不需要这么细的网格, 进而会浪费计算资源, 更有效的做法是仅加密解有奇性的区域. 这是自适应有限元方法思想的由来. 自适应有限元方法最早由 Babuška 等于 1978 年提出来, 它通过估计有限元解在各个单元上的误差分布, 自动对有限元网格进行调整和优化, 从而达到改善精度的目的. 研究表明, 对于许多解具有局部奇性的问题, 基于从数学上严格推导的后验误差估计式, 并采用适当自适应策略, 可以产生几乎优质的有限元网格, 从而大幅提升有限元方法的计算效率.

1.3.1   自适应加密的必要性

我们首先用一个简单的例子来感受一下网格加密方法的必要性. 这是一个分片常数的拉普拉斯方程:

$$-\mathrm{div}(a(\vec{x})\nabla u) = 0,$$

其中求解区域是正方形 $\Omega = [-1, 1] \times [-1, 1]$, $a(\vec{x})$ 在第一象限和第三象限等于常数 $a_1 \approx 161.45$, 而在第二象限和第四象限等于常数 $a_2 = 1$. 配以适当的边界值, 这个问题在极坐标下有如下的精确解:

$$u = r^{0.1}\mu(\theta),$$

其中 μ 是一个光滑函数. 可以验证 $u \in H^{1+\sigma}(\Omega)$, 其中 $\sigma < 0.1$.

图 1.8 给出了这个例子的精确解. 从图中可以看到, 解在大多数地方是常数, 但在原点附近解的变化很大. 对于这个问题, 如果采用均匀的线性三角形单元进行计算, 可以得到下面的能量模误差:

$$128 \times 128 \ \text{网格}: \qquad \|u - u_h\|_{E(\Omega)} = 0.8547,$$
$$512 \times 512 \ \text{网格}: \qquad \|u - u_h\|_{E(\Omega)} = 0.7981,$$
$$1024 \times 1024 \ \text{网格}: \qquad \|u - u_h\|_{E(\Omega)} = 0.6954.$$

通过以上的结果很容易验证, 收敛阶仅有 0.08, 也就是说能量误差

$$\|u - u_h\|_{E(\Omega)} \approx Ch^{0.08}.$$

这一结果非常糟糕, 它告诉我们如果想使计算误差降到 0.1 以下, 理论上至少需要千亿个节点.

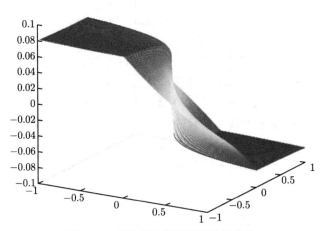

图 1.8   系数分片常数问题的精确解

如果采用自适应网格加密方法, 把误差降低到 0.1 或更小则非常简单. 而这一算法的主要思想就是推导出一些后验误差估计 (posteriori error estimator), 并要求在每个计算单元上相应的后验误差的值 (这是可计算的) 不超过给定的误差限 (tolerence), 这就是所谓的 h-方法. 这个过程直到每个单元上的误差都小于给定的误差限后才停止计算.

对上述例子用上述的方法进行计算, 仅用 2673 个节点, 就可以使得相应的能量模误差降到 0.07451. 图 1.9 给出了使用自适应网格加密方法后得到的网格, 它很好地刻画了问题的困难所在, 也就是说在原点附近, 解的奇性最大, 因而相应的网格节点数就必须很大. 而在远离原点的地方, 网格就相对稀疏.

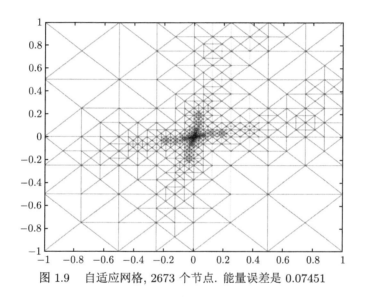

图 1.9　自适应网格, 2673 个节点. 能量误差是 0.07451

下面我们简述一下自适应加密网格的思想. 图 1.10 给出了一个自适应算法的示意图, 解函数在图中阴影区域和非阴影区域性质差异很大, 它们被一条曲线隔开. 问题是, 对于发展型方程, 这条曲线的位置是动态的, 见图 1.10(a). 图 1.10(b) 采用的是上节所讨论的移动网格方法, 很明显在曲线附近的网格点有所加密, 但缺点是一些不需要加密的地方也被加密了. 这是由于对移动网格而言, 网格需要一定的连续及光滑性, 而对于解变化不是特别剧烈的 (即弱奇性) 问题, 移动网格的优势很难体现出来. 图 1.10(c) 给出了一种局部加密法的结果, 在曲线附近的网格被加密了. 图 1.10(d) 给出了一种分块 (block) 加密法的结果.

图 1.11 给出了另一个更有实际应用的网格加密问题示意图, 演示了粗网格–加密–再加密的过程, 自适应局部加密的网格效果一目了然.

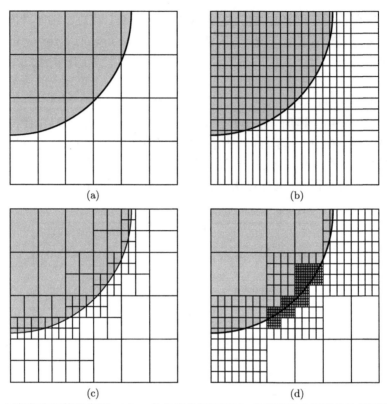

(a)   (b)
(c)   (d)

图 1.10   局部加密网格示意图. (a) 一条曲线分割了区域, 曲线附近的解变化比较剧烈;
(b) 移动网格加密; (c) 局部加密, 即 h-自适应网格; (d) 分块的局部加密法

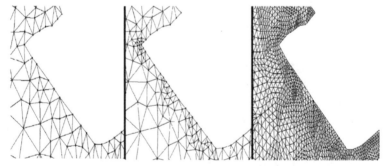

图 1.11   网格加密示意图. 左: 粗网格; 中: h-自适应网格; 右: 细网格

1.3.2   后验误差估计

　　自适应有限元方法根据解的性质动态地调整网格或基函数, 它要解决的问题
是如何确定奇性的位置, 做到此事的关键思想是找到一个可信的误差估计, 而这
个误差估计可以用算得的数值解估算出来. 我们可以利用这个可计算的误差估计,

在原来的网格基础上产生一个新的网格. 在上述的例子中, 我们用到了所谓的后验误差估计而得到了高质量的网格和满意的数值解. 这就是我们提到的"可靠"且"可算"的误差估计, 它是局部加密方法 (即 *h*-方法) 的灵魂, 可以起到指挥网格按照一定的规则移动的作用. 这个规则将总体误差均匀地分配到一个一个大小不一的有限元"单元"里面. 换句话说, 自适应有限元方法就是根据后验误差估计来合理地调整网格.

自适应有限元方法需要从已经计算出的数值解中估计出误差分布, 然后再据此重新调整网格. 假设偏微分方程的解函数 (未知) 是 u, 如果我们已经算出一个数值解 U^h, 那么需要找到这样一个估计 $\bar{M}(U^h, h)$, 满足

$$\|u - U^h\| \leqslant \sum_{j=1}^{N} \mathcal{M}_j(U^h, h),$$

其中 N 是有限元单元总个数, $\mathcal{M}_j(U^h, h)$ 是在每个单元上的误差界, 它可以根据 U^h 计算出来, 即可计算的. 我们希望每个单元上的误差基本相等, 即对所有的 i,

$$\mathcal{M}_i(U^h, h) \approx \frac{1}{N} \sum_{j=1}^{N} \mathcal{M}_j(U^h, h).$$

这样通过比较每一个单元上 $\mathcal{M}_j(U^h, h)$ 和上式右端平均值, 来重新划分网格. 具体来说, 如果单元上的误差大于平均值, 则网格需要再细分; 否则可以保持网格不动或被粗化, 即把相邻几个误差远小于平均值的单元合并.

在上述原则下调整网格, 如果这个局部后验误差估计 $\mathcal{M}_j(U^h, h)$ 设计得好的话, 则总体误差会逐步快速减小, 最终满足

$$\sum_{j=1}^{N} \mathcal{M}_j(U^h, h) < \varepsilon, \tag{1.1}$$

其中 ε 是预先给定的误差上限, 是一个常数, 它决定了计算解的精度. 如果 (1.1) 满足了, 则整个计算就可以停止了.

如上所述, 理想的局部后验误差估计 $\mathcal{M}_j(U^h, h)$ 要使得 (1.1) 近似满足. 另外, 这个局部误差最好是相应单元真实误差的上下界. 对于自适应网格方法, 误差上界表明解的精度是可信的, 下界表明误差估计是精确的. 自适应过程是一个计算数值解、计算误差、调整网格和再重新计算的迭代过程.

具体来说, 一个理想的后验误差估计 $\mathcal{M}_j(U^h, h)$ 应该满足下面的要求:

(1) 精确: 近似误差和实际误差比较接近.

(2) 在渐近意义下正确: 当网格密度足够大的时候, 近似误差收敛到零的速度和实际误差收敛到零的速度几乎一致.

(3) 近似上下界: 存在和 h 无关的常数 c 和 C, 使得

$$c\mathcal{M}_j(U^h, h) \leqslant \|u - U^h\|_j \leqslant C\mathcal{M}_j(U^h, h).$$

(4) 可算且简单: 后验误差是可计算的, 且其计算代价远小于求数值解的代价.

(5) 可推广: 后验误差估计要对一类问题有用, 最好可以推广到相关的非线性问题.

(6) 要经得起数值实验考验: 确实在一类问题上体现很好的网格加密效果, 得到行之有效的网格优化实效.

对于很多实际问题, 后验误差估计并不是唯一的, 最优估计往往不能很容易得到. 因此在寻找后验误差估计方面产生了大量的研究论文, 针对不同问题也产生了很多近似最优的后验误差估计.

需要指出的是, 并不是所有的偏微分方程问题都可以找到可用的后验误差估计, 即上述误差上下界的估计. 大部分情况下, 具有椭圆型算子的问题找到后验误差估计的可能性比较大, 拟线性双曲型方程 (此类问题带有激波间断) 就很难找到有效的后验误差估计.

1.3.3　h-方法的应用

自适应加密方法最早的成功应用是 Berger-Oliger (1984 年) 以及 Berger-Collella (1989 年) 所提出的自适应网格加密 (adaptive mesh refinement, AMR) 方法. 这一算法基于有限体积算法, 并采用结构化的自适应网格 (图 1.12). AMR 的目的就是迭代地创建更加精细的网格, 叠加到原来粗糙的网络之上, 最终达到给定的精度.

对于 Berger 等关心的双曲型方程来说, 很难得到一个好的后验误差估计, 因此需要采用启发式的或经验式的加密判断依据. 在他们的工作中, 判断是否加密的依据主要是根据所谓的理查森误差估计方法.

AMR 技术最初开发用来解决双曲型方程组的计算问题, 之后被逐渐推广到其他领域, 包括中子输运、辐射流体、地震波等问题, 也间接推进了任意拉格朗日-欧拉 (arbitrary Lagrange-Euler, ALE) 方法等的发展.

不过网格自适应算法最主要的使用对象是有限元方法. 在过去的半个世纪, 有限元方法深受欢迎, 已经成为工程计算不可或缺的手段. 其重要的原因主要在于下面几个方面. 第一, 它有丰富的内涵, 有漂亮的数学支撑, 半个多世纪以来, 在网格自适应、区域分解、多重网格等方面不断有新的研究推进, 关于有限元方法的书超过几百本, 文章已经有几十万篇. 第二, 有限元方法用处极广, 已经在科研及工程应用中成为不可取代的数值工具, 随着计算机技术和计算方法的发展, 有限元方法已经成为解决复杂工程问题的有效途径, 从汽车、火车到航天飞机几乎所有的设计制造都已离不开有限元计算结果, 它在材料、土木、电子、海洋、铁道、石化和能源等各个领域的广泛使用, 已使设计水平发生了质的飞跃. 第三, 随着计算机技术的飞速发展, 基于有限元方法原理的软件大量出现, 有商业的、开源的、多物理场的, 并在实际工程中发挥着越来越重要的作用; 目前, 著名的专业有限元分析软件公司有几十家, 发挥着巨大的支撑作用.

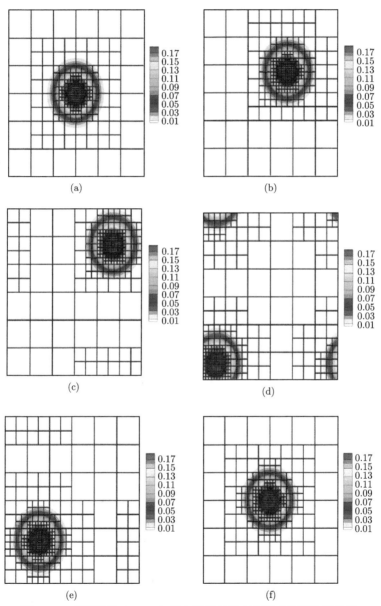

图 1.12   局部分块 AMR 加密方法随时间变化形成的网格示意图

而有了自适应技术之后, 有限元方法如虎添翼, 焕发了旺盛的生命力, 得到了更广泛深入的应用, 图 1.13 给出了两个有限元的应用实例.

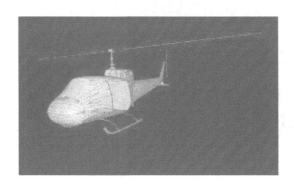

图 1.13   有限元实际应用与相关网格示意图

1.4   本书的计划

本书着重研究移动网格方法, 我们将分三部分来研究.

第一部分将讨论基于移动网格偏微分方程 (moving mesh partial differential equation, MMPDE) 的方法. 这一方法引进节点速度 (node speed), 并且把方程变换到一个规则的计算区域上, 在这种计算区域上面可以有比较简单的网格划分; 这样, 标准的差分方法, 比如中心差商方法就可以用来近似变换后的方程. MMPDE 方法通过引进一个关于网格的发展型方程, 避免了用插值的方法来确定新网格上的近似解. 这一方法的缺点是很难应对实际问题形成的复杂方程, 以及很难保持物理解需要的守恒性. 如对于激波等强间断问题, 这一方法几乎很难工作. 主要原因是 MMPDE 方法采用空间中心差分, 这一方法对于守恒型方程是不适用的.

我们讨论的第二部分将不引进网格方程. 整个算法分成相互独立的偏微分方程求解和网格生成两部分. 这样我们就可以采用现成的算法来求解给定的偏微分

方程; 再根据得到的偏微分方程数值解来更新所需要的网格. 这一方法的关键步骤之一就是要给出一个可行的插值公式, 把近似解从一个网格上插值到另一个网格上, 插值既要保证算法的精度, 又要保证一些物理的守恒性质.

第三部分将用有限元方法来求解微分方程, 其基本思想和第二部分相似, 即整个方法分成相互独立的偏微分方程求解和网格更新. 在网格生成部分, 我们采用与调和映射相关的变换, 这类变换对于移动网格方法有光滑性等数学保证.

本书还将讨论移动网格的误差分析. 移动网格方法保证网格节点数不变, 但其位置可以通过一定的法则迭代而变化, 从而将较多的网格点移动到解性质奇异的地方, 使问题整体误差减小、数据存储量减小. 我们将通过移动网格求解奇异摄动这类典型问题, 分析移动网格方法形成的网格结构、数值解的误差分布, 从而对移动网格的计算优势给出一些理论根据.

本书是一本关于移动网格入门的参考书, 我们的算例将集中在计算流体力学的一些典型问题, 包括可压流体的激波问题、不可压流体问题. 激波问题具有典型的局部界面奇异的特点, 也是移动网格最成功和最自然的应用之一. 不可压流体的计算也有很多需要自适应求解的问题, 在局部的界面区域需要集中密集的网格, 从而提高界面的分辨率. 在最后一章, 我们将总结一些移动网格更广泛的应用, 如近年来移动网格在计算宇宙学等领域非常成功的应用.

第 2 章 等分布原理

2.1 等分布原理简介

等分布原理是 de Boor [56] 在求解常微分方程的边值问题时引入的, 其基本思想是要求网格点的分布满足解的某种误差度量在各个单元上几乎相等. 这种对解的误差的度量通常叫做控制函数, 一般是由问题的奇异性质来决定的. 比如, 控制函数可以由解函数的几何性质确定 (例如, 弧长、曲率), 或是由数值解的某种误差度量 (例如, 相邻单元上的解在公共边界上的梯度跳跃). 后来在等分布原理的基础上, 人们发展了很多移动网格的方法. 为了给读者一个更直观的印象, 我们先给出一个例子示范按弧长等分布的网格.

例 2.1 考虑解析函数

$$f(x) = \frac{1}{2} + \frac{1}{2}\tanh\left(R\left(\frac{1}{16} - \left(x - \frac{1}{2}\right)^2\right)\right), \quad 0 < x < 1,$$

其中 $R = 50$.

我们用两种不同的网格来逼近这个函数: 一种是均匀网格 (uniform mesh), 即把函数 $f(x)$ 所在的区域按区间长度等分, $x_{i+1} - x_i = 1/(N+1)$; 另一种是基于等分布原理生成的网格, 即要求

$$\int_{x_{i-1}}^{x_i} \sqrt{1 + |f'(x)|^2}dx = \int_{x_i}^{x_{i+1}} \sqrt{1 + |f'(x)|^2}dx.$$

从图 2.1 中我们不难看出均匀分布网格和弧长等分布网格的差别. 显然, 基于等分布原理生成的网格在函数导数值大的区域比均匀分布的网格放置了更多的点.

考虑解析函数 $u(x)$, $x \in [a, b]$, 我们假定控制函数的形式为

$$M = M(x, u, u_x, u_{xx}),$$

等分布原理要求网格分布 $a = x_0 < \cdots < x_{N+1} = b$ 满足

$$\int_{x_i}^{x_{i+1}} Mdx = \frac{1}{N+1}\int_a^b Mdx, \quad i = 0, \cdots, N. \tag{2.1}$$

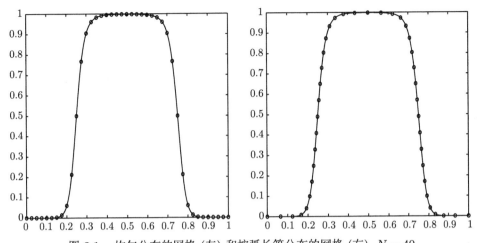

图 2.1 均匀分布的网格 (左) 和按弧长等分布的网格 (右), $N = 40$

或者用其等价的形式

$$\int_{x_i}^{x_{i+1}} M dx = \int_{x_{i+1}}^{x_{i+2}} M dx, \quad i = 0, \cdots, N-1.$$

在很多实际应用中, 我们有时把等分布原理 (2.1) 变成一个坐标变换, 即 $\tilde{x} = x(\xi)$, $0 < \xi < 1$. 在连续变量的情况下, 等分布原理可以写成下面的等价形式:

$$\int_0^{x(\xi)} M d\tilde{x} = \xi \int_a^b M d\tilde{x}. \tag{2.2}$$

上式在 $\xi = \xi_i$ 上严格成立, 其中 $\xi_i = 1/(N+1)$ 是计算区域 $\xi \in [0,1]$ 上的一个均匀分布的网格. 从 (2.2) 我们可以推出下面的一个等价公式:

$$\int_{x(\xi_i)}^{x(\xi_{i+1})} M d\tilde{x} = \frac{1}{N+1} \int_a^b M d\tilde{x}, \quad i = 0, \cdots, N.$$

如果 (2.2) 关于 ξ 求导一次, 就可以得到 White 给出的网格方程[194], 如果求导两次, 则得到

$$(M x_\xi)_\xi = 0. \tag{2.3}$$

上面的网格函数方程加上边值条件 $x(0) = a$, $x(1) = b$ 来求解, 求得的解一般会给出一个满足等分布原理的网格. 在一般情况下, 控制函数 M 是非线性的, 它依赖于未知函数, 所以求解 (2.3) 需要用一些迭代方法, 比如 Gauss-Seidel (高斯–赛德尔) 迭代, 或者下面的线性化方法:

$$\left(M(x^p) x_\xi^{p+1}\right)_\xi = 0, \quad p = 0, 1, \cdots.$$

这一方法可以导致下面的半隐格式:

$$M(x^p_{i+\frac{1}{2}})(x^{p+1}_{i+1} - x^{p+1}_i) - M(x^p_{i-\frac{1}{2}})(x^{p+1}_i - x^{p+1}_{i-1}) = 0,\qquad(2.4)$$

其中 $x_{i+\frac{1}{2}} = (x_i + x_{i+1})/2$. 上述方程将导出一个三对角形式的线性方程组, 可以用较快的追赶法 (Thomas 算法) 求解.

在一维计算中, 最常用的控制函数是解函数的弧长:

$$M = \sqrt{1 + u_x^2}.\qquad(2.5)$$

这一控制函数对于有局部大梯度的函数尤其有效. 为了说明这一点, 我们考虑下面的一个例子.

例 2.2　假设一个解函数是 $u = \arctan\left(\dfrac{x}{\varepsilon}\right)$, $0 < \varepsilon \ll 1$, $-1 < x < 1$. 显然这个函数在原点 $x = 0$ 处有一个内部边界层. 近似这个问题, 在零点附近必须有足够多的网格点, 因为这里函数 u 的导数值非常大.

如果用 (2.5) 作为控制函数, 用迭代数值格式 (2.4) 求解网格方程 (2.3), 我们可得到图 2.2 所示的网格分布, 它在原点附近聚集较多的网格点. 在实际应用中, 我们通常会在控制函数 (2.5) 中引进一个正的常数 $\alpha > 0$:

$$M = \sqrt{\alpha + u_x^2}.$$

作为一种等价形式, 我们有时也会取

$$M = \sqrt{1 + ku_x^2},$$

其中 $k > 0$ 是一个常数, 在数值实验部分我们会进一步讨论控制函数及参数 α, k 等的选取.

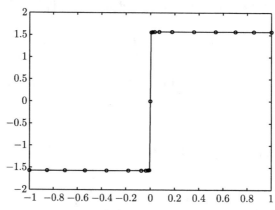

图 2.2　函数 $u = \arctan\left(\dfrac{x}{\varepsilon}\right)$ 的等分布网格, $\varepsilon = 0.0001$, $N = 20$

2.2 等分布原理的应用

White[194] 通过引进弧长坐标变换来计算两点边值问题, 是最早用等分布原理求解奇异摄动问题的, 这也是等分布原理最直接的一个应用. 考虑两点边值问题

$$\frac{d\boldsymbol{u}}{dx} = \boldsymbol{f}(\boldsymbol{u}, x), \quad x \in [0, 1], \tag{2.6}$$

$$\boldsymbol{u}(0) = 0, \quad \boldsymbol{u}(1) = 0, \tag{2.7}$$

其中 $\boldsymbol{u} = \boldsymbol{u}(x, t)$ 和 $\boldsymbol{f}$ 是 n 维向量. 弧长坐标 s 定义为

$$s = \frac{1}{\theta} \int_0^x \sqrt{1 + \|\boldsymbol{u}_{x'}\|_2^2}\, dx',$$

其中 θ 是总的弧长, 定义为

$$\theta = \int_0^1 \sqrt{1 + \|\boldsymbol{u}_{x'}\|_2^2}\, dx'.$$

在上式中, 对 n 维向量 $\boldsymbol{v}$ 的 L_2-模的定义如下: $\|\boldsymbol{v}\|_2 = \sqrt{v_1^2 + \cdots + v_n^2}$. 边值问题 (2.6) 经过上述的变换变成

$$\begin{aligned}
\frac{d\boldsymbol{u}}{ds} &= \theta \boldsymbol{f}(\boldsymbol{u}, x) \Big[1 + \|\boldsymbol{f}(\boldsymbol{u}, x)\|_2^2\Big]^{-1/2}, \\
\frac{dx}{ds} &= \theta \Big[1 + \|\boldsymbol{f}(\boldsymbol{u}, x)\|_2^2\Big]^{-1/2}, \\
\frac{d\theta}{ds} &= 0.
\end{aligned} \tag{2.8}$$

坐标变换以后增加了两个微分方程, 很自然地我们需要增加两个边界条件

$$x(0) = 0, \quad x(1) = 1. \tag{2.9}$$

可以看出变换后得到的方程 (2.8) 要比原问题 (2.6) 复杂得多, 增加了变换 $x(s)$ 和常数 θ 的计算, 当然相应的边界条件 (2.9) 也要满足. 由此可以看出选择一套比较满意的非均匀网格并不是一件很容易的事情, 它以增加系统的复杂性为代价. 有关更详细的理论结果诸如解的存在性、收敛性等可以参看 White 的文章 [194].

其实, 控制函数不一定总是取为弧长的表达形式, 它可以是更为一般的形式, 我们记作 $m(\boldsymbol{u}, x)$, 那么基于这个一般的形式, 边值问题 (2.6) 经变换后变为

$$\frac{d\boldsymbol{u}}{ds} = \theta \frac{\boldsymbol{f}(\boldsymbol{u}, x)}{m(\boldsymbol{u}, x)},$$

$$\frac{dx}{ds} = \theta \frac{1}{m(\boldsymbol{u}, x)},$$
$$\frac{d\theta}{ds} = 0.$$

这一问题的求解需要再加上边界条件:

$$\boldsymbol{u}(0) = 0, \quad \boldsymbol{u}(1) = 0,$$
$$x(0) = 0, \quad x(1) = 1.$$

关于控制函数, 文献 [194] 给出了几种表达形式, 它们是

$$m_0(\boldsymbol{u}, x) = 1, \quad (\text{均匀网格})$$
$$m_1(\boldsymbol{u}, x) = (\alpha^2 + \|\boldsymbol{u}'\|_2^2)^{1/2}, \quad (\text{弧长, } \alpha \text{ 为参数})$$
$$m_2(\boldsymbol{u}, x) = (\alpha^2 + \|\boldsymbol{u}'''\|_2^2)^{1/6}, \quad (\text{单步误差})$$
$$m_3(\boldsymbol{u}, x) = (\alpha^2 + \|\boldsymbol{u}'''\|_2^2)^{1/4}. \quad (\text{局部截断误差})$$

至于选择什么形式的控制函数, 现在还没有一般性的规则, 针对具体的问题, 通常需要做多次的数值实验进而决定控制函数的选取.

例 2.3 我们考虑一个边值问题的例子

$$\frac{du}{dx} = \frac{1}{v}, \quad u(0) = \varepsilon, \quad u(1) = 1,$$
$$\frac{dv}{dx} = \frac{1}{u}, \quad v(0) = \frac{2\varepsilon}{1-\varepsilon^2}, \quad v(1) = \frac{2}{1-\varepsilon^2}.$$

其精确解是

$$u(x) = [\varepsilon^2 + (1-\varepsilon^2)x]^{1/2},$$
$$v(x) = \frac{2}{1-\varepsilon^2}[\varepsilon^2 + (1-\varepsilon^2)x]^{1/2}.$$

显然当 $\varepsilon \to 0$ 时, u, v 在 $x = 0$ 处的 n 阶导数接近于 $\varepsilon^{-\frac{n-1}{2}}$, 从表 2.1 我们可以看到, 由不同的控制函数计算得到的 L^∞ 误差也各不相同, 显然 $i = 1, \alpha = 0$ 的情形, 即 $m = \|y'\|_2$ 是最好的选择.

表 2.1   不同控制函数对应的误差比较 (网格点数是 $N = 10$)

控制函数 m_i	$\varepsilon = \dfrac{1}{2}$	$\varepsilon = \dfrac{1}{50}$
$i = 0, \alpha = 1$	$-3.7441\text{E} - 03$	$-2.0098\text{E} + 00$
$i = 1, \alpha = 1$	$-9.6175\text{E} - 04$	$-2.6985\text{E} - 03$
$i = 2, \alpha = 1$	$8.0460\text{E} - 04$	$1.7883\text{E} - 02$
$i = 3, \alpha = 1$	$2.2300\text{E} - 03$	$4.3472\text{E} - 01$
$i = 1, \alpha = 0$	$-1.4210\text{E} - 13$	—

在文献 [195] 中, 对于初边值问题也可以引入弧长坐标变换, 原来的坐标平面 (x,t) 将变换为 (s,T) 平面

$$s = \frac{1}{\theta} \int_0^x [1 + \|\boldsymbol{u}_{x'}(x',t)\|_2^2]^{1/2} dx',$$

$$\theta = \int_0^1 [1 + \|\boldsymbol{u}_{x'}(x',t)\|_2^2]^{1/2} dx', \qquad (*)$$

$$T = t.$$

我们考虑下面的初边值问题

$$A\boldsymbol{u}_t + B\boldsymbol{u}_x = \boldsymbol{c}, \quad (x,t) \in [a,b] \times [0,\infty), \qquad (2.10)$$

其中 A 和 B 是 $n \times n$ 矩阵, $\boldsymbol{u}$ 和 $\boldsymbol{c}$ 是 n 维向量. 从 (x,t) 平面到 (s,T) 平面的坐标变换满足下面的计算公式

$$\begin{pmatrix} \boldsymbol{u}_x \\ \boldsymbol{u}_t \end{pmatrix} = \frac{1}{J} \begin{pmatrix} t_T & -t_s \\ -x_T & x_s \end{pmatrix} \begin{pmatrix} \boldsymbol{u}_s \\ \boldsymbol{u}_T \end{pmatrix},$$

其中 $J = x_s t_T - x_T t_s$ 是变换的雅可比矩阵, 值得注意的是, 在变换中, $t_T = 1, t_s = 0$, 所以有 $J = x_s$.

将变换 $(*)$ 应用到初边值问题 (2.10) 中, 我们得到

$$x_s A\boldsymbol{u}_T + (B - x_T A)\boldsymbol{u}_s = x_s \boldsymbol{c}. \qquad (2.11)$$

另外, 从弧长坐标的定义易得

$$x_s = [1 + \|\boldsymbol{u}_x(x,t)\|_2^2]^{-1/2} \theta. \qquad (2.12)$$

由 (2.11) 我们可以得到 $\boldsymbol{u}_x$ 的表达式:

$$\boldsymbol{u}_x = (B - Ax_T)^{-1}(\boldsymbol{c} - A\boldsymbol{u}_T).$$

至此, 我们可以写出初边值问题 (2.10) 在新坐标系 (s,T) 下的表达形式:

$$\boldsymbol{u}_s = \theta[1 + \|(B - Ax_T)^{-1}(\boldsymbol{c} - A\boldsymbol{u}_T)\|_2^2]^{-1/2}[(B - Ax_T)^{-1}(\boldsymbol{c} - A\boldsymbol{u}_T)],$$

$$x_T = \theta[1 + \|(B - Ax_T)^{-1}(\boldsymbol{c} - A\boldsymbol{u}_T)\|_2^2]^{-1/2},$$

$$\theta_s = 0.$$

显然, 变换以后的形式比原来的初边值问题复杂得多, 这要给实际计算带来很多的麻烦.

注意到恒等式

$$\boldsymbol{u}_x = \frac{\boldsymbol{u}_s}{x_s},$$

把它代入 (2.12)，可以得到一个比较简单的形式

$$x_s^2 + \|\boldsymbol{u}_s\|_2^2 = \theta^2.$$

现在，初边值问题 (2.10) 经弧长坐标变换以后可以写成

$$x_s A \boldsymbol{u}_T + (B - x_T A) \boldsymbol{u}_s = x_s \boldsymbol{c},$$
$$x_s^2 + \|\boldsymbol{u}_s\|_2^2 - \theta^2 = 0,$$
$$\theta_s = 0.$$

对应的边界条件是

$$\boldsymbol{u}(0, T) = 0, \quad x(0, T) = a,$$
$$\boldsymbol{u}(1, T) = 0, \quad x(1, T) = b.$$

初始条件也变换为以弧长 s 为变量的函数:

$$\boldsymbol{u}(s, 0) = I(x(s, 0)), \quad x \in [0, 1],$$

数值格式是通过下面的中心差商在点 $(s_{j+\frac{1}{2}}, T^{k+\frac{1}{2}})$ 处离散实现的

$$(\boldsymbol{u})_{j+\frac{1}{2}}^{k+\frac{1}{2}} \approx \frac{1}{4}(\boldsymbol{u}_j^k + \boldsymbol{u}_{j+1}^k + \boldsymbol{u}_j^{k+1} + \boldsymbol{u}_{j+1}^{k+1}),$$

$$(\boldsymbol{u}_s)_{j+\frac{1}{2}}^{k+\frac{1}{2}} \approx \frac{1}{2}\left[\left(\frac{\boldsymbol{u}_{j+1}^k - \boldsymbol{u}_j^k}{\Delta s}\right) + \left(\frac{\boldsymbol{u}_{j+1}^{k+1} - \boldsymbol{u}_j^{k+1}}{\Delta s}\right)\right],$$

$$(\boldsymbol{u}_T)_{j+\frac{1}{2}}^{k+\frac{1}{2}} \approx \frac{1}{2}\left[\left(\frac{\boldsymbol{u}_j^{k+1} - \boldsymbol{u}_j^k}{\Delta T_k}\right) + \left(\frac{\boldsymbol{u}_{j+1}^{k+1} - \boldsymbol{u}_{j+1}^k}{\Delta T_k}\right)\right].$$

对于初边值问题，在每一个时间层上都需要用牛顿迭代法来求解离散后的非线性方程组，并同时得到 $\boldsymbol{u}$, x, θ. 可以用 T_k 和 T_{k-1} 时间层上的插值作为 T_k 时间层上牛顿迭代法的初值. 在计算过程中，这些未知量可以按照如图 2.3 所示的结构来存储.

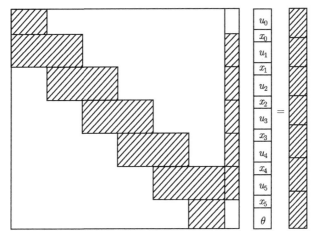

图 2.3　牛顿迭代法中未知变量的存储结构

例 2.4　考虑带黏性的 Burgers (伯格斯) 方程

$$u_t - uu_x = \varepsilon u_{xx}, \quad x \in [0,2], \quad t > 0, \tag{2.13}$$

以及边界条件

$$u(2,t) = \frac{1}{2} + \frac{1}{4}(1 - \cos \pi t), \quad u(0,t) = \frac{1}{2}$$

和初始条件

$$u(x,0) = 0.5.$$

首先, 我们需要把 (2.13) 化为一阶方程组的形式

$$A \begin{pmatrix} u \\ v \end{pmatrix}_t + B \begin{pmatrix} u \\ v \end{pmatrix}_x = \begin{pmatrix} 0 \\ v \end{pmatrix},$$

其中 $A = \begin{pmatrix} 1 & 0 \\ 0 & 0 \end{pmatrix}$, $B = \begin{pmatrix} -u & -1 \\ \varepsilon & 0 \end{pmatrix}$. 我们用上面给出的 White [195] 的等分弧长的方法来求解这个问题. 空间步长和时间步长分别取作 $\Delta s = \dfrac{1}{40}, \Delta t = \dfrac{1}{20}$. 从图 2.4 我们可以看出, 网格点的分布确实随着解的状态而变化, 在解的变化比较剧烈的地方网格点分布相对比较集中. 从图 2.5 可以看到 Burgers 方程在 $x = 1.2$ 附近有激波形成, White 的方法能够将相当一部分的网格点移动过来, 从这些计算的结果来看, 由 $\Delta s = \dfrac{1}{80}, \Delta t = \dfrac{1}{20}$ 得到的网格最光滑, 近似程度也更好一些. 需要指出的是, 在远离 $x = 1.2$ 的区域, 计算的结果与精确解保持高度一致, 精度很高, 在激波附近, 即使有较多的网格点分布在这里, 但是计算结果对间

断解的捕捉还是远远不够的, 所以还需要发展同时具有自适应和高分辨率的数值算法.

Dorfi 和 Drury [63] 在 1987 年以一维的初边值问题为例也研究了移动网格方法. 他们的基本思想是定义两个度量: 网格点密度 n 和分辨率 R, 然后要求 n 与 R 成正比, 即

$$n \propto R. \tag{2.14}$$

然而, 考虑到稳定性通常要求网格点的密度在时间和空间上不能变化得过于剧烈, 所以首先对 R 适当地做时间和空间上的光滑处理, 然后再使 n 正比于 R.

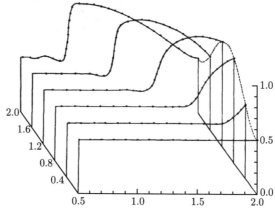

图 2.4　Burgers 方程的数值解, 其中 $\varepsilon = 0.002$, 记号点表示用 White 的方法所计算的自适应网格分布, $\Delta s = \dfrac{1}{40}$, $\Delta t = \dfrac{1}{20}$. 解的常数部分只有一半的网格点被画出, 其他地方全部被画出

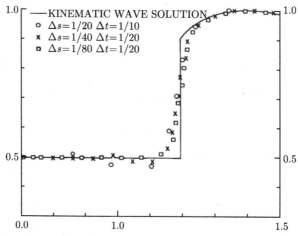

图 2.5　实线表示在 $T = 1.6$ 时的精确解, 记号点表示用不同的时间空间步长所得结果

网格点的密度定义为单位长度上网格点数量, 即

$$n_i = \frac{1}{x_{i+1} - x_i}.$$

另外一个和问题相关的量就是我们期望得到的分辨率 R, 我们要求 $R > 0$ 并且一定能反映解的变化情况, 最简单情形下, 我们希望在弧长的意义下网格点在解曲线上均匀分布, 这时分辨率可以定义为 $R = \sqrt{1 + \left|\dfrac{df}{dx}\right|^2}$, 实际上, 这就导出了一维情况下的弧长等分布原理.

在空间上, 为了保证网格分布有一定的光滑性, 我们要求相邻两个单元上的网格密度不超过 20% 或者 30%. 具体地说, 我们要求:

$$\frac{\alpha}{\alpha + 1} \leqslant \frac{n_{i+1}}{n_i} \leqslant \frac{\alpha + 1}{\alpha}, \tag{2.15}$$

其中 α 是用来度量网格点的刚度. 最简单的方法来实现 (2.15) 就是光滑 (2.14) 的右端项

$$n_i \propto \sum_{j=1}^{N} R_j \left(\frac{\alpha}{\alpha + 1}\right)^{|i-j|},$$

其中 R_j 是分辨率 R 在 j 节点上的值.

实际上, 我们可以用左端的差分来代替对右端项的光滑

$$\tilde{n}_1(t) = n_1(t) - \alpha(\alpha + 1)\Big(n_2(t) - n_1(t)\Big),$$

$$\tilde{n}_i(t) = n_i(t) - \alpha(\alpha + 1)\Big(n_{i+1}(t) - 2n_i(t) + n_{i-1}(t)\Big), \quad 2 \leqslant i \leqslant N - 1,$$

$$\tilde{n}_N(t) = n_N(t) - \alpha(\alpha + 1)\Big(n_{N-1}(t) - n_N(t)\Big).$$

在边界上, 我们认为网格的密度保持不变, 网格密度的梯度为零, 即

$$n_1 = n_2, \quad n_N = n_{N-1}.$$

下面考虑从时间上光滑 $R(t)$, Furzeland 等[70] 用下面的方法来实现

$$R(t) \leftarrow \int_0^\infty R(t - \sigma\tau)e^{-\sigma}d\sigma, \tag{2.16}$$

其中 $\tau > 0$ 是一个小参数, $\tau = 0$ 表示没有做任何的光滑化处理. (2.16) 等价于修正网格密度 $\tilde{n}$ 为

$$\hat{n}_i = \tilde{n}_i + \tau d\tilde{n}_i/dt. \tag{2.17}$$

最终我们得到的网格方程是

$$\frac{\hat{n}_{i-1}}{R_{i-1}} = \frac{\hat{n}_i}{R_i}. \tag{2.18}$$

下面我们简单说明为什么对 R 的光滑化在数值上可以用对 $\tilde{n}$ 的修正 (2.17) 来代替, 现在我们记被光滑的函数为 M, 光滑以后的结果是 R, 即

$$R(t) = \int_0^\infty M(t - \sigma\tau)e^{-\sigma}d\sigma, \quad \tau \geqslant 0,$$

我们认为 $M(t)$ 定义在 $(-\infty, t]$ 上, 小参数 τ 很小, 如果 $\tau = 0$, 则 $R(t) = M(t)$, 对上式两边求导再作分部积分

$$M(t) = R(t) + \tau dR(t)/dt,$$

我们假定有一个比例系数 $c(t)$, 使得 $\tilde{n}$ 正比于 $R(t)$ 而不是 $M(t)$, 即 $R(t) = c(t)\tilde{n}(t)$, 那么

$$M(t) = c(t)\Big(\tilde{n}(t) + \tau d\tilde{n}(t)/dt\Big) + \tau\tilde{n}(t)dc(t)/dt.$$

如果我们忽略 $c(t)$ 对时间的依赖性, 这正好得到 (2.17) 式, (2.16) 可以理解为 $R(t)$ 在时间上的一个平均, 用以避免由时间离散引起的数值振荡, 小参数 τ 的选取很重要, 它代表了光滑化所作用的时间上的区间长度, 如果太大, 那么产生的移动网格可能会落后于当前我们关心的激波面, 如果太小则会起不到光滑的作用, 通常我们选择 τ 等于时间步长或者是时间步长的几倍.

　　式 (2.17) 和 (2.18) 数值离散时, 我们用下面的近似形式来代替网格密度的导数

$$\frac{dn_i}{dt} \approx -\frac{x'_{i+1} - x'_i}{(x_{i+1} - x_i)^2}.$$

在第 i 个节点对 (2.18) 近似, 会出现下面的未知变量:

网格点的坐标

$$x_{i+2}, \quad x_{i+1}, \quad x_i, \quad x_{i-1}, \quad x_{i-2}.$$

网格移动速度

$$x'_{i+2}, \quad x'_{i+1}, \quad x'_i, \quad x'_{i-1}, \quad x'_{i-2}.$$

当前方程的解

$$u_{i-1}, \quad u_i, \quad u_{i+1}.$$

所有这些变量一起记为向量 Y, 则形成一个带状 (带宽已知) 的偏微分方程组, 这里的大写字母 X, U 表示对应的数值解, 即

$$A(Y)Y' = G(Y), \quad t > 0, \quad Y(0) \text{ 给定}.$$

至此, 移动网格的问题已经完全转化为求解一个偏微分方程组的问题.

2.3 等分布原理小结

自适应网格法是一种高效的数值方法, 其基本思想就是根据问题的特性动态地改变计算区域内的网格结构: 在物理量变化剧烈的区域, 采用空间尺度较小的精细网格予以计算; 在物理量变化缓慢的区域, 采用空间尺度较大的粗网格来计算, 从而提高计算效率.

本章介绍了等分布原理的基本思想. 等分布原理于 20 世纪 70 年代由著名科学家、现代样条函数的奠基人 de Boor 引入, 用来求解常微分方程边值问题, 它的主要思想是要求网格点的分布能使方程的误差度量在各个小单元相等, 误差度量通常叫控制函数. 它的选取一般由问题的奇异特性来决定, 例如控制函数可以由解的几何性质决定 (弧长、曲率等). 目前控制函数的选取主要还是根据经验或者对解的性质作先验估计.

本章还通过几个数值例子, 演示了等分布原理的应用. 主要通过解存在局部剧烈变化的初边值问题, 以及等分某些几何量, 比如等分弧长, 使网格点自适应地随着解的状况来分布: 在解变化剧烈的地方就会聚集较多的网格点, 在解变化比较缓慢的地方分布较少的网格点. 但是与此同时, 自适应方法的引入使得原来求解的问题变得复杂了. 因为要将非线性网格方程和原问题方程整体联立求解, 如何平衡网格分布和方程求解变得非常重要.

第 3 章　移动网格偏微分方程方法

3.1　方 法 简 介

我们首先以一维的发展方程为例介绍移动网格偏微分方程 (MMPDE) 方法的思想, 给定计算平面上的变量 ξ, 它和物理平面上的变量 x 有对应关系 $x = x(\xi)$. 我们说明一些导数关系, 对任意的函数 $f(x,t) = f(x(\xi,t),t)$,

$$f_x \equiv \frac{\partial f}{\partial x} \equiv \frac{\partial f}{\partial x}\Big|_{t\,\text{fixed}},$$

$$f_t \equiv \frac{\partial f}{\partial t} \equiv \frac{\partial f}{\partial t}\Big|_{x\,\text{fixed}},$$

$$f_\xi \equiv \frac{\partial f}{\partial \xi} \equiv \frac{\partial f}{\partial x}\frac{\partial x}{\partial \xi}\Big|_{t\,\text{fixed}},$$

$$\dot{f} \equiv \frac{df}{dt} = \frac{\partial f}{\partial t}\Big|_{\xi\,\text{fixed}} = \frac{\partial f}{\partial x}\frac{\partial x}{\partial t}\Big|_{\xi\,\text{fixed}} + \frac{\partial f}{\partial t}\Big|_{x\,\text{fixed}}.$$

MMPDE 方法将物理区域 (physical domain) Ω_p 上的网格分布看作是连续依赖于时间的变量, 即 $x = x(\xi,t)$, 它可以关于时间变量 t 求导数, 然后, 原来的物理问题可以通过坐标变换从原来的物理区域 (x,t) 转化到计算区域 Ω_c 或者叫逻辑区域 (logical domain) 上求解, 例如发展方程

$$\frac{\partial u}{\partial t} = f(u), \quad 0 < x < 1, \quad t > 0$$

在计算平面 (ξ,t) 上可以写成

$$\dot{u} - \frac{\partial u}{\partial x}\dot{x} = f(u),$$

其中右端的 $f(u)$ 也可以用计算平面上的变量来表示. 转化以后的方程和原问题有一个显著的不同, 那就是网格移动速度 $\dot{x}$ 的引入, 下面几节所要介绍的 MM-PDE 方法其核心内容就是如何建立和求解 $\dot{x}$ 的方程. 我们在上一章讨论的移动网格方法很少涉及 $\dot{x}$.

举一个简单的例子, 我们熟知的黏性 Burgers 方程, $f(u) = \varepsilon\dfrac{\partial^2 u}{\partial x^2} - u\dfrac{\partial u}{\partial x}$, 经坐标变换以后, 在平面 (ξ,t) 上, Burgers 方程就变为

$$\dot{u} - \frac{\partial u}{\partial x}\dot{x} = f(u),$$

其中

$$f(u) = \varepsilon \left(\frac{\partial x}{\partial \xi}\right)^{-2} \left(\frac{\partial^2 u}{\partial \xi^2} - \left(\frac{\partial x}{\partial \xi}\right)^{-1} \frac{\partial u}{\partial \xi} \frac{\partial^2 x}{\partial \xi^2}\right) - u \left(\frac{\partial x}{\partial \xi}\right)^{-1} \frac{\partial u}{\partial \xi}.$$

在计算平面上需要先给定均匀分布的网格, 即 $\xi_i = \dfrac{i}{n}$, 它在整个计算过程中总是保持不变的.

总的来说, MMPDE 方法数值求解偏微分方程通常有以下几个步骤:

第一步: 将原来的偏微分方程从物理区域 (x,t) 转化到计算区域 (ξ,t) 上;

第二步: 用 MMPDE 方法确定关于 $\dot{x}$ 也就是网格分布的方程;

第三步: 将第一步和第二步的结果联立起来, 然后在计算平面 (ξ,t) 上做数值计算获得自适应网格和相应的数值解.

3.2   一维的 MMPDE 方法

假定物理区域 $\Omega_p = [a,b]$, 计算区域是 $\Omega_c = [0,1]$, 计算区域上给定一套均匀分布的网格

$$\xi_i = \frac{i}{N}, \quad i = 0, 1, \cdots, N,$$

给定控制函数 $M(x,t)$, 下面我们首先从等分布原理出发推导 MMPDE,

$$Mx_\xi = \theta, \quad x(0,t) = a, \quad x(1,t) = b, \quad \theta = \int_a^b M dx. \tag{3.1}$$

定理 3.1   对任意的控制函数 $M > 0$, 等分布原理方程 (3.1) 存在唯一单调递增的解 $x(\xi,t)$.

证明   方程 (3.1) 的两边关于 ξ 积分并作变量替换可以得到

$$\int_a^x M dx' = \theta\xi.$$

显然, 左端是关于 x 的单调递增函数, θ 可以看作是正的常数, 所以 x 就是关于 ξ 的唯一单调递增函数.   □

直接求解 (3.1) 就可以得到满足等分布原理的网格, 但是它需要求出 θ, 其实它并不是我们最终所需要的量, 因此两边关于 ξ 求导数得到

$$\frac{\partial}{\partial \xi}\left(M(x(\xi,t),t)\frac{\partial}{\partial \xi}x(\xi,t)\right) = 0. \tag{3.2}$$

方程 (3.2) 常被称为 quasi-static 等分布原理 (QSEP), 最常用的离散方法如下:

$$E_i \equiv \frac{2}{\Delta\xi^2}(M_{i+\frac{1}{2}}(X_{i+1} - X_i) - M_{i-\frac{1}{2}}(X_i - X_{i-1})) = 0,$$

其中

$$M_{i+\frac{1}{2}} = \frac{1}{2}(M_i + M_{i+1}).$$

这是一个非线性方程组, 因为控制函数 M 与所要求的未知变量 x 有关, 所以必须使用某种形式的迭代法来求解, 需要指出的是, 我们并不需要得到 (3.1) 的精确解, 只要网格近似满足等分布原理, 能够满足求解当前偏微分方程的需要就足够了. 方程 (3.2) 关于 t 求导, 可得

$$\frac{d}{dt}((Mx_\xi)_\xi) = 0, \tag{3.3}$$

还可以对 (3.1) 两边关于 t 求导, 得

$$\frac{\partial}{\partial\xi}(Mx_t) + M_t x_\xi = \theta_t,$$

然后再关于 ξ 求导就可以消掉 θ 了, 即

$$\frac{\partial^2}{\partial\xi^2}(Mx_t) + (M_t x_\xi)_\xi = 0. \tag{3.4}$$

方程 (3.4) 被 Huang 等称为 MMPDE1 [85], 不幸的是, (3.3) 和 (3.4) 的解不可避免地会产生网格交错, 也就是可能有 $x_\xi = 0$ 出现. 举个例子说明如下, 考虑方程 (3.3), 在初始的时候先给定一个均匀分布的网格, 即 $x_\xi = 1$, 控制函数 $M(x,0) = M^0$, (3.3) 两边关于 t 积分, 并且利用初始条件, 可以得到

$$(Mx_\xi)_\xi = M_\xi^0,$$

再关于 ξ 积分就得到

$$Mx_\xi = M^0 + \theta(t) - \theta(0).$$

显然如果 $\theta(t)$ 是递增的, 则必定有 $x_\xi > 0$, 那么产生的网格就不会有交错现象, 相反, 如果 $\theta(t)$ 是递减的, 则有可能会导致 $x_\xi = 0$, 从而导致网格交错. 避免这种问题的一个方法就是对 (3.3) 引入一个松弛 (relax) 时间, Anderson [7] 用下面的松弛方法计算了网格移动速度, 这就是 MMPDE5

$$\dot{x} = \frac{1}{\tau}\frac{\partial}{\partial\xi}\left(M\frac{\partial x}{\partial\xi}\right), \tag{3.5}$$

其中 τ 是正的小常数, 如果我们认为 W 是描述误差的度量, 则 MMPDE5 使网格点移向误差比较大的地方, 一旦网格达到等分布, 则移动会停止.

Adjerid 和 Flaherty[2] 考虑了与等分布有关的残量

$$R = \int_a^x M dx - \xi \int_a^b M dx,$$

显然 $R \equiv 0$ 表示网格满足等分布原理, 通常我们可以要求

$$\tau \dot{x} = -R,$$

再关于 ξ 连续微分两次, 得

$$\frac{\partial^2 \dot{x}}{\partial \xi^2} = -\frac{1}{\tau}\frac{\partial}{\partial \xi}\left(M\frac{\partial x}{\partial \xi}\right). \tag{3.6}$$

这个形式是 Adjerid 和 Flaherty[2] 首先提出来的, 后来被 Huang 等[85] 称作 MM-PDE6, (3.5) 和 (3.6) 结合在一起就会得到最常用的一个形式

$$\tau\left(1 - \gamma\frac{\partial^2}{\partial \xi^2}\right)\dot{x} = (Mx_\xi)_\xi, \tag{3.7}$$

其中 $\gamma > 0$ 是用来控制网格光滑程度的小参数. (3.7) 及其离散形式具有耗散性, 可以产生比较光滑和稳定的网格.

定理 3.2 关于 (3.7), 有以下结论成立:

(1) 如果 $M_t = 0$, 则满足等分布的网格是 (3.7) 的解, 并且是线性稳定的;

(2) (3.7) 的解满足 $x_\xi > 0$, 因此不会产生网格交错现象.

证明 (1) 设 $M_t = 0$, $\hat{x}$ 是满足等分布原理的解, 即 $(M(\hat{x})\hat{x}_\xi)_\xi = 0$, 则 $\hat{x}_t = M_t = 0$, 显然 $\hat{x}$ 满足 $0 = \varepsilon(\dot{\hat{x}} - \gamma\hat{x}_{\xi\xi}) = (M\hat{x}_\xi)_\xi$, 即 $\hat{x}$ 也是 (3.7) 的解.

设 $x = \hat{x} + R(\xi, t), R \ll 1, R(a) = R(b) = 0$, 则 R 满足

$$\varepsilon(\dot{R} - \gamma R_{\xi\xi}) = (MR_\xi)_\xi + (M_x x_\xi R)_\xi = (MR_\xi + M_\xi R)_\xi = (MR)_{\xi\xi},$$

因此,

$$\varepsilon\dot{R} = (1 - \gamma\partial_{\xi\xi}^2)^{-1}(MR)_{\xi\xi} \equiv G(MR)_{\xi\xi},$$

其中 G 是一个正的紧算子, $M > 0$, $ER \equiv (MR)_{\xi\xi}$ 是一个具有负的实数谱的椭圆型算子, 所以必定有 R 衰减至 0, 因此 (3.7) 的解是稳定的.

(2) 我们只需证明不会出现 $x_\xi = 0$ 的现象, 考虑 $\gamma = 0$ 的情形, (3.7) 两端关于 ξ 微分

$$\dot{x}_\xi = M_{\xi\xi}x_\xi + 2M_\xi x_{\xi\xi} + Mx_{\xi\xi\xi}, \tag{3.8}$$

初始的时候处处有 $x_\xi > 0$, 假定在某个时刻第一次出现 $x_\xi = 0$, 不妨设在 $\xi = 0$ 这一点, 那么在这一点附近就有

$$x_\xi = a\xi^2 + \mathcal{O}(\xi^3), \quad a > 0,$$

代入 (3.8),

$$\dot{x}_\xi = a\xi^2 M_{\xi\xi} + 2a\xi M_\xi + aM + \mathcal{O}(\xi),$$

所以 $\dot{x}_\xi > 0$, 那么 x_ξ 会一直保持正值, 网格交错现象就不会发生. □

3.3　其他 MMPDE 方法

我们假设网格分布在稍后的一个时间 $t + \tau(0 \leqslant \tau \ll 1)$ 也满足 QSEP(3.2), 也就是说

$$\frac{\partial}{\partial \xi}\left(M(x(\xi, t+\tau), t+\tau)\frac{\partial}{\partial \xi}x(\xi, t+\tau)\right) = 0. \tag{3.9}$$

我们可以将 (3.9) 看作网格移动的一个限制条件. 作下面的泰勒展开

$$\frac{\partial}{\partial \xi}(\xi, t+\tau) = \frac{\partial}{\partial \xi}x(\xi, t) + \tau\frac{\partial}{\partial \xi}\dot{x}(\xi, t) + \mathcal{O}(\tau^2),$$

$$M(x(\xi, t+\tau), t+\tau) = M(x(\xi, t), t) + \tau\dot{x}\frac{\partial}{\partial x}M(x(\xi, t), t)$$
$$+ \tau\frac{\partial}{\partial t}M(x(\xi, t), t) + \mathcal{O}(\tau^2).$$

把上式代入 (3.9) 然后去掉 $\mathcal{O}(\tau^2)$, 我们可以得到所谓的 MMPDE2

$$\frac{\partial}{\partial \xi}\left(M\frac{\partial \dot{x}}{\partial \xi}\right) + \frac{\partial}{\partial \xi}\left(\frac{\partial M}{\partial \xi}\dot{x}\right) = -\frac{\partial}{\partial \xi}\left(\frac{\partial M}{\partial t}\frac{\partial x}{\partial \xi}\right) - \frac{1}{\tau}\frac{\partial}{\partial \xi}\left(M\frac{\partial x}{\partial \xi}\right), \tag{3.10}$$

也可以写成

$$(M\dot{x})_{\xi\xi} = -(M_t x_\xi)_\xi - \frac{1}{\tau}(Mx_\xi)_\xi.$$

可以看出 MMPDE1 和 MMPDE2 仅差最后一项, 即 $-\frac{1}{\tau}(Mx_\xi)_\xi$. 这一项是度量网格 $x(\xi, t)$ 是不是满足 QSEP 的一个依据. 如果不满足, 那么 MMPDE2 就会沿着等分布的方向来移动网格. 实际上, M_t 对网格移动的影响并不大, 我们很容易从 (3.10) 中去掉 $x_\xi M_t$ 或者同时去掉 $x_\xi M_t$ 和 $\dot{x}M_\xi$, 那么就得到下面的简化的网格生成方程, 即 MMPDE3

$$\frac{\partial^2}{\partial \xi^2}(M\dot{x}) = -\frac{1}{\tau}\left(M\frac{\partial x}{\partial \xi}\right) \tag{3.11}$$

和 MMPDE4

$$\frac{\partial}{\partial \xi}\left(M\frac{\partial \dot{x}}{\partial \xi}\right) = -\frac{1}{\tau}\frac{\partial}{\partial \xi}\left(M\frac{\partial x}{\partial \xi}\right).$$ (3.12)

如果 $\tau \approx 0$, 这时上面的两个方程就变成标准的等分布原理的网格方程 (3.2). 所以从一定意义上讲 MMPDE3 (3.11) 仅仅是将 (3.2) 附加上一个稳定项 $(M\dot{x})_{\xi\xi}$, 以达到使网格不会变化过快的目的.

现在我们介绍一些通过网格节点之间的吸引和排斥来重新分布节点的移动网格方法. 如果与节点对应的截断误差大于平均误差, 那么这个节点会吸引一些相邻的节点过来, 相反如果小于平均误差, 则它会排斥周围的节点离开自己. 我们以误差函数为出发点来推导这些方法, 误差在区间 $[x_i, x_{i+1}]$ 的总量可以表达为

$$W_i = \int_{x_i}^{x_{i+1}} M(\tilde{x}, t)d\tilde{x},$$

其中 M 是某一种可以描述误差的控制函数, 其实下面离散的形式使用起来更方便一些:

$$W = M\frac{\partial x}{\partial \xi}.$$ (3.13)

我们可以简单地用中点法则来理解 (3.13), 那么近似的表达就是

$$W_i \approx M_{i+\frac{1}{2}}(x_{i+1} - x_i).$$

Anderson[7] 用下面的方法计算了网格移动速度, 这就是 MMPDE5

$$\dot{x} = \frac{1}{\tau}\frac{\partial}{\partial \xi}\left(M\frac{\partial x}{\partial \xi}\right),$$ (3.14)

其中 τ 是正的小常数, 如果我们认为 W 是描述误差的度量, 则 MMPDE5 使网格点移向误差比较大的地方, 一旦网格达到等分布, 网格速度 $\dot{x} = 0$, 移动就会停止.

Adjerid 和 Flaherty[2] 用下面的方法来控制网格的移动

$$\dot{x}_{i+1} - \dot{x}_i = -\lambda(W_i - \overline{W}),$$ (3.15)

其中 λ 是正的常数, W_i 是区间 $[x_i, x_{i+1}]$ 上的误差总量, $\overline{W}$ 是 W_i 的平均值, 用相邻两个单元上的离散形式相减进而消去 $\bar{W}$, (3.15) 变成

$$\dot{x}_{i+1} - 2\dot{x}_i + \dot{x}_{i-1} = -\lambda(W_i - W_{i-1}),$$ (3.16)

用 $1/\tau$ 代替 λ, 则 (3.16) 是对下面的 MMPDE6 的中心差分近似

$$\frac{\partial \dot{x}}{\partial \xi^2} = -\frac{1}{\tau}\frac{\partial}{\partial \xi}\left(M\frac{\partial x}{\partial \xi}\right).$$ (3.17)

实际上 (3.16) 的大部分性质可以从 (3.17) 推导出来. 从另外一个角度来看, MMPDE6, 它是在 (3.2) 的基础上加了一个稳定项 $\dot{x}_{\xi\xi}$, 形式上和 MMPDE3 (3.11) 差不多.

把上一章介绍的 Dorfi 和 Drury 的方法中关于控制函数的空间上的光滑化去掉以后, 可以证明它相当于下面的 MMPDE7:

$$\frac{\partial}{\partial \xi}\left(M\frac{\partial \dot{x}}{\partial \xi}\right) - 2\frac{\partial}{\partial \xi}\left(M\frac{\partial x}{\partial \xi}\right)\frac{\partial \dot{x}}{\partial \xi}\Big/\frac{\partial x}{\partial \xi} = -\frac{1}{\tau}\frac{\partial}{\partial \xi}\left(M\frac{\partial x}{\partial \xi}\right). \tag{3.18}$$

如果令

$$\frac{1}{\tilde{\tau}} = \frac{1}{\tau} - 2\frac{\partial \dot{x}}{\partial \xi}\left(\frac{\partial x}{\partial \xi}\right),$$

在 MMPDE7 中, 用 $\frac{1}{\tilde{\tau}}$ 代替 $\frac{1}{\tau}$, 那么 MMPDE7 就和 MMPDE4 有相同的形式.

3.4　MMPDE 方法的数值离散

我们在 3.1 节提到过, MMPDE 方法需要将当前的物理方程和 MMPDE 联立起来, 然后在计算平面上求解, 所以在做数值计算的时候要根据具体问题设计相应的算法, 我们不能给出一个统一的计算方法, 这里仅就 MMPDE1—MMPDE7 做差分离散, 记

$$E = \frac{\partial}{\partial \xi}\left(M\frac{\partial x}{\partial \xi}\right),$$

那么 MMPDE1—MMPDE7 空间离散分别为

$$\frac{d}{dt}(E_i) = 0,$$

$$\frac{d}{dt}(E_i) = -\frac{E_i}{\tau},$$

$$\frac{d}{dt}(E_i) - \left[\frac{(M_t)_{i+\frac{1}{2}}}{\Delta\xi^2}(x_{i+1} - x_i) - \frac{(M_t)_{i-\frac{1}{2}}}{\Delta\xi^2}(x_i - x_{i-1})\right] = -\frac{E_i}{\tau},$$

$$\frac{(M_t)_{i+\frac{1}{2}}}{\Delta\xi^2}(\dot{x}_{i+1} - \dot{x}_i) - \frac{(M_t)_{i-\frac{1}{2}}}{\Delta\xi^2}(\dot{x}_i - \dot{x}_{i-1}) = -\frac{E_i}{\tau},$$

$$-\dot{x}_i = -\frac{E_i}{\tau},$$

$$\frac{\dot{x}_{i+1} - \dot{x}_i + \dot{x}_{i-1}}{\Delta\xi^2} = -\frac{E_i}{\tau},$$

$$\frac{(M_t)_{i+\frac{1}{2}}}{\Delta\xi^2}(\dot{x}_{i+1} - \dot{x}_i) - \frac{(M_t)_{i-\frac{1}{2}}}{\Delta\xi^2}(\dot{x}_i - \dot{x}_{i-1}) - 2E_i\frac{\dot{x}_{i+1} - \dot{x}_{i-1}}{x_{i+1} - x_{i-1}} = -\frac{E_i}{\tau},$$

其中 $M_{i+\frac{1}{2}} = \dfrac{M_{i+1} + M_i}{2}$, E_i 的近似格式是

$$E_i = \frac{M_{i+\frac{1}{2}}}{\Delta\xi^2}(x_{i+1} - x_i) - \frac{M_{i-\frac{1}{2}}}{\Delta\xi^2}(x_i - x_{i-1}),$$

$\dfrac{dE_i}{dt}$ 的近似如下

$$\begin{aligned}
\frac{dE_i}{dt} &= \frac{M_{i+\frac{1}{2}}}{\Delta\xi^2}(\dot{x}_{i+1} - \dot{x}_i) - \frac{M_{i-\frac{1}{2}}}{\Delta\xi^2}(\dot{x}_i - \dot{x}_{i-1}) \\
&\quad + \frac{(M_x\dot{x})_{i+\frac{1}{2}}}{\Delta\xi^2}(x_{i+1} - x_i) - \frac{(M_x\dot{x})_{i-\frac{1}{2}}}{\Delta\xi^2}(x_i - x_{i-1}) \\
&\quad + \frac{(M_t)_{i+\frac{1}{2}}}{\Delta\xi^2}(x_{i+1} - x_i) - \frac{(M_t)_{i-\frac{1}{2}}}{\Delta\xi^2}(x_i - x_{i-1}).
\end{aligned}$$

(3.7) 的全离散格式为

$$\begin{aligned}
&\tau\left(X_i^{n+1} - \gamma\frac{X_{i+1}^{n+1} - 2X_i^{n+1} + X_{i-1}^{n+1}}{\Delta\xi^2}\right) \\
&= \tau\left(X_i^n - \gamma\frac{X_{i+1}^n - 2X_i^n + X_{i-1}^n}{\Delta\xi^2}\right) + \Delta t E_i^n.
\end{aligned}$$

这里的时间离散仅具有一阶精度, 实际上可以用高阶的 Runge-Kutta 方法求解方程组

$$\tau\left(\dot{X}_i - \gamma\frac{\dot{X}_{i+1} - 2\dot{X}_i + \dot{X}_{i-1}}{\Delta\xi^2}\right) = E_i(t).$$

如果边界上的网格点固定不动, 则有如下的边界条件

$$\dot{x}_0 = 0, \quad \dot{x}_n = 0.$$

我们以 MMPDE6 为例, 从以上对 MMPDE6 的离散很容易得到下面的网格方程:

$$B \cdot \frac{d\boldsymbol{x}}{dt} = G(\boldsymbol{u}, \boldsymbol{x}), \tag{3.19}$$

这里 B 是一个简单的三对角矩阵. 这样将 (3.19) 和原来的物理问题结合起来, 我们可以得到如下形状的问题结构:

$$\begin{bmatrix} I & -D \\ 0 & B \end{bmatrix} \begin{bmatrix} \dot{\boldsymbol{u}} \\ \dot{\boldsymbol{x}} \end{bmatrix} = \begin{bmatrix} F \\ G \end{bmatrix}. \tag{3.20}$$

(3.20) 是在数值计算中真正使用的矩阵形式, 其他的 MMPDE 也都可以有相应的矩阵形式.

在实际的数值计算中, 如果直接用 MMPDE 求解网格函数, 则网格质量可能不会太好, 通常需要对控制函数做某种光滑化处理, Stockie[170] 采取了下面的技术

$$\widetilde{M_i} = \sqrt{\sum_{k=i-p}^{i+p} M_k^2 \left(\frac{\gamma}{1+\gamma}\right)^{|k-i|} \Big/ \left(\sum_{k=i-p}^{i+p} \left(\frac{\gamma}{1+\gamma}\right)^{|k-i|}\right)},$$

其中 γ 是一个光滑函数 (通常取作正的常数), p 是一个非负的整数, 代表了磨光的影响区间, 光滑后的 $\widetilde{M}$ 可以看作是它附近的 $2p+1$ 个 M 的加权平均. 在一般的计算中, γ 和 p 可以选成 2. 光滑化的目的是防止网格的变化过快, 光滑化可以采取其他不同的技术实现, 例如, 我们在上一章提到过的 Dorfi 等所选用的指数函数方法. 一般在使用控制函数之前需要用上边的公式做几次 (3—4 次就可以) 磨光.

3.5　几种移动网格方法的比较

到现在为止, 我们已经介绍了不少的网格生成器, 包括上一章介绍的比较早期的方法以及本章给出的几个 MMPDE, 本节以具体的算例来比较 Dorfi 和 Drury[63] 的方法 (简记为 DD 方法) 与 MMPDE6 计算效率等 [102,103].

例 3.1　考虑下面的非线性方程组:

$$u_t = -u_x - 100uv, \quad -0.5 < x < 0.5, \quad t > 0,$$
$$v_t = v_x - 100uv, \quad -0.5 < x < 0.5, \quad t > 0,$$

其边界条件是

$$u(-0.5, t) = v(0.5, t) = 0, \quad t > 0,$$

初始条件是

$$u(x, 0) = \begin{cases} 0.5(1 + \cos(10\pi x)), & x \in [-0.3, -0.1], \\ 0, & \text{否则}; \end{cases}$$

$$v(x, 0) = \begin{cases} 0.5(1 + \cos(10\pi x)), & x \in [0.1, 0.3], \\ 0, & \text{否则}. \end{cases}$$

对于这个问题的计算, MMPDE3—MMPDE7 没有太大的分别, 图 3.1 给出了用 MMPDE6 方法计算所得的数值结果, 其中控制函数选择常规使用的弧长型, 即 $M(x,t) = \sqrt{1 + 10u_x^2 + 10v_x^2}$. 图 3.1(a) 给出了网格随时间的发展轨迹 (mesh trajectory), 其中横坐标 x 轴是网格分布, 纵坐标是时间. (b)—(f) 画出的是不同时刻的解 $u(x,t)$ 和 $v(x,t)$.

例 3.2 这个例子是我们常见的黏性 Burgers 方程:

$$u_t = -uu_x + \varepsilon u_{xx}, \quad 0 < x < 1, \quad t > 0,$$

其中黏性系数 $\varepsilon = 10^{-4}$, 初始条件是用三角函数给出的光滑的波形

$$u(x,0) = 0.5\sin(\pi x) + \sin(2\pi x), \quad 0 \leqslant x \leqslant 1,$$

边界上是齐次的 Dirichlet (狄利克雷) 边界条件.

这个问题初始的光滑解逐渐形成一个内部边界层, 这个内部边界层的位置逐步向右移动, 一直达到右边界 $x = 1$, 首先我们用中心差分, 使用 $N = 200$ 的均匀网格做计算, 数值结果如图 3.2 所示. 很明显, 从图 3.2 可以看出在靠近内部

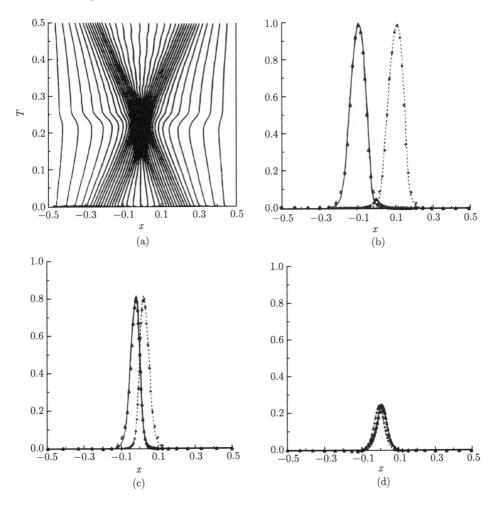

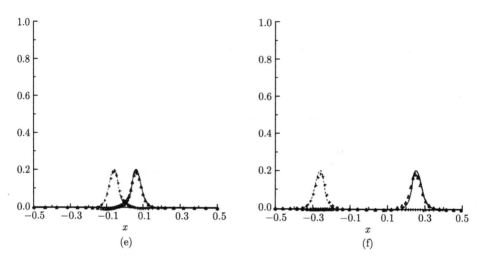

图 3.1   (a) 表示移动网格的轨迹; (b)—(f) 表示 $t = 0.1, 0.2, 0.25, 0.3, 0.5$ 时的解, 实线和虚线分别表示 u 和 v 的精确解 (用 $N = 200$ 的均匀网格获得); ▲ 表示 u 的移动网格解, + 表示 v 的移动网格解, $N = 4.1, \tau = 10^{-3}, p = 4$

边界层的地方有严重的数值振荡发生, 如果想避免这种情况发生就必须设置非常密的网格分布. 图 3.3 和图 3.4 是分别用 DD 方法和 MMPDE6 计算的数值结果, 用的网格点数都是 $N = 41$. 移动网格方法在内部边界层附近聚积了很多的网格点, 数值振荡也消失了, 激波附近的区域网格大小可以达到 $\mathcal{O}(10^{-5})$. 另外, MMPDE6 也可以用 $N = 21$ 的网格点达到很好的计算效果, 而 DD 方法则做不到, DD 方法至少要使用 $N = 34$ 个网格点才能达到好的计算效果.

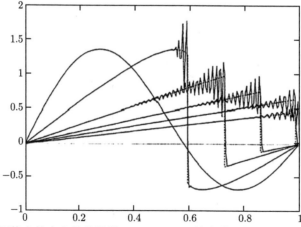

图 3.2   用均匀网格上的中心差分计算, $N = 200$. 输出结果是分别在时间 $t = 0.0, 0.2, 0.6, 1.0, 1.4, 2.0$ 上, 振荡曲线为均匀网格下的计算结果

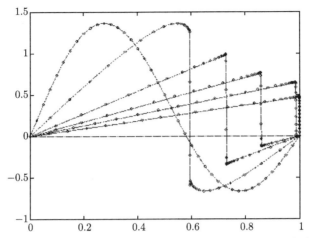

图 3.3 DD 方法, $N = 41$, $\tau = 0.001$, 带有标志点的线表示数值解, 实线表示精确解

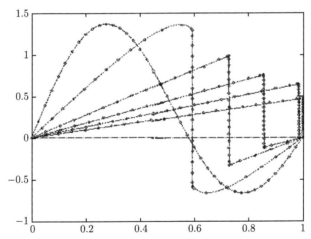

图 3.4 用 MMPDE6 计算, $N = 41$, $\tau = 0.01$, 带有标志点的线表示数值解, 实线表示精确解

有关详细的数值实验数据可参看表 3.1, 表中 NJAC 表示所需雅可比矩阵计算的总数, NSTP 表示计算所需的时间层的总数, E_{I^2} 表示 L^2 范数下的误差, $E_{\max}$ 表示 L^∞ 范数下的误差. 从表 3.1 可以看出, 在相同网格点数的情况下, DD 方法要比 MMPDE6 快一些, 并且对参数 τ 也不如 MMPDE6 敏感.

表 3.1　不同的参数 τ 计算效果的比较

方法	τ	NSTP	NJAC	CPU	E_{L^2}	$E_{\max}$
MMPDE	0.1	205	96	2.274	0.0039	0.010
MMPDE	0.01	188	82	1.980	0.0045	0.011
MMPDE	0.001	241	134	3.075	0.0036	0.009
MMPDE	10^{-4}	251	145	3.293	0.0029	0.007
MMPDE	10^{-5}	256	156	3.583	0.0033	0.009
DD	0.1	413	138	3.209	0.0082	0.016
DD	0.01	205	80	1.782	0.0062	0.013
DD	0.001	176	74	1.558	0.0050	0.011
DD	10^{-4}	164	77	1.624	0.0047	0.010
DD	10^{-5}	195	104	2.014	0.0032	0.008

3.6　Petzold 方法

当一个偏微分方程的解包含一个具有奇性的界面而且这个界面随着时间的推移向前移动时, 计算这类问题的困难就是, 当界面经过某个网格点时, 解的变化太快, 所以必须用极小的时间步长同时也必须用极其稠密的网格, 这大大影响了计算的速度. 解决这个问题的方法是, 我们希望网格能够随着界面的移动而移动, 网格的移动能够和界面的移动保持一致的速度, 并且要求网格的运动和解的运动能够在变换后的平面上 (通常所说的计算平面) 达到极小. 为此 Petzold[138] 提出了一种移动网格的策略.

Petzold 移动网格方法[138] 生成网格的原则是, 网格变化后在计算平面上当前问题的解的变化和网格的变化最小, 考虑一个一维的偏微分方程组

$$u_t = f(u, u_x, u_{xx}). \tag{3.21}$$

变换到一个移动网格的系统上为

$$\dot{u} - u_x \dot{x} = f(u, u_x, u_{xx}).$$

我们选择网格移动速度 $\dot{x}$, 使得在新的坐标下 u 和 x 的变化率最小, 即

$$\min_{\dot{x}}[\|\dot{u}\|^2 + \alpha\|\dot{x}\|^2] = \min_{\dot{x}}\left[\sum \dot{u}^2 + \alpha\dot{x}^2\right]$$
$$= \min_{\dot{x}}\left[\sum(f(u) + u_x\dot{x})^2 + \alpha\dot{x}^2\right], \tag{3.22}$$

其中 α 是一个正的参数, 这是一个关于 $\dot{x}$ 的二次型, 容易得到

$$\dot{x} = \frac{-f(u, u_x, u_{xx}) \cdot u_x}{\alpha + u_x \cdot u_x}. \tag{3.23}$$

如果偏微分方程形式上不是 (3.21), 而是 $\boldsymbol{u}_t$ 以隐式出现在表达式中, 即

$$F(\boldsymbol{u}_t, \boldsymbol{u}, \boldsymbol{u}_x, \boldsymbol{u}_{xx}) = 0.$$

在这种情况下, 我们用 $\boldsymbol{u}_{\tau j}$ 表示在固定网格上节点 x_j 处解的导数, 做变量变换

$$\dot{\boldsymbol{u}} = \boldsymbol{u}_\tau + \boldsymbol{u}_x \dot{x}. \tag{3.24}$$

同前边的推导一样, 我们极小化 $\boldsymbol{u}$ 和 x 在时间上的变化率

$$\min_{\dot{x}}[\|\dot{\boldsymbol{u}}\|^2 + \alpha\|\dot{x}\|^2] = \min_{\dot{x}}\left[\sum \dot{\boldsymbol{u}}^2 + \alpha\dot{x}^2\right]$$
$$= \min_{\dot{x}}\left[\sum(\boldsymbol{u}_\tau + \boldsymbol{u}_x\dot{x})^2 + \alpha\dot{x}^2\right].$$

这个关于 $\dot{x}$ 的二次型满足

$$(\boldsymbol{u}_\tau + \boldsymbol{u}_x\dot{x}) \cdot \boldsymbol{u}_x + \alpha\dot{x} = 0.$$

注意到 (3.24) 我们得到

$$\alpha\dot{x} + \dot{\boldsymbol{u}} \cdot \boldsymbol{u}_x = 0. \tag{3.25}$$

这个方程是移动网格的隐式表达, 把它应用到 (3.21) 也可以得到显式表达 (3.23). 上述推导过程中的 α 是正的人工参数.

对 Petzold 移动网格方法我们给出一个几何的解释, 参看图 3.5. 经过点 (x_j^n, u_j^n) 的切线 l_1 可表示为

$$u - u_j^n = u_x(x - x_j^n).$$

经过点 (x_j^n, u_j^n) 并且垂直于 l_1 的直线 l_2 可表示为

$$u - u_j^n = -(x - x_j^n)/u_x.$$

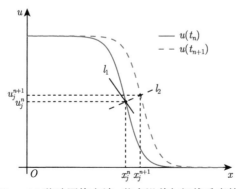

图 3.5　Petzold 移动网格方法, 节点沿着与切线垂直的方向移动

假设 l_2 与 t^{n+1} 时刻的解曲线的交点是 (x_j^{n+1}, u_j^{n+1}), 那么这个点满足

$$u_j^{n+1} - u_j^n = -(x_j^{n+1} - x_j^n)/u_x.$$

我们让 $t^{n+1} - t^n \to 0$, 取极限, 则有

$$\dot{x} + u_x \cdot \dot{u} = 0,$$

这就是 (3.25) 在 $\alpha = 1$ 的情形. 移动网格方程 (3.25) 将点 (x_j, u_j) 沿着与解垂直的方向移动到与下一个时刻的解相交的位置. 但是这种方法限制了使用较大的时间步长, 否则会导致网格点的交错. 例如, 如图 3.6 所示, 点 $j+1$ 处的梯度非常小, 所以这一网格点的移动量也非常小, 与之相邻的点 j 的移动幅度很大, 这样一来我们必须用非常小的时间步长以避免这两个点的位置交错.

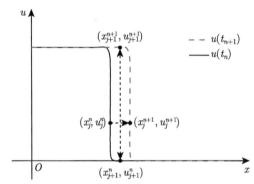

图 3.6　Petzold 移动网格方法, 可能会产生交错的网格

针对这一现象, 我们在变分形式 (3.22) 中增加一个惩罚函数, 即

$$\min_{\dot{x}_j} \left[\|\dot{u}_j\|_2^2 + \alpha \|\dot{x}_j\|_2^2 + \lambda \left(\left\| \frac{\dot{x}_j - \dot{x}_{j-1}}{x_j - x_{j-1}} \right\|_2^2 + \left\| \frac{\dot{x}_{j+1} - \dot{x}_j}{x_{j+1} - x_j} \right\|_2^2 \right) \right],$$

实际上相当于将网格移动速度做了光滑化的处理, 相邻网格点之间的移动速度不会相差过于悬殊. 这里 $\lambda > 0$, 与这个极小化问题对应的微分方程是

$$\alpha \dot{x}_j + \dot{u}_j \cdot u_{xj} + \lambda \left(\frac{\dot{x}_j - \dot{x}_{j-1}}{(x_j - x_{j-1})^2} - \frac{\dot{x}_{j+1} - \dot{x}_j}{(x_{j+1} - x_j)^2} \right) = 0.$$

在上式中由惩罚函数所导致的

$$\lambda \left(\frac{\dot{x}_j - \dot{x}_{j-1}}{(x_j - x_{j-1})^2} - \frac{\dot{x}_{j+1} - \dot{x}_j}{(x_{j+1} - x_j)^2} \right)$$

可以看作是对 λu_{xx} 的一个近似, 它的作用就是使网格速度 $\dot{x}$ 更加光滑, 它起到将网格速度 $\dot{x}$ 磨光的作用, 也就是相邻节点上的网格速度不至于差别太大, 在一定程度上可以避免网格的交错, 因此可以把网格速度的方程看作

$$\alpha\dot{x} + \dot{u} \cdot u_x - \lambda(\dot{x})_{xx} = 0.$$

Petzold 还指出, $\lambda(\dot{x})_{xx}$ 这一项总是非常重要和必要的, 移动网格本身保持网格节点数不变, 但是如果有新的边界层或者新的波形产生, 显然原有的网格点是不够的, 然后可以考虑将有限元局部加密或稀疏的思想结合在一起, 即在需要的时候, 加入新的网格点和删除一些已有网格点, 首先需要给定一个标准, 定义一个加权的总变差 (total variation, TV)

$$\mathrm{TV}^n = \sum_{j=1}^{N-1} \| u_{j+1}^n - u_j^n \|_1 = \sum_{j=1}^{N-1} \omega_j \mid u_{j+1}^n - u_j^n \mid, \qquad (**)$$

相对总变差定义为

$$\mathrm{RTV} = \frac{2(\mathrm{TV}^n - \mathrm{TV}^{n+1})}{\mathrm{TV}^n + \mathrm{TV}^{n+1}}.$$

可以事先给定一个参数 (整数)K_{sr}, 经过 K_{sr} 个积分步以后, 根据 RTV 决定是否要进行 SR 操作来调整网格点的数量,

$$N_{\mathrm{new}} = N_{\mathrm{old}} \frac{\mathrm{TV}_{\mathrm{new}}}{\mathrm{TV}_{\mathrm{old}}},$$

经过一个 SR 步骤后, 网格数量由 N_{old} 变为 N_{new}. 这些新点上的近似值可以通过 Hermite 插值结合单调性限制器来获得. 然后通过将控制函数等分布得到 SR 以后的所有网格点的新坐标, 下一个积分步就可以开始了. 将给定的问题 (3.21) 和上述的网格方程耦合在一起求解就可以同时得到网格分布和数值解.

  本节所介绍的 Petzold 移动网格方法, 目前还没有严格的理论分析, 在文献 [138] 中, 它被用于求解一维的反应扩散方程和燃烧模型, 这都是典型的界面移动的模型.

3.7 基于等分布原理的二维移动网格方法

  我们知道, 对于一维的问题等分布原理很容易理解和表达, 网格点的分布近似地将某一种度量等分, 用数学式子表示就是

$$\int_{x_{i-1}}^{x_i} M(x)dx = \frac{1}{N} \int_0^1 M(x)dx = 常数,$$

其中 $M(x) = M(u(x))$ 通常称作控制函数, 它一般是解的某种性质的度量, 例如可以是弧长、误差等.

对于二维的情形, 很自然地我们也希望有类似的表达形式, 即

$$\int_{V_{i,j}} M(\boldsymbol{x})dv = \frac{1}{N_x N_y} \int_{\Omega_p} M(\boldsymbol{x})dv = 常数, \tag{3.26}$$

$1 \leqslant i \leqslant N_x$, $1 \leqslant j \leqslant N_y$, N_x, N_y 分别是 x, y 方向的网格点数. 然而, 固定两个方向的节点数不变, 满足 (3.26) 的解是不唯一的.

Huang 等[81] 提出将等分布原理限制在局部范围内, 即对 $1 \leqslant i \leqslant N_x$, 沿着 $\eta = \eta_j =$ 常数, 有

$$\int_{x_{i-1,j}}^{x_{i,j}} M(\boldsymbol{x})ds = \frac{1}{N_x} \int_0^1 M(u(\xi, \eta_j))d\xi = c_1(\eta_j),$$

其中 $c_1(\eta_j)$ 是一个仅依赖于 η_j 的函数. 对 $1 \leqslant j \leqslant N_y$, 沿着 $\xi = \xi_i =$ 常数, 有

$$\int_{x_{i,j-1}}^{x_{i,j}} M(\boldsymbol{x})ds = \frac{1}{N_y} \int_0^1 M(\xi_i, \eta)d\eta = c_2(\xi_i), \tag{3.27}$$

其中 $c_2(\xi_i)$ 是一个仅依赖于 ξ_i 的函数. 对应等分布原理的控制函数. 由 $\boldsymbol{x}$ 到 $\boldsymbol{x} + d\boldsymbol{x}$ 引起的弧长变化可以表示为

$$ds = [\alpha^2(du)^2 + d\boldsymbol{x}^{\mathrm{T}} d\boldsymbol{x}]^{\frac{1}{2}} = [d\boldsymbol{x}^{\mathrm{T}} M d\boldsymbol{x}]^{\frac{1}{2}},$$

这里 M 定义为

$$M(\boldsymbol{x}) = \alpha^2 \nabla u \cdot \nabla u^{\mathrm{T}} + I, \tag{3.28}$$

其中 I 是单位矩阵, $\alpha > 0$ 是一个参数. 对于一维的情形, 我们知道

$$ds = [(du)^2 + (dx)^2]^{\frac{1}{2}} = \left[\left(\frac{du}{dx} \right)^2 + 1 \right]^{\frac{1}{2}} dx$$

可以根据实际问题调整 u 的变化和 x 的变化所占的比例, 那么引入参数 α, ds 就可以写成

$$ds = \left[\alpha^2 \left(\frac{du}{dx} \right)^2 + 1 \right]^{\frac{1}{2}} dx.$$

因此, 这与我们在 (3.28) 中给出的多维情形的 M 是一致的. 显然, 如果取参数 $\alpha = 0$, 那么由 (3.27) 得到的就是均匀分布的网格.

另外一种等价于 (3.27) 的表达形式是

$$(d\boldsymbol{x}^{\mathrm{T}}Md\boldsymbol{x})^{\frac{1}{2}} = c_1(\eta_j), \quad 1 \leqslant j \leqslant N_y - 1 \tag{3.29}$$

和

$$(d\boldsymbol{x}^{\mathrm{T}}Md\boldsymbol{x})^{\frac{1}{2}} = c_2(\xi_i), \quad 1 \leqslant i \leqslant N_x - 1. \tag{3.30}$$

将控制函数 M 写出来就是

$$M = \alpha^2 \begin{bmatrix} \left(\dfrac{\partial u}{\partial x}\right)^2 & \dfrac{\partial u}{\partial x}\dfrac{\partial u}{\partial y} \\[3mm] \dfrac{\partial u}{\partial x}\dfrac{\partial u}{\partial y} & \left(\dfrac{\partial u}{\partial y}\right)^2 \end{bmatrix} + \begin{bmatrix} 1 & 0 \\ 0 & 1 \end{bmatrix}. \tag{3.31}$$

下面我们来离散网格方程 (3.29) 和 (3.30), 在半节点 $\left(i - \dfrac{1}{2}, j\right)$ 和 $\left(i, j - \dfrac{1}{2}\right)$ 上做近似, 得到

$$\left\{ \begin{bmatrix} x_{i,j} - x_{i-1,j} \\ y_{i,j} - y_{i-1,j} \end{bmatrix}^{\mathrm{T}} M_{i-\frac{1}{2},j} \begin{bmatrix} x_{i,j} - x_{i-1,j} \\ y_{i,j} - y_{i-1,j} \end{bmatrix} \right\}^{\frac{1}{2}} = c_1(\eta_j),$$
$$1 \leqslant i \leqslant N_x, \quad 1 \leqslant j \leqslant N_y - 1,$$

$$\left\{ \begin{bmatrix} x_{i,j} - x_{i,j-1} \\ y_{i,j} - y_{i,j-1} \end{bmatrix}^{\mathrm{T}} M_{i,j-\frac{1}{2}} \begin{bmatrix} x_{i,j} - x_{i,j-1} \\ y_{i,j} - y_{i,j-1} \end{bmatrix} \right\}^{\frac{1}{2}} = c_2(\xi_i),$$
$$1 \leqslant j \leqslant N_y, \quad 1 \leqslant i \leqslant N_x - 1.$$

$$\left\{ \begin{bmatrix} x_{i+1,j} - x_{i,j} \\ y_{i+1,j} - y_{i,j} \end{bmatrix}^{\mathrm{T}} M_{i+\frac{1}{2},j} \begin{bmatrix} x_{i+1,j} - x_{i,j} \\ y_{i+1,j} - y_{i,j} \end{bmatrix} \right\}^{\frac{1}{2}}$$
$$-\left\{ \begin{bmatrix} x_{i,j} - x_{i-1,j} \\ y_{i,j} - y_{i-1,j} \end{bmatrix}^{\mathrm{T}} M_{i-\frac{1}{2},j} \begin{bmatrix} x_{i,j} - x_{i-1,j} \\ y_{i,j} - y_{i-1,j} \end{bmatrix} \right\}^{\frac{1}{2}} = 0,$$
$$1 \leqslant i \leqslant N_x, \quad 1 \leqslant j \leqslant N_y - 1, \tag{3.32}$$

$$\left\{ \begin{bmatrix} x_{i,j+1} - x_{i,j} \\ y_{i,j+1} - y_{i,j} \end{bmatrix}^{\mathrm{T}} M_{i,j+\frac{1}{2}} \begin{bmatrix} x_{i,j+1} - x_{i,j} \\ y_{i,j+1} - y_{i,j} \end{bmatrix} \right\}^{\frac{1}{2}}$$
$$-\left\{ \begin{bmatrix} x_{i,j} - x_{i,j-1} \\ y_{i,j} - y_{i,j-1} \end{bmatrix}^{\mathrm{T}} M_{i,j-\frac{1}{2}} \begin{bmatrix} x_{i,j} - x_{i,j-1} \\ y_{i,j} - y_{i,j-1} \end{bmatrix} \right\}^{\frac{1}{2}} = 0,$$

$$1 \leqslant j \leqslant N_y, \quad 1 \leqslant i \leqslant N_x - 1. \tag{3.33}$$

设 $\Omega_p = [a, b] \times [c, d]$, 我们采用 Dirichlet 和 Neumann 混合的边界条件, 这样的网格在边界上几乎是正交的, 假设 $\Omega_p = [a, b] \times [c, d]$, 我们设置边界上的网格分布如下

$$
\begin{aligned}
&x_{0,j} = a, \quad &x_{N_x,j} = b, \quad &j = 0, \cdots, N_y, \\
&y_{i,0} = c, \quad &y_{i,N_y} = d, \quad &i = 0, \cdots, N_x, \\
&x_{i,0} = x_{i,1}, \quad &x_{i,N_y} = x_{i,N_y-1}, \quad &i = 0, \cdots, N_x, \\
&y_{0,j} = y_{1,j}, \quad &y_{N_x,j} = y_{N_x-1,j}, \quad &j = 0, \cdots, N_y.
\end{aligned}
$$

实际上, 可以根据需要设计不同的边界处理方法, 例如, 根据解在边界上的情形, 按一维问题可以重新分布边界上的网格; 也可以考虑边界上网格的移动与最近的一个内点的移动量相同. 在使用控制函数之前需要做光滑化处理, Huang 等[81] 用 Dorfi 和 Drury[63] 的方法分别在两个方向上执行光滑化

$$\tilde{M}_{i+\frac{1}{2},j} = \sum_{k=i-1}^{i+1} \sum_{l=j-1}^{j+1} M_{k+\frac{1}{2},l} \left(\frac{\gamma}{1+\gamma} \right)^{|k-i|+|l-j|}, \quad i = 0, \cdots, N_x-1, \ j = 0, \cdots, N_y$$

和

$$\tilde{M}_{i,j+\frac{1}{2}} = \sum_{k=i-1}^{i+1} \sum_{l=j-1}^{j+1} M_{k,l+\frac{1}{2}} \left(\frac{\gamma}{1+\gamma} \right)^{|k-i|+|l-j|}, \quad i = 0, \cdots, N_x, \ j = 0, \cdots, N_y-1,$$

如果解的梯度近似地垂直于边界, 那么上述的光滑化的方法可以产生比较满意的光滑的自适应网格. 实际计算中发现, $|\nabla u|$ 太大可能会导致网格的交错, 文献 [81] 使用下面的控制函数来代替 (3.31):

$$M = I + \frac{\alpha^2 \nabla u \cdot \nabla u^{\mathrm{T}}}{1 + \beta \nabla u^{\mathrm{T}} \nabla u}, \tag{3.34}$$

其中 $\beta > 0$ 是一个比例参数, (3.34) 显然满足

$$\|M\| \leqslant 1 + \frac{\alpha^2}{\beta}.$$

显然, 这样定义的控制函数既能反映解的变化情况, 又不至于太大.

下面介绍如何把网格方程与求解微分方程结合在一起. 假设我们要求的近似解是下面的线性或者非线性方程组的解:

$$\boldsymbol{h}(x, y, \boldsymbol{U}) = 0. \tag{3.35}$$

为方便起见, 我们简记网格方程 (3.32) 和 (3.33) 为

$$\boldsymbol{f}(x, y, \boldsymbol{U}) = 0 \tag{3.36}$$

和

$$\boldsymbol{g}(x, y, \boldsymbol{U}) = 0. \tag{3.37}$$

如果将 (3.35)—(3.37) 耦合在一起求解 ([81] 采用了这种方法) 矩阵的规模会很大而且性质往往较病态. Mackenzie[118] 设计了一种迭代方法, 在每一步上交替求解. 假定在第 n 步迭代我们已经得到了 $x^{(n)}, y^{(n)}, \boldsymbol{U}^{(n)}$, 首先要求解

$$\boldsymbol{f}(x^{(n+1)}, y^{(n)}, \boldsymbol{U}^{(n)}) = 0,$$

在这个问题中只有 $x^{(n+1)}$ 是未知量. 为提高效率, 只做一次阻尼牛顿迭代

$$F(x^{(n)}, y^{(n)}, \boldsymbol{U}^{(n)})\delta x^{(n+1)} = -\frac{1}{\lambda}\boldsymbol{f}(x^{(n)}, y^{(n)}, \boldsymbol{U}^{(n)}),$$

其中 $\delta x^{(n+1)} = x^{(n+1)} - x^{(n)}$, F 是雅可比矩阵, $F_{ij} = \dfrac{\partial f_i}{\partial x_j}$, λ 是阻尼参数. 然后, 我们固定 $x = x^{(n+1)}$ 和 $\tilde{M} = \tilde{M}(\boldsymbol{U}^{(n)})$, 求解

$$G(x^{(n+1)}, y^{(n)}, \boldsymbol{U}^{(n)})\delta y^{(n+1)} = -\frac{1}{\lambda}\boldsymbol{g}(x^{(n+1)}, y^{(n)}, \boldsymbol{U}^{(n)}),$$

得到 $\delta y^{(n+1)}$, 进而得到 $y^{(n+1)}$. 再把 $x^{(n+1)}, y^{(n+1)}$ 代入 (3.35) 中求出 $\boldsymbol{U}^{(n+1)}$. 这样一来我们做到了在同一个迭代步中将三个方程 (组) 分开求解.

总结上面的讨论, 我们可以给出一个完整的算法如下:

(1) 设置迭代步 $n = 0$. 给定 $N_x \times N_y$ 的一致网格分布 $(x^{(n)}, y^{(n)})$.

(2) 求解 (3.35), 得到 $\boldsymbol{U}^{(n)} = \boldsymbol{U}(x^{(n)}, y^{(n)})$.

(3) 计算控制函数

$$M_{i-\frac{1}{2},j}(\boldsymbol{U}^{(n)}), \quad i = 1, \cdots, N_x, \quad j = 1, \cdots, N_y - 1,$$
$$M_{i,j-\frac{1}{2}}(\boldsymbol{U}^{(n)}), \quad i = 1, \cdots, N_x - 1, \quad j = 1, \cdots, N_y.$$

(4) 对控制函数做光滑化处理得到 $\tilde{M}$.

(5) 固定 $y = y^{(n)}$ 和 $\tilde{M} = \tilde{M}(\boldsymbol{U}^{(n)})$, 求解 (3.36).

(6) 固定 $x = x^{(n+1)}$ 和 $\tilde{M} = \tilde{M}(\boldsymbol{U}^{(n)})$, 求解 (3.37).

(7) 求解 (3.35), 得到 $\boldsymbol{U}^{(n+1)} = \boldsymbol{U}(x^{(n+1)}, y^{(n+1)})$.

(8) 检查收敛性, 如果

$$\|\boldsymbol{U}^{(n+1)} - \boldsymbol{U}^{(n)}\| < \text{Tol},$$

则停止迭代; 否则, 设置 $n = n + 1$, 转到第 3 步.

需要指出的是, 我们在计算中引入参数 λ 是为了对问题做一下松弛, 特别是初始几步迭代可以避免产生负值的单元面积, 而不是为了解的收敛性.

例 3.3　考虑如下的对流扩散问题

$$\nabla \cdot \left(\boldsymbol{a}u - \frac{1}{R}\nabla u\right) = f, \quad (x,y) \in (0,1)^2, \tag{3.38}$$

$\dfrac{1}{R}$ 是正的扩散系数, $\boldsymbol{a} = (1,0)$ 是对流速度, $f = \pi^2(1 - e^{R(x-1)})\sin(\pi y)/R$, 这个问题的精确解是

$$u(x,y) = [1 - e^{R(x-1)}]\sin(\pi y).$$

我们使用一阶迎风有限体积格式求解对流扩散方程 (3.38). 图 3.7 给出了 $R = 15$ 时方程 (3.38) 的自适应移动网格和相应的数值解, 可以看到在边界 $x = 1$ 附近有一个边界层, 在这里 $u(x,y)$ 变化剧烈, 所以较多的网格点也聚集在这一带. 在图 3.8 中, 我们给出了迭代次数与 L^∞ 和 L^2 误差的关系, 迭代算法选择精度为 Tol $= 10^{-4}$. 本节所提出的迭代法求解交替 MMPDE 和当前的物理方程比直接用牛顿迭代法求解二者耦合在一起的非线性方程组有显著的优势, 交替迭代法所用的 CPU 时间是 4.9 秒, 而直接用牛顿迭代需要 250 秒的 CPU 时间才可以达到相同的精度, 因此至少要慢 49 倍.

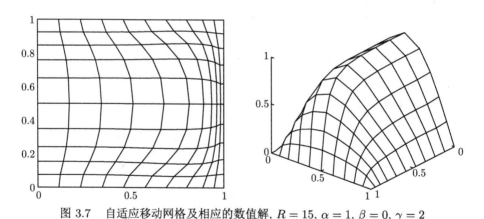

图 3.7　自适应移动网格及相应的数值解, $R = 15$, $\alpha = 1$, $\beta = 0$, $\gamma = 2$

本节我们介绍的基于局部等分布的移动网格方法在文献 [81, 118] 中仅仅应用到定常情形的偏微分方程, 发展方程的移动网格方法将在下一节讨论.

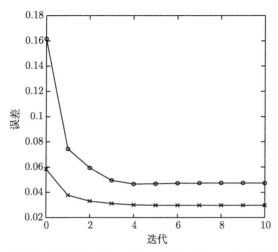

图 3.8　迭代法的收敛性, $R = 15$, "$\circ$" 表示 $\|e\|_{L^\infty}$, "$\times$" 表示 $\|e\|_{L^2}$

3.8　二维移动网格偏微分方程方法

3.8.1　方法简介

我们记物理区域为 $\Omega_p \subset \mathbf{R}^2$, 计算区域为 $\Omega_c \subset \mathbf{R}^2$. MMPDE 方法将物理网格的坐标看作是连续依赖于时间的变量, 即 $x = x(\xi, \eta; t)$, $y = y(\xi, \eta; t)$, 它用于求解偏微分方程时, 将物理平面上的一切变量通过坐标变换转化成计算平面上的方程, 然后在计算平面上求解. 我们以求解一般形式的二维抛物型方程为例说明这个过程:

$$u_t = f(t, x, y, u, u_x, u_y, u_{xx}, u_{xy}, u_{yy}), \quad (x, y) \in \Omega_p. \tag{3.39}$$

首先把上述物理平面上的偏微分方程通过坐标变换转化到计算平面上

$$\dot{u} - u_x \dot{x} - u_y \dot{y} = f(t, x, y, u, u_x, u_y, u_{xx}, u_{xy}, u_{yy}), \tag{3.40}$$

其中变量上的 $\cdot$ 表示固定 ξ, η 关于时间的偏导数, 类似于一维 MMPDE 时的定义, $(\dot{x}, \dot{y})$ 表示网格的移动速度. 所有的计算都要在计算平面上完成, (3.40) 右端的所有偏导数都需要通过下面的坐标变换公式转化到计算平面上的变量 ξ, η 来表达

$$u_x = \frac{1}{J} \left[(y_\eta u)_\xi - (y_\xi u)_\eta \right],$$
$$u_y = \frac{1}{J} \left[-(x_\eta u)_\xi + (x_\xi u)_\eta \right],$$

$$u_{xx} = \frac{1}{J}\left[(J^{-1}y_\eta^2 u_\xi)_\xi - (J^{-1}y_\xi y_\eta u_\eta)_\xi - (J^{-1}y_\xi y_\eta u_\xi)_\eta + (J^{-1}y_\xi^2 u_\eta)_\eta\right],$$

$$u_{xy} = \frac{1}{J}\left[-(J^{-1}x_\eta y_\eta u_\xi)_\xi + (J^{-1}x_\xi y_\eta u_\eta)_\xi + (J^{-1}x_\eta y_\xi u_\xi)_\eta - (J^{-1}x_\xi y_\xi u_\eta)_\eta\right],$$

$$u_{yy} = \frac{1}{J}\left[(J^{-1}x_\eta^2 u_\xi)_\xi - (J^{-1}x_\xi x_\eta u_\eta)_\xi - (J^{-1}x_\xi x_\eta u_\xi)_\eta + (J^{-1}x_\xi^2 u_\eta)_\eta\right].$$

可以发现转化以后的形式增加了网格移动速度 $(\dot{x}, \dot{y})$, 在下面几节中, 我们要研究的问题就是用 MMPDE 确定网格速度 $(\dot{x}, \dot{y})$, 也就是网格生成方程, 然后连同原来的物理方程一起在计算平面上求解. 用 MMPDE 方法求解 (3.39) 的整体框架如下:

(1) 将原问题 (3.39) 通过坐标变换转化到计算平面;

(2) 建立带有 $(\dot{x}, \dot{y})$ 的 MMPDE 方程;

(3) 将上面两个步骤的问题结合在一起, 在计算区域上数值求解.

3.8.2　梯度流网格生成方法

在研究二维的移动网格方法之前, 我们再从网格能量及其变分的角度重新观察一下一维的等分布原理, 考虑如下的一个可以看作网格的某种能量的泛函

$$I[\xi] = \frac{1}{2}\int_0^1 \frac{1}{G}\left(\frac{\partial \xi}{\partial x}\right)^2 dx, \tag{3.41}$$

我们所期待的网格就是这个泛函在某个函数空间中的极小化, 能使这个能量泛函下降最快的方向就是 $I[\xi]$ 的一阶变分 $\dfrac{\delta I}{\delta \xi}$ 的反方向, 梯度流方程就是

$$\frac{\partial \xi}{\partial t} = -\frac{\delta I}{\delta \xi}, \tag{3.42}$$

在实际应用中, 可以使用不同的下降方向而未必一定要选择最速下降的方向, 也可以选择适当的时间参数, 那么根据需要 (3.42) 可修正为

$$\frac{\partial \xi}{\partial t} = -\frac{P}{\tau}\frac{\delta I}{\delta \xi},$$

其中 τ 是用来控制时间尺度的小参数, P 是一个正的函数. (3.41) 的欧拉–拉格朗日方程 (Euler-Lagrange equation) 是

$$\frac{\delta I}{\delta \xi} \equiv -\frac{\partial}{\partial x}\left(\frac{1}{G}\frac{\partial \xi}{\partial x}\right) = 0.$$

我们取 $P = (G/\xi_x)^2 > 0$, 得到一维的 MMPDE:

$$\frac{\partial \xi}{\partial t} = \frac{G^2}{\tau \xi_x^2}\frac{\partial}{\partial x}\left(\frac{1}{G}\frac{\partial \xi}{\partial x}\right),$$

做变量变换, 我们得到

$$\frac{\partial x}{\partial t} = \frac{1}{\tau}\frac{\partial}{\partial \xi}\left(G\frac{\partial x}{\partial \xi}\right),$$

这个形式恰好是我们在上一节所推导的 MMPDE5, 类似地, 可以通过定义不同的适当的 P 得到其他形式的 MMPDE. 由此看来, 从变分形式所定义的网格能量出发导出梯度流方程并选择合适的 P 和 τ 就可以得到 MMPDE.

下面我们要研究的二维 MMPDE 也是从定义相应的自适应网格泛函出发, 最常用的形式是

$$I[\xi,\eta] = \frac{1}{2}\int_{\Omega_p}[\nabla\xi^{\mathrm{T}}G_1^{-1}\nabla\xi + \nabla\eta^{\mathrm{T}}G_2^{-1}\nabla\eta]dxdy, \qquad (3.43)$$

其中 G_1, G_2 是对称正定的控制函数矩阵, 通常依赖于解函数及其导数. 对应的欧拉–拉格朗日方程为

$$\nabla\cdot(G_1^{-1}\nabla\xi) = 0, \quad \nabla\cdot(G_2^{-1}\nabla\eta) = 0, \qquad (3.44)$$

定义这种形式的一个重要的原因是它和调和映射有密切的关系, 如果取

$$G_1 = G_2 = \frac{1}{\sqrt{g}}G,$$

其中 G 是一个对称正定矩阵, $g = \det(G)$. 这时欧拉–拉格朗日方程 (3.44) 连同适当的 Dirichlet 边界条件就定义了一个调和映射, 即

$$\xi = \xi(x,y), \quad \eta = \eta(x,y): \quad \Omega_p \to \Omega_c.$$

如果 Ω_c 的边界是凸的, 那么调和映射的存在性和唯一性是有理论保证的. 现在还没有从理论上证明 G_1 和 G_2 不相等时的存在性和唯一性, 但数值计算的经验表明, 只要控制函数光滑也可以产生满意的网格. 我们再回到变分形式 (3.43), 考虑控制函数的选取, Dvinsky[66] 使用调和映射来产生自适应网格, 它的控制函数为

$$G_1 = G_2 = G = I + \frac{f(F)}{\|\nabla F\|^2}\nabla F\cdot\nabla F^{\mathrm{T}},$$

其中 $f(F)$ 是一种距离函数, 它表示从给定点到曲线 $F(x,y) = 0$ 的距离.

Brackbill[33] 在控制函数中引入方向控制, 选择 $G_1 \neq G_2$:

$$G_1 = w[(1-\gamma)I + \gamma S(\boldsymbol{v}^1)]^{-1}, \quad G_2 = w[(1-\gamma)I + \gamma S(\boldsymbol{v}^2)]^{-1}, \qquad (3.45)$$

其中 w 是网格的密度函数, γ 是人为定义的无量纲的参数, $\boldsymbol{v}$ 表示方向, 对称矩阵 $S(\boldsymbol{v})$ 定义为

$$S(\boldsymbol{v}) = \frac{1}{\|\boldsymbol{v}\|^2}\begin{bmatrix} v_2^2 & -v_1v_2 \\ -v_1v_2 & v_1^2 \end{bmatrix}, \quad \boldsymbol{v} = (v_1,v_2)^{\mathrm{T}}.$$

对于控制函数 (3.45), 相应的变分形式就变成

$$I[\xi,\eta] = \frac{\gamma}{2} \int_{\Omega_p} \frac{1}{w} (\|\nabla\xi\|^2 + \|\nabla\eta\|^2) dxdy$$
$$+ \frac{1-\gamma}{2} \int_{\Omega_p} \frac{1}{w} \left(\frac{\|\nabla\xi \times \boldsymbol{v}^1\|^2}{\|\boldsymbol{v}^1\|^2} + \frac{\|\nabla\eta \times \boldsymbol{v}^2\|^2}{\|\boldsymbol{v}^2\|^2} \right) dxdy.$$

变分的第一部分是用来控制网格的自适应性质 (Winslow 的变分方法), 第二部分与人为选择的方向 $\boldsymbol{v}^1$, $\boldsymbol{v}^2$ 有关. 受这种方法的启发, Huang 等 [83] 选择如下的控制函数:

$$G_1 = \frac{1}{\sqrt{\tilde{g}_1}} \tilde{G}_1, \quad G_2 = \frac{1}{\sqrt{\tilde{g}_2}} \tilde{G}_2,$$

$$\tilde{G}_1 = \left[(1-\gamma_1-\gamma_2)G^{-1} + \frac{\gamma_1}{2} \|G^{-1}\|_F S(\nabla\xi) + \frac{\gamma_2}{2} \|G^{-1}\|_F S(\boldsymbol{v}^1) \right]^{-1},$$

$$\tilde{G}_2 = \left[(1-\gamma_1-\gamma_2)G^{-1} + \frac{\gamma_1}{2} \|G^{-1}\|_F S(\nabla\xi) + \frac{\gamma_2}{2} \|G^{-1}\|_F S(\boldsymbol{v}^2) \right]^{-1}, \quad (3.46)$$

其中 $\sqrt{\tilde{g}_1} = \det(\tilde{G}_1)$, $\sqrt{\tilde{g}_2} = \det(\tilde{G}_2)$, G 是对称正定的矩阵 (可以选择为类似于弧长的控制函数 $G = I + \nabla u \nabla u^T$), $\|G^{-1}\|_F$ 是 G^{-1} 的 Frobenius (弗罗贝尼乌斯) 范数, $\boldsymbol{v}(x,y)$ 是预先给定的用来控制方向的向量, γ_1 和 γ_2 $(\gamma_1 + \gamma_2 < 1)$ 也是人为选择的无量纲的参数.

Huang 等 [83] 使用控制函数 (3.46), 将其代入式 (3.43) 中的泛函 $I[\xi,\eta]$, 类似于一维的情形, 我们得到梯度流方程

$$\frac{\partial\xi}{\partial t} = -\frac{1}{\tau\sqrt{\tilde{g}_1}} \frac{\delta I}{\delta\xi}, \quad \frac{\partial\eta}{\partial t} = -\frac{1}{\tau\sqrt{\tilde{g}_2}} \frac{\delta I}{\delta\eta},$$

或者是

$$\frac{\partial\xi}{\partial t} = -\frac{1}{\tau\sqrt{\tilde{g}_1}} \nabla \cdot (G_1^{-1}\nabla\xi), \quad \frac{\partial\xi}{\partial t} = -\frac{1}{\tau\sqrt{\tilde{g}_2}} \nabla \cdot (G_2^{-1}\nabla\eta).$$

实际计算中, 我们需要做变量变换, 得到

$$\frac{\partial\boldsymbol{x}}{\partial t} = -\frac{\boldsymbol{x}_\xi}{\tau\sqrt{\tilde{g}_1}J} \left(\frac{\partial}{\partial\xi} \left(\frac{1}{Jg_1}(\boldsymbol{x}_\eta^T G_1 \boldsymbol{x}_\eta) \right) - \frac{\partial}{\partial\eta} \left(\frac{1}{Jg_1}(\boldsymbol{x}_\xi^T G_1 \boldsymbol{x}_\eta) \right) \right)$$
$$- \frac{\boldsymbol{x}_\eta}{\tau\sqrt{\tilde{g}_2}J} \left(-\frac{\partial}{\partial\xi} \left(\frac{1}{Jg_2}(\boldsymbol{x}_\eta^T G_2 \boldsymbol{x}_\xi) \right) + \frac{\partial}{\partial\eta} \left(\frac{1}{Jg_2}(\boldsymbol{x}_\xi^T G_2 \boldsymbol{x}_\xi) \right) \right), \quad (3.47)$$

这就是我们最终所需要的由梯度流导出的 MMPDE, 其中记 $\boldsymbol{x} = (x,y)$.

做数值计算时, 所有项的离散都采用中心格式, 以 $\frac{\partial}{\partial\xi} \left(\frac{1}{Jg_1}(\boldsymbol{x}_\eta^T G_1 \boldsymbol{x}_\eta) \right)$ 为例, 我们做下面的离散格式

$$\frac{\partial}{\partial\xi} \left(\frac{1}{Jg_1}(\boldsymbol{x}_\eta^T G_1 \boldsymbol{x}_\eta) \right) \bigg|_{(\xi_i,\eta_j)} \approx \frac{1}{J_{i+\frac{1}{2},j} g_{1,i+\frac{1}{2},j}} (\boldsymbol{x}_\eta)_{i+\frac{1}{2},j} G_{1,i+\frac{1}{2},j} (\boldsymbol{x}_\eta)_{i+\frac{1}{2},j}$$

$$- \frac{1}{J_{i-\frac{1}{2},j}g_{1,i-\frac{1}{2},j}} (\boldsymbol{x}_\eta)_{i-\frac{1}{2},j} G_{1,i-\frac{1}{2},j} (\boldsymbol{x}_\eta)_{i-\frac{1}{2},j},$$

其中

$$G_{1,i+\frac{1}{2},j} = \frac{1}{2}(G_{1,i+1,j} + G_{1,i,j}),$$

$$g_{1,i+\frac{1}{2},j} = \det(G_{1,i+\frac{1}{2},j}),$$

$$J_{i+\frac{1}{2},j} = \frac{1}{4}(x_{i+1,j} - x_{i,j})(y_{i+1,j+1} - y_{i+1,j-1} + y_{i,j+1} - y_{i,j-1})$$

$$- \frac{1}{4}(y_{i+1,j} - y_{i,j})(x_{i+1,j+1} - x_{i+1,j-1} + x_{i,j+1} - x_{i,j-1}),$$

$$(\boldsymbol{x}_\eta)_{i+\frac{1}{2},j} = \frac{1}{4}[(\boldsymbol{x}_\eta)_{i+1,j+1} - (\boldsymbol{x}_\eta)_{i+1,j-1} + (\boldsymbol{x}_\eta)_{i,j+1} - (\boldsymbol{x}_\eta)_{i,j-1}].$$

(3.47) 中的其他项可以通过类似的形式来离散.

物理区域边界上的网格分布可以根据具体的问题来做处理, 例如, 如果边界上解没有明显的变化, 我们可以固定边界上网格点的分布而使用第一类边界条件, 如果边界上解的变化比较剧烈, 可以单独在边界上执行一次一维的移动网格过程.

另外需要注意的是, 为了得到相对比较光滑的网格分布我们还需要对控制函数 $\tilde{G}_1$ 和 $\tilde{G}_2$ 做光滑化处理, 使用几次 (一般 3—4 次) 下面的磨光公式

$$\tilde{\tilde{G}}_{j,k} = \frac{4}{16}\tilde{G}_{j,k} + \frac{2}{16}\left(\tilde{G}_{j+1,k} + \tilde{G}_{j-1,k} + \tilde{G}_{j,k+1} + \tilde{G}_{j,k-1}\right)$$

$$+ \frac{1}{16}\left(\tilde{G}_{j-1,k-1} + \tilde{G}_{j-1,k+1} + \tilde{G}_{j+1,k-1} + \tilde{G}_{j+1,k+1}\right).$$

例 3.4 我们用本节介绍的移动网格方法求解下面的燃烧模型

$$u_t = \Delta u - \frac{R}{\alpha\delta}ue^{\delta(1-1/T)}$$

$$LT_t = \Delta T + \frac{R}{\delta}ue^{\delta(1-1/T)}, \quad (x,y) \in \Omega_p = (-1,1)^2, \quad t > 0.$$

初边值条件分别为

$$u(x,y,0) = 1, \quad T(x,y,0) = 1, \quad (x,y) \in \Omega_p,$$

$$u(x,y,t) = 1, \quad T(x,y,t) = 1, \quad (x,y) \in \partial\Omega_p,$$

其中 u 和 T 分别代表化学反应中某化学物的浓度和温度, 方程中的物理参数我们分别取为 $L = 0.9, \alpha = 1, \delta = 20, R = 5$. 在中间某个时刻, 由于点火, 温度会迅速上升, 一个火焰面形成并快速向边界传播.

我们用 40×40 的 MMPDE 方法求解这个问题, 取 $\tau = 0.01$, $\gamma_1 = 0.1$, $\gamma_2 = 0$, 从图 3.9 中可以看到多数网格点聚集在火焰面附近, 并且随着时间的推移向边界处移动. 图 3.10 给出了网格正交性与参数 γ_1 的关系, 如果取 $\gamma_1 = 0$, 也就是在网格方程中没有控制正交性的这一项, 在 $t = 0.29$ 时, 火焰面到达边界, 最小的网格夹角大约是 $2°$.

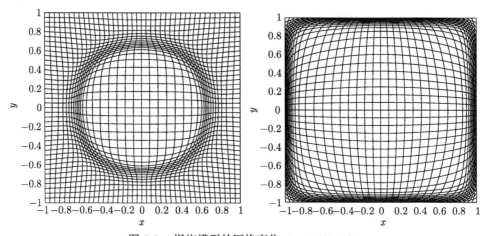

图 3.9   燃烧模型的网格变化, $t = 0.27, 0.29$

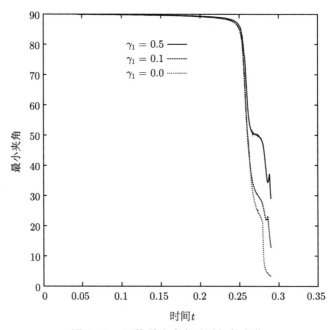

图 3.10   网格最小夹角随时间的变化

3.9   一个简单有效的网格生成方法

本节介绍的网格生成器是由 Ceniceros 和 Hou[45] 提出来的. 首先观察一个一维的问题, 设 $v(\xi) = u(x(\xi))$, 很自然地我们希望能够找到一套网格分布 $x(\xi)$, 使得从计算平面上来看 v 表现得比较光滑, 或者说梯度的某种度量达到最小, 即

$$\min_{x(\xi)} \int_{\Omega_c} \sqrt{1 + v_\xi^2}\, d\xi = \min_{x(\xi)} \int_{\Omega_c} \sqrt{1 + u_x^2(x(\xi)) x_\xi^2}\, d\xi,$$

与这个变分问题对应的欧拉--拉格朗日方程是

$$\left(\frac{u_x^2}{\sqrt{1 + u_x^2 x_\xi^2}} \right)_\xi = \frac{u_x u_{xx} x_\xi^2}{\sqrt{1 + u_x^2 x_\xi^2}}. \tag{3.48}$$

这是一个非线性的椭圆型方程, 而且右端项是刚性的. 右端项包含物理平面上的二阶导数, 实际的物理问题的解可能是奇异的或者是几乎奇异的, 所以计算二阶导数可能会很困难或是不可能的. (3.48) 左端的椭圆项的系数如果是零, 方程就会退化. 因此, 利用 (3.48) 直接生成自适应网格几乎不可能. 但是数值实验观察发现去掉右端项仅保留左端部分也可以产生令人满意的网格, 也就是说我们把 (3.48) 的右端设为零左端再做小小的修正以避免退化的情形出现, 那就是

$$\left(\frac{1 + u_x^2}{\sqrt{1 + u_x^2 x_\xi^2}} \right)_\xi = 0. \tag{3.49}$$

上述方程仍然有很奇异的系数, 所以我们用计算平面上比较光滑的解来代替, 即 $v_\xi = u(x(\xi))_\xi = u_x x_\xi$, 那么 (3.49) 就变为

$$\frac{\partial}{\partial \xi}(w x_\xi) = 0, \quad w = \sqrt{1 + u_x^2 x_\xi^2}. \tag{3.50}$$

在形式上, 这个方程与 Winslow 的方法是一样的. 很自然地, (3.50) 可以推广到高维的情形, 例如二维的网格方程就是

$$\tilde{\nabla} \cdot (w \tilde{\nabla} x) = 0, \quad \tilde{\nabla} \cdot (w \tilde{\nabla} y) = 0, \tag{3.51}$$

其中 $\tilde{\nabla} = \left(\dfrac{\partial}{\partial \xi}, \dfrac{\partial}{\partial \eta} \right)^{\mathrm{T}}$, 控制函数通常的形式是 $w = \sqrt{1 + |\tilde{\nabla} u|^2}$, 当然也可以是更一般的形式

$$w = \sqrt{1 + \beta^2 |\tilde{\nabla} u|^2 + g^2(u)}, \tag{3.52}$$

其中 β 是一个常数, $g(u)$ 是与当前问题有关的可以反映其光滑性的函数.

下面我们引入一个时间小参数 τ, 然后用迭代的方法来求解网格方程 (3.51), 即

$$x_\tau = \tilde{\nabla} \cdot (w\tilde{\nabla}x), \quad y_\tau = \tilde{\nabla} \cdot (w\tilde{\nabla}y). \tag{3.53}$$

在 $t = 0$ 给定初始条件, 也就是给一个初始的网格分布, 通常是均匀分布的网格, 我们可以用迭代的方法求解 (3.53) 得到其稳定态的解, 这就是对应于初始数据的自适应网格分布. 实际上对于发展方程来说, 如果 u 在每一个时间步上变化不是太大, 那么就没有必要在每一个离散的时间层上都要求 (3.53) 的稳定态的解, 因此在每一个时间层上对 (3.53) 只做一次迭代就足够了, 在数值计算中可以认为人工时间参数 τ 就是实际的时间步长 Δt, (3.53) 自然也就是 MMPDE 形式的网格方程了.

离散网格方程 (3.53) 可以有很多种方法, 这里我们提供一种半隐格式

$$\frac{x^{n+1} - x^n}{\Delta t} = a\Delta_h x^{n+1} + \nabla_h \cdot (w^n \nabla_h x^n) - a\Delta_h x^n,$$

$$\frac{y^{n+1} - y^n}{\Delta t} = a\Delta_h y^{n+1} + \nabla_h \cdot (w^n \nabla_h y^n) - a\Delta_h y^n.$$

其中 $a = \max w^n$, Δ_h 和 ∇_h 是对算子 Δ 和 ∇ 的标准的二阶离散格式. $a\Delta_h x^{n+1} - a\Delta_h x^n$ 的加入完全是为了稳定性. 需要指出的是, 我们这里的 MMPDE 全部都是在计算平面上离散并求解的, 而计算平面上的网格是固定的, 在整个计算的过程中保持不变. 在 [45] 中, (3.53) 被用来求解二维的不可压 Boussinesq (布西内斯克) 对流方程, 这个问题的解比较复杂, 在随时间的变化过程中, 局部会有小尺度的现象, 而且最后解会很快失去正则性, 从数值实验来看, (3.53) 产生的网格完全能够自适应地跟随这些解的变化, 在小尺度的区域和几乎奇异的区域能够聚集足够多的网格点, 从而获得令人满意的分辨率和数值精度.

例 3.5   用本节介绍的移动网格方法求解下面的方程

$$u_t + \cos(\pi(x + 0.2))uu_x = \Delta u + 4u^2,$$

满足初始条件

$$u(x, y, 0) = 20\sin^2(2\pi x)\sin^2(\pi y)$$

和齐次 Dirichlet 边界条件.

我们用 128×128 的网格, (3.52) 中的控制函数参数选择为

$$\beta = \frac{\|\nabla u\|_\infty}{\|u^2\|_\infty^{-1}}, \quad g(u) = u.$$

控制函数的形式及其参数的选择和所研究的问题有密切关系, 总的原则是它一定能够反映出当前问题的解变化的剧烈程度. 从图 3.11 可以看出, 在 $t = 0.01$ 时有两个比较平滑的峰形成, 在 $t = 0.02$ 时, 两个峰合并成一个, 这个峰就迅速长高直至 $t = 0.0436$, 最大值到达 5×10^8, 参看图 3.12, 在物理区域上来看, $u(x, y)$ 已经相当地奇异, 但是在计算区域上来看, $u(x(\xi, \eta), y(\xi, \eta))$ 要光滑得多.

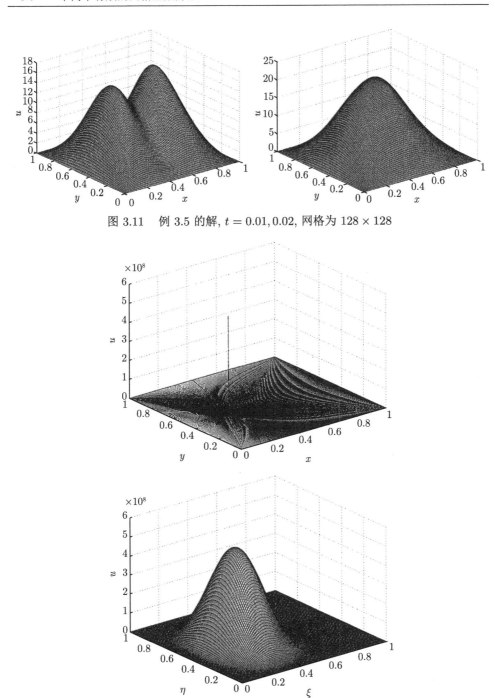

图 3.11 例 3.5 的解, $t = 0.01, 0.02$, 网格为 128×128

图 3.12 在 $t = 0.0436$ 时的解, 上图为物理区域上的解 $u(x,y)$, 下图为计算区域上的解 $u(x(\xi,\eta), y(\xi,\eta))$, $\|u\|_\infty = 5 \times 10^8$, 网格为 128×128

3.10　无插值移动网格方法小结

我们对本章所介绍的移动网格方法做一个小结. 20 世纪 80 年代的移动网格方法基本上都是基于 de Boor 提出的等分布原理, 如 White 引入的弧长坐标、FVZ 方法等, 这些方法都有一个共同的特点, 那就是网格分布方程和当前所求解的偏微分方程联立, 同时求解, 新旧网格之间不需要传递信息, 也就是说在原问题的基础上增加了确定网格的方程, 形成一个非线性的方程组. 对于很多问题, 从形式上来看比原问题要复杂得多, 即使原问题是线性的, 加入网格方程后, 求解的问题变成非线性的了. 实际的计算也是这样的, 网格方程的求解也不容易, 有时需要用牛顿迭代法求解. 对于一维问题来说, 这种做法是可以接受的, 但是对多维问题来说计算量就不可以接受了.

因为我们的最终目标是解决高维问题的自适应计算, 本章所研究的很多一维问题方法很难推广到二维或高维情形. 在第 4 章和第 6 章, 我们将讨论具有插值运算的移动网格方法, 它把方程求解和网格生成分开, 这两块的数值求解形式上互相独立. 优点是对物理问题现有的求解器可以直接搬过来, 不需要做任何修改, 网格生成部分也可以通过简单迭代形成; 缺点是我们必须提供一个很好的插值公式, 既要保证近似解在新网格点上的精度, 还要保证插值后的近似解满足相关的物理守恒性质. 这些将是下面章节探讨的主要内容.

第 4 章　基于离散插值的移动网格方法

下面我们要介绍的是 [177] 中提出的一种后来被广泛使用的自适应方法. 守恒型的插值法[177] 是针对双曲守恒律问题而设计的, 它在生成网格的过程中能够保持原始的物理量在离散意义下总量守恒, 同时还可以保持数值解的 TVD 性质等, 这对于求解原本就有守恒性的物理方程是非常有意义的. [177] 的自适应网格方程可以应用到很多不同类型的偏微分方程中, 本章涉及的问题有双曲守恒律方程、对流扩散方程、不可压流体问题、非线性 Hamilton-Jacobi (哈密顿–雅可比)方程和相场模型等.

4.1　双曲守恒律问题的移动网格方法

考虑一维和二维的守恒律方程, 即

$$u_t + f(u)_x = 0 \tag{4.1}$$

和

$$u_t + f(u)_x + g(u)_y = 0. \tag{4.2}$$

在适当的初边界条件下, 可得到 (4.1) 的解具有守恒性, 两边积分就可以看到

$$\frac{d}{dt} \int u(x,y) dx = 0. \tag{4.3}$$

同样二维问题 (4.2) 的解也具有守恒性, 即

$$\frac{d}{dt} \iint u(x,y,t) dx dy = 0. \tag{4.4}$$

我们总是希望, 在求解过程中 (4.3) 和 (4.4) 是在离散意义下一直要保持的性质.

4.1.1　一维的移动网格方法

从最简单的等分布原理出发, $\omega x_\xi = $ 常数, 两边关于 ξ 求导就得到网格方程

$$(\omega x_\xi)_\xi = 0, \quad 0 < \xi < 1, \tag{4.5}$$

其中 ω 是控制函数. 如果没有特别的说明, 以下我们总认为计算区域是 $[0,1]$.

为了方便迭代法求解 (4.5), 我们引入一个人工的时间小参数 τ, 即求解

$$x_\tau = (\omega x_\xi)_\xi, \quad 0 < \xi < 1, \tag{4.6}$$

两个边界点固定 $x(0, \tau) = a$, $x(1, \tau) = b$. 在计算区域上离散 (4.6), 我们得到迭代格式

$$\tilde{x}_j = x_j + \frac{\Delta \tau}{\Delta \xi^2} (\omega(u_{j+\frac{1}{2}})(x_{j+1} - x_j) - \omega(u_{j-\frac{1}{2}})(x_j - x_{j-1})), \quad 1 \leqslant j \leqslant J, \tag{4.7}$$

其中 $\Delta \xi = 1/(J+1)$ 是计算区域上的网格步长. 得到新网格 $\{\tilde{x}_j\}$ 以后, 我们需要将旧网格 $\{x_j\}$ 上对应的函数值 $\{u_j\}$ 映射到新网格 $\{\tilde{x}_j\}$ 上. 最常用的就是分片线性插值, 首先在旧网格 $\{x_j\}$ 上做分片线性插值, 然后根据新网格点的坐标来确定新网格上的函数值

$$\tilde{u}_{j+\frac{1}{2}} = u_{j+\frac{1}{2}} + \frac{u_{k+\frac{1}{2}} - u_{k-\frac{1}{2}}}{x_{k+\frac{1}{2}} - x_{k-\frac{1}{2}}} (\tilde{x}_{j+\frac{1}{2}} - x_{k+\frac{1}{2}}), \quad \tilde{x}_{j+\frac{1}{2}} \in [x_{k-\frac{1}{2}}, x_{k+\frac{1}{2}}], \tag{4.8}$$

其中使用有限体积法定义的记号

$$\tilde{u}_{j+\frac{1}{2}} = \frac{1}{\tilde{x}_{j+1} - \tilde{x}_j} \int_{\tilde{x}_j}^{\tilde{x}_{j+1}} u(x)dx, \quad u_{j+\frac{1}{2}} = \frac{1}{x_{j+1} - x_j} \int_{x_j}^{x_{j+1}} u(x)dx. \tag{4.9}$$

(4.8) 所定义的插值方法很简单, 也很容易实现, 但是它破坏了原问题的守恒性, 在解的间断附近会产生数值振荡. 文献 [177] 提出了一种守恒的插值方法, 它基本上能够克服分片线性插值法的这种不足之处.

假定新网格 $\tilde{x}_{j+\frac{1}{2}}$ 和旧网格 $x_{j+\frac{1}{2}}$ 之间移动的距离很小, 网格移动量记为 $c(x)$, 即 $c(x) = x - \tilde{x}$, 我们假定 $|c(x)| \ll 1$,

$$
\begin{aligned}
\int_{\tilde{x}_j}^{\tilde{x}_{j+1}} \tilde{u}(\tilde{x})d\tilde{x} &= \int_{x_j}^{x_{j+1}} u(x - c(x))(1 - c'(x))dx \\
&\approx \int_{x_j}^{x_{j+1}} (u(x) - c(x)u_x(x))(1 - c'(x))dx \\
&\approx \int_{x_j}^{x_{j+1}} (u(x) - (cu)_x)dx \\
&= \int_{x_j}^{x_{j+1}} u(x)dx - ((cu)_{j+1} - (cu)_j),
\end{aligned}
$$

其中, $\approx$ 表示忽略了高阶项, $(cu)_j$ 表示在单元 I_j 的边界的值. 因此有下面的近似守恒的插值

$$\Delta \tilde{x}_{j+\frac{1}{2}} \tilde{u}_{j+\frac{1}{2}} = \Delta x_{j+\frac{1}{2}} u_{j+\frac{1}{2}} - ((cu)_{j+1} - (cu)_j). \tag{4.10}$$

关于下标求和, 那么总质量在离散意义下保持不变, 即

$$\sum_j \Delta \tilde{x}_{j+\frac{1}{2}} \tilde{u}_{j+\frac{1}{2}} = \sum_j \Delta x_{j+\frac{1}{2}} u_{j+\frac{1}{2}}.$$

(4.10) 就是我们在实际的计算中所使用的插值公式.

现在我们给出用移动网格方法求解一维守恒律方程 (4.1) 的完整计算步骤, 算法如下.

一维带插值移动网格算法

第一步: 给定物理区域 $\Omega_p = [a, b]$ 和计算区域 $\Omega_c = [0, 1]$ 的一个均匀剖分, 将 $u(x, 0)$ 作为解析函数, 用网格方程 (4.5) 产生初始的网格分布, 我们得到 $\{x_j^n, u_{j+\frac{1}{2}}^n\}$, 其中 $t^n = 0$;

第二步: 在由上一步产生的自适应网格 $\{x_j^n\}$ 上保持网格分布不变, 求解当前的微分方程 (4.1), 时间向前推进一步, 由 t^n 到 t^{n+1}, 相应的解为 $u_{j+\frac{1}{2}}^{n+1}$;

第三步: 根据迭代公式 (4.9) 做一步移动网格, 由 $\{x_j^{[\nu]}\}$ 到 $\{x_j^{[\nu+1]}\}$, 然后再用插值公式 (4.10) 得到新网格上的解分布 $\{u_{j+\frac{1}{2}}^{[\nu+1]}\}$, 再更新控制函数 $\omega(u_{j+\frac{1}{2}}^{[\nu+1]})$, 使用公式 (4.15) 对控制函数做光滑化处理, 然后重复移动网格和插值的过程一直到相邻的两次网格之间没有明显的变化, 即 $\|x^{[\nu+1]} - x^{[\nu]}\| \leqslant \varepsilon$;

第四步: 如果 $t^{n+1} < T$, 做 $u_{j+\frac{1}{2}}^{[0]} = u_{j+\frac{1}{2}}^{n+1}, x_j^{[0]} = x_j^{[\nu+1]}$, 转第二步.

需要指出一下, 只有在给定离散函数值的情况下才需要做插值处理, 如果要得到一个给定的解析函数的自适应网格是不需要插值的, 一般对于发展方程的初始条件, 我们需要将它作为解析函数来做移动网格, 在上述算法的第一步就是这种情况, 假定我们已知 $f = u(x)$, 可以按照下面的步骤很容易地得到它的自适应网格.

第一步: 给定均匀分布的物理网格 $\{x_j\}$ 和计算网格 $\{\xi_j\}$, 即 $\Delta x = (b - a)/(N_x)$, $\Delta \xi = 1/N_\xi$, $N_\xi = N_x$;

第二步: 计算控制函数值 $\omega_{j+\frac{1}{2}} = \omega(u(x_{j+\frac{1}{2}}))$, 这一步可以精确计算得到, 因为函数值及其导数值是已知的, 只需要把它们代入控制函数的表达式中;

第三步: 对上一步得到的控制函数用磨光公式 (4.15) 做 4 次磨光;

第四步: 用迭代公式 (4.10) 做一次迭代, 产生新网格 $\{\tilde{x}_j\}$;

第五步: 检查是否 $\|x - \tilde{x}\|_\infty \leqslant \varepsilon$, 如果是, 则停止迭代; 否则 $\{x_j\} \leftarrow \{\tilde{x}_j\}$, 转到第二步.

在整体算法的第四步中, 计算新网格具体的迭代公式是

$$x_j^{[\nu+1]} = \alpha_{j+\frac{1}{2}} x_{j+1}^{[\nu]} + (1 - \alpha_{j+\frac{1}{2}} - \alpha_{j-\frac{1}{2}}) x_j^{[\nu]} + \alpha_{j-\frac{1}{2}} x_{j-1}^{[\nu]}, \qquad (4.11)$$

其中

$$\alpha_{j+\frac{1}{2}} = \frac{\Delta\tau}{\Delta\xi^2}\omega\left(u_{j+\frac{1}{2}}^{[\nu]}\right).$$

α 必须满足下面的稳定性条件, 以确保新网格点不会交错

$$\max_j \alpha_{j+\frac{1}{2}} \leqslant \frac{1}{2}. \tag{4.12}$$

插值公式 (4.10) 在计算中是这样实现的

$$u_{j+1}^{[\nu+1]} = \beta_j^{[\nu]} u_{j+\frac{1}{2}}^{[\nu]} - \gamma_j^{[\nu]}((\widehat{cu})_{j+1}^{[\nu]} - (\widehat{cu})_j^{[\nu]}), \tag{4.13}$$

其中

$$\gamma_j^{[\nu]} = (x_{j+1}^{[\nu+1]} - x_j^{[\nu+1]})^{-1}, \quad \beta_j^{[\nu]} = \gamma_j^{[\nu]} \cdot (x_{j+1}^{[\nu]} - x_j^{[\nu]}),$$

数值通量 $\widehat{cu}_j$ 定义为下面的一阶迎风格式

$$(\widehat{cu})_j = \frac{c_j}{2}(u_{j+\frac{1}{2}} + u_{j-\frac{1}{2}}) - \frac{|c_j|}{2}(u_{j+\frac{1}{2}} - u_{j-\frac{1}{2}}), \tag{4.14}$$

其中网格速度定义为 $c_j^{[\nu]} = x_j^{[\nu]} - x_j^{[\nu+1]}$.

在后边给出的使用谱方法计算的数值例子中, 使用了二阶的格式

$$(\widehat{cu})_j = \frac{c_j}{2}(u_j^+ + u_j^-) - \frac{|c_j|}{2}(u_j^+ - u_j^-),$$

其中 u^+ 和 u^- 是通过构造分片线性多项式来定义的

$$u_j^{\pm} = u_{j\pm\frac{1}{2}} + \frac{1}{2}(x_j - x_{j\pm1})s_{j\pm\frac{1}{2}},$$

其中 $s_{j+\frac{1}{2}}$ 是对 u_x 在点 $x_{j+\frac{1}{2}}$ 处的近似, 它定义为

$$s_{j+\frac{1}{2}} = (\text{sign}(s_{j+\frac{1}{2}}^+) + \text{sign}(s_{j+\frac{1}{2}}^-))\frac{|s_{j+\frac{1}{2}}^+ s_{j+\frac{1}{2}}^-|}{|s_{j+\frac{1}{2}}^+| + |s_{j+\frac{1}{2}}^-|},$$

$$s_{j+\frac{1}{2}}^+ = \frac{u_{j+\frac{3}{2}} - u_{j+\frac{1}{2}}}{x_{j+\frac{3}{2}} - x_{j+\frac{1}{2}}}, \quad s_{j+\frac{1}{2}}^- = \frac{u_{j+\frac{1}{2}} - u_{j-\frac{1}{2}}}{x_{j+\frac{1}{2}} - x_{j-\frac{1}{2}}}.$$

为了防止分母为零的情形出现, 在实际计算中对这个近似斜率公式做了微小的修正, 即

$$s_{j+\frac{1}{2}} = (\text{sign}(s_{j+\frac{1}{2}}^+) + \text{sign}(s_{j+\frac{1}{2}}^-))\frac{|s_{j+\frac{1}{2}}^+ s_{j+\frac{1}{2}}^-|}{|s_{j+\frac{1}{2}}^+| + |s_{j+\frac{1}{2}}^-| + \varepsilon_0},$$

其中 ε_0 是非常小的正数以保证分母不为零. 另外, 在计算步骤三中还需要对控制函数做光滑化处理, 我们采用下面的方法

$$\omega_{j+\frac{1}{2}} \leftarrow \frac{1}{4}(\omega_{j+\frac{3}{2}} + 2\omega_{j+\frac{1}{2}} + \omega_{j-\frac{1}{2}}), \tag{4.15}$$

光滑控制函数的目的是产生比较光滑的网格分布, 防止网格单元相差悬殊, 避免非常奇异的网格单元以确保激波附近的精度. 磨光次数越多, 得到的网格就越光滑, 一般 3—4 次就可以了, 当然也可以根据具体的问题确定合适的磨光次数. 控制网格收敛程度的小参数 ε 在计算中通常取作 10^{-3} 左右.

定理 4.1 假设 $x_{j+1}^{[\nu]} > x_j^{[\nu]}$, $0 \leqslant j \leqslant N$, 新网格 $\{x_j^{[\nu+1]}\}$ 由 (4.11) 产生, 并且 $\alpha_{j+\frac{1}{2}}$ 满足稳定性条件 (4.12), 那么

$$x_{j-1}^{[\nu+1]} < x_j^{[\nu]} < x_{j+1}^{[\nu+1]}, \quad 1 \leqslant j \leqslant N \tag{4.16}$$

和

$$x_{j+1}^{[\nu+1]} > x_j^{[\nu+1]}. \tag{4.17}$$

证明 由稳定性条件 (4.12) 可知

$$1 - \alpha_{j+\frac{1}{2}} - \alpha_{j-\frac{1}{2}} \geqslant 0,$$

并且 $\alpha_{j+\frac{1}{2}} > 0, \alpha_{j-\frac{1}{2}} > 0, x_{j+1}^{[\nu]} > x_j^{[\nu]}$, 所以由网格迭代公式 (4.11) 就可以得出

$$x_{j-1}^{[\nu+1]} < x_j^{[\nu]} < x_{j+1}^{[\nu+1]}, \quad 1 \leqslant j \leqslant N.$$

记 $\Delta x_{j+\frac{1}{2}} = x_{j+1} - x_j$, 由 (4.11) 可以得到

$$\Delta x_{j-\frac{1}{2}}^{[\nu+1]} = \alpha_{j+\frac{1}{2}} \Delta x_{j+\frac{1}{2}}^{[\nu]} + (1 - 2\alpha_{j-\frac{1}{2}}) \Delta x_{j-\frac{1}{2}}^{[\nu]} + \alpha_{j-\frac{3}{2}} \Delta x_{j-\frac{3}{2}}^{[\nu]} > 0,$$

所以 (4.17) 成立. (4.16) 说明网格经过一次迭代以后, 其移动量不是很大, 可以控制到不超过原来网格的相应的区间, (4.17) 说明新产生的网格不会出现交错现象. □

关于插值方法 (4.13), 我们可以证明插值后不会引起数值解的总变差增加.

定理 4.2 假设初始条件 $u^{[0]}$ 有紧支集, $\alpha_{j+\frac{1}{2}}$ 满足稳定性条件 (4.12), 并且 $x_{j-1}^{[\nu+1]} < x^{[\nu]} < x_{j+1}^{[\nu-1]}, x_{j+1}^{[\nu+1]} > x_j^{[\nu+1]}$, 那么

$$\mathrm{TV}(u^{[\nu+1]}) \leqslant \mathrm{TV}(u^{[\nu]}),$$

其中 $\mathrm{TV}(u)$ 为 (∗∗) 定义的总变差, 权重 $w_j = 1$.

证明 为简便记号, 我们记

$$\tilde{x} = x^{[\nu+1]}, \quad x = x^{[\nu]}, \quad \tilde{u} = u^{[\nu+1]}, \quad u = u^{[\nu]}, \quad c_{j+1} - c_j = \Delta x_{j+\frac{1}{2}} - \Delta \tilde{x}_{j+\frac{1}{2}},$$

则由插值公式 (4.10) 和数值通量 (4.14) 就可以得到

$$\Delta \tilde{x}_{j+\frac{1}{2}} \tilde{u}_{j+\frac{1}{2}} = (c_{j+1} - c_j \Delta \tilde{x}_{j+\frac{1}{2}}) u_{j+\frac{1}{2}} + \frac{1}{2}(|c_{j+1}| - c_{j+1}) u_{j+\frac{3}{2}}$$

$$+ (c_j - |c_j| - c_{j+1} - |c_{j+1}|)u_{j+\frac{1}{2}} + \frac{1}{2}(|c_j| + c_j)u_{j-\frac{1}{2}}$$

$$= \Delta\tilde{x}_{j+\frac{1}{2}}u_{j+\frac{1}{2}} + m_{j+1}u_{j+\frac{3}{2}} - m_{j+1}u_{j+\frac{1}{2}} - M_j u_{j+\frac{1}{2}} + M_j u_{j-\frac{1}{2}},$$

其中 $M_j = \max(0, c_j)$, $m_j = -\min(0, c_j)$, 显然 $M_j, m_j \geqslant 0$,

$$\tilde{u}_{j+\frac{1}{2}} = u_{j+\frac{1}{2}} + \frac{m_{j+1}}{\Delta\tilde{x}_{j+\frac{1}{2}}}\Delta u_{j+1} - \frac{M_j}{\Delta\tilde{x}_{j+\frac{1}{2}}}\Delta u_j.$$

在上式中, 令下标分别为 $j + \frac{1}{2}$ 和 $j - \frac{1}{2}$ 并且相减, 则有

$$\Delta\tilde{u}_j = \Delta u_j + \frac{m_{j+1}}{\Delta\tilde{x}_{j+\frac{1}{2}}}\Delta u_{j+1} - \left(\frac{M_j}{\Delta\tilde{x}_{j+\frac{1}{2}}} + \frac{m_j}{\Delta\tilde{x}_{j-\frac{1}{2}}}\right)\Delta u_j + \frac{M_{j-1}}{\Delta\tilde{x}_{j-\frac{1}{2}}}\Delta u_{j-1},$$

再关于 j 求和

$$\sum_j |\Delta u_j| \leqslant \sum_j \frac{m_j}{\Delta\tilde{x}_{j-\frac{1}{2}}}|\Delta u_j| + \sum_j \left|1 - \frac{M_j}{\Delta\tilde{x}_{j+\frac{1}{2}}} - \frac{m_j}{\Delta\tilde{x}_{j-\frac{1}{2}}}\right||\Delta u_j| + \sum_j \frac{M_j}{\Delta\tilde{x}_{j+\frac{1}{2}}}|\Delta u_j|.$$

$$(4.18)$$

根据 c_j 的定义有 $-\Delta\tilde{x}_{j-\frac{1}{2}} \leqslant c_j \leqslant \Delta\tilde{x}_{j+\frac{1}{2}}$, 再注意到 M_j, m_j 的定义, 我们断定

$$1 - \frac{M_j}{\Delta\tilde{x}_{j+\frac{1}{2}}} - \frac{m_j}{\Delta\tilde{x}_{j-\frac{1}{2}}} \geqslant 0,$$

将上式代入 (4.18) 就可以得到本定理的结论, 即 $\mathrm{TV}(\tilde{u}) \leqslant \mathrm{TV}(u)$.　　□

此外, 我们还可以证明由移动网格算法计算得到的数值解是相应的守恒律方程的弱解, 具体的证明可以参看文献 [177].

移动网格算法的第二步是解物理方程, 我们用有限体积法求解守恒律方程 (4.1), 在控制体 $[t^n, t^{n+1}] \times [x_j, x_{j+1}]$ 上对 (4.1) 积分, 可以得到下面的离散格式

$$u_{j+\frac{1}{2}}^{n+1} = u_{j+\frac{1}{2}}^n - \frac{t^{n+1} - t^n}{x_{j+1} - x_j}(\hat{f}_{j+1}^n - \hat{f}_j^n),$$

其中 $\hat{f}$ 是数值通量, 它必须满足

$$\hat{f}_j^n = \hat{f}(u_j^{n,-}, u_j^{n,+}), \quad \hat{f}(u, u) = f(u).$$

我们在后边的数值算例中使用的最简单的就是 Lax-Friedrichs 格式

$$\hat{f}(a, b) = \frac{1}{2}(f(a) + f(b) - \max_u\{|f_u|\}(b-a)),$$

$\max$ 的作用区域介于 a, b 之间, $u_j^{n,\pm}$ 和我们在插值公式中所使用的定义完全相同, 这里不再重复.

例 4.1 我们考虑最简单的 Burgers 方程

$$u_t + \left(\frac{u^2}{2}\right)_x = 0, \quad 0 \leqslant x \leqslant 2\pi,$$

初始条件是

$$u(x,0) = 0.5 + \sin(x), \quad x \in [0, 2\pi).$$

这个问题的控制函数选择 $\omega = \sqrt{1 + 0.2|u_\xi|^2}$, Gauss-Seidel 迭代平均使用 5 步, 这说明迭代法的代价不是很大. 我们在图 4.1 中画出了当 $t = 2$ 时的解, 在激波附近聚积了相对较多的网格点. 网格分布的轨迹是将各个时间层上相对应的节点连接起来形成的, 从图中可以看出, 在 $t < 1$ 时, 网格分布几乎是均匀的, 在临界时刻 $t_c = 1$ 开始形成激波, 之后这个激波的位置稍微有些向右移动.

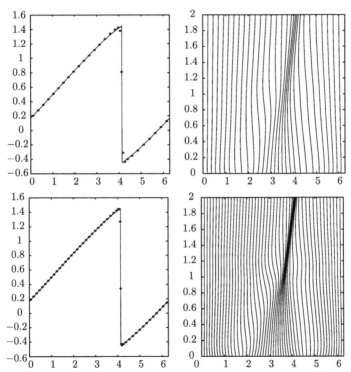

图 4.1　无黏 Burgers 方程的移动网格解和网格分布的轨迹, 实线表示精确解, 小圆圈表示计算解, $t = 2$, 上图: $J = 30$, 下图: $J = 50$

例 4.2 考虑非凸的守恒律方程

$$u_t + f(u)_x = 0, \quad f(u) = \frac{1}{4}(u^2 - 1)(u^2 - 4), \quad x \in [-1, 1],$$

初始条件是符号函数, 即

$$u(x,0) = \begin{cases} 2, & x \in [-1,0], \\ -2, & \text{其他}. \end{cases}$$

由于通量函数 $f(u)$ 非凸, 所以比上一个例子 Burgers 方程要困难一些, 这个算例的控制函数取 $\omega = \sqrt{1 + |u_\xi|^2}$, 时间离散用 2 阶 Runge-Kutta (龙格–库塔) 方法.

针对这个例子, 这里我们对移动网格方法做一个小小的点评, 从图 4.2 移动网格分布来看, 在奇异值附近聚积了相对较多的网格点, 但是在区间 $[-0.5, 0.5]$ 上也分布了很多的网格点, 其实这是一种浪费, 因为这里的解是非常光滑的几乎就是一段直线, 在例 4.1 中, 也存在类似的现象. 我们认为这是由控制函数不够理想造成的, 移动网格方法的这一点不足之处在本书的第 1 章曾经提到过.

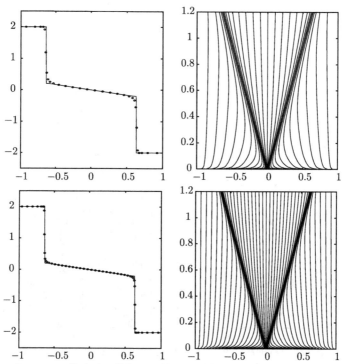

图 4.2   例 4.2 在 $t = 1.2$ 的移动网格解和网格分布的轨迹, 实线表示精确解, 小圆圈表示计算解, $t = 2$, 上图: $J = 30$, 下图: $J = 50$

4.1.2 二维的移动网格方法

我们知道, Winslow 型的网格方程是

$$(\omega^{-1}\xi_x)_x + (\omega^{-1}\xi_y)_y = 0,$$
$$(\omega^{-1}\eta_x)_x + (\omega^{-1}\eta_y)_y = 0. \tag{4.19}$$

可以看出, 这个方程组是定义在物理区域上的, 通常物理区域比较复杂而且网格分布也不均匀, 所以直接计算是比较困难的, 通过坐标变换可以转化到计算平面上求解

$$\frac{x_\xi}{J}\left[\left(x_\eta\frac{1}{J\omega}x_\eta + y_\eta\frac{1}{J\omega}y_\eta\right)_\xi - \left(x_\xi\frac{1}{J\omega}x_\eta + y_\xi\frac{1}{J\omega}y_\eta\right)_\eta\right]$$
$$+ \frac{x_\eta}{J}\left[-\left(x_\eta\frac{1}{J\omega}x_\xi + y_\eta\frac{1}{J\omega}y_\xi\right)_\xi + \left(x_\xi\frac{1}{J\omega}x_\xi + y_\xi\frac{1}{J\omega}y_\xi\right)_\eta\right] = 0, \tag{4.20}$$

$$\frac{x_\xi}{J}\left[\left(x_\eta\frac{1}{J\omega}x_\eta + y_\eta\frac{1}{J\omega}y_\eta\right)_\xi - \left(y_\xi\frac{1}{J\omega}x_\eta + y_\xi\frac{1}{J\omega}y_\eta\right)_\eta\right]$$
$$+ \frac{y_\eta}{J}\left[-\left(x_\eta\frac{1}{J\omega}x_\xi + y_\eta\frac{1}{J\omega}y_\xi\right)_\xi + \left(x_\xi\frac{1}{J\omega}x_\xi + y_\xi\frac{1}{J\omega}y_\xi\right)_\eta\right] = 0. \tag{4.21}$$

在上一章我们使用迭代法反复求解 (4.20) 和 (4.21) 获得自适应移动网格. 从形式上来看, 显然变换以后的方程组比原来的方程 (4.19) 复杂得多了. 这样反而不利于实际计算. 现在我们考虑另外一种定义在计算平面的泛函

$$\tilde{E}[x,y] = \frac{1}{2}\int_{\Omega_c}(\tilde{\nabla}^T x G_1\tilde{\nabla} x + \tilde{\nabla}^T y G_2\tilde{\nabla} y)d\xi d\eta,$$

其中, G_k 仍然是控制函数, $\tilde{\nabla} = (\partial_\xi, \partial_\eta)$. 相应的欧拉–拉格朗日形式是

$$\partial_\xi(G_1\partial_\xi x) + \partial_\eta(G_1\partial_\eta x) = 0,$$

$$\partial_\xi(G_2\partial_\xi y) + \partial_\eta(G_2\partial_\eta y) = 0,$$

这是 Cencerios 和 Hou[45] 发展的网格方程, 如果我们简单地取 $G = wI$, 则

$$\tilde{\nabla}\cdot(w\tilde{\nabla}x) = 0, \quad \tilde{\nabla}\cdot(w\tilde{\nabla}y) = 0. \tag{4.22}$$

这一方程是对等分布原理的一个推广.

离散二维的网格方程 (4.22), 我们仍使用 Gauss-Seidel 方法

$$\alpha_{j+\frac{1}{2},k}(x_{j+1,k}^{[\nu]} - x_{j,k}^{[\nu+1]}) - \alpha_{j-\frac{1}{2},k}(x_{j,k}^{[\nu+1]} - x_{j-1,k}^{[\nu+1]})$$

$$+ \beta_{j,k+\frac{1}{2}}(x_{j,k+1}^{[\nu]} - x_{j,k}^{[\nu+1]}) - \beta_{j,k-\frac{1}{2}}(x_{j,k}^{[\nu+1]} - x_{j,k-1}^{[\nu+1]}) = 0, \tag{4.23}$$

其中

$$\alpha_{j\pm\frac{1}{2},k} = w(u_{j\pm\frac{1}{2},k}^{[\nu]}) = w\left(\frac{1}{2}\left(u_{j\pm\frac{1}{2},k+\frac{1}{2}}^{[\nu]} + u_{j\pm\frac{1}{2},k-\frac{1}{2}}^{[\nu]}\right)\right),$$

$$\beta_{j,k\pm\frac{1}{2}} = w(u_{j,k\pm\frac{1}{2}}^{[\nu]}) = w\left(\frac{1}{2}\left(u_{j+\frac{1}{2},k\pm\frac{1}{2}}^{[\nu]} + u_{j-\frac{1}{2},k\pm\frac{1}{2}}^{[\nu]}\right)\right),$$

对 $y_{j,k}$ 也有上述类似的公式. 一维的守恒型插值推导方法可以直接推广到二维, 在计算平面上我们首先固定一套均匀分布的网格

$$\left\{(\xi_j, \eta_k)\Big|\xi_j = \frac{j}{J_x + 1}, \eta_k = \frac{k}{J_y + 1}; 0 \leqslant j \leqslant J_x + 1, 0 \leqslant k \leqslant J_y + 1\right\}.$$

类似一维问题的情形, 我们总是用 "~" 表示定义在新生成的网格上的信息, $u_{i+\frac{1}{2},k+\frac{1}{2}}$ 和 $\tilde{u}_{i+\frac{1}{2},k+\frac{1}{2}}$ 分别表示 $u(x, y)$ 在旧的网格单元 $A_{i+\frac{1}{2},k+\frac{1}{2}}$ 和新的网格单元 $\tilde{A}_{i+\frac{1}{2},k+\frac{1}{2}}$ 上的网格平均, c^x, c^y 表示网格速度, 也就是 $(\tilde{x}, \tilde{y}) = (x - c^x(x, y), y - c^y(x, y))$, 同样我们仍假定网格速度非常小, 在新网格的控制单元上做下面的积分运算和近似处理

$$\int_{\tilde{A}_{j+\frac{1}{2},k+\frac{1}{2}}} \tilde{u}(\tilde{x}, \tilde{y}) d\tilde{x} d\tilde{y}$$

$$= \int_{A_{j+\frac{1}{2},k+\frac{1}{2}}} u(x - c^x, y - c^y) \det\left(\frac{\partial(\tilde{x}, \tilde{y})}{\partial(x, y)}\right) dx dy$$

$$\approx \int_{A_{j+\frac{1}{2},k+\frac{1}{2}}} (u(x, y) - c^x u_x - c^y u_y)(1 - c_x^x - c_y^y) dx dy$$

$$\approx \int_{A_{j+\frac{1}{2},k+\frac{1}{2}}} [u(x, y) - c^x u_x - c^y u_y - c_x^x u - c_y^y u] dx dy$$

$$= \int_{A_{j+\frac{1}{2},k+\frac{1}{2}}} [u(x, y) - (c^x u)_x - (c^y u)_y] dx dy$$

$$= \int_{A_{j+\frac{1}{2},k+\frac{1}{2}}} u(x, y) dx dy - [(c_n u)_{j+1,k+\frac{1}{2}} + (c_n u)_{j,k+\frac{1}{2}}]$$

$$- [(c_n u)_{j+\frac{1}{2},k+1} + (c_n u)_{j+\frac{1}{2},k}], \tag{4.24}$$

其中 $c_n := c^x n_x + c^y n_y$, (n_x, n_y) 是单位法向量, $(c_n u)_{j,k+\frac{1}{2}}$ 和 $(c_n u)_{j+\frac{1}{2},k}$ 表示在单元 $A_{j+\frac{1}{2},k+\frac{1}{2}}$ 的相应边界的值. 由 (4.24) 易得下面的守恒型插值公式

$$|\tilde{A}_{j+\frac{1}{2},k+\frac{1}{2}}|\tilde{u}_{j+\frac{1}{2},k+\frac{1}{2}} = |A_{j+\frac{1}{2},k+\frac{1}{2}}|u_{j+\frac{1}{2},k+\frac{1}{2}} - [(c_n u)_{j+1,k+\frac{1}{2}} + (c_n u)_{j,k+\frac{1}{2}}]$$

$$- [(c_n u)_{j+\frac{1}{2},k+1} + (c_n u)_{j+\frac{1}{2},k}], \tag{4.25}$$

$|\tilde{A}_{j+\frac{1}{2},k+\frac{1}{2}}|$ 和 $|A_{j+\frac{1}{2},k+\frac{1}{2}}|$ 表示控制单元的面积. 显然, 插值前后的总质量在离散意义下保持不变, 即

$$\sum_{j,k}|\tilde{A}_{j+\frac{1}{2},k+\frac{1}{2}}|\tilde{u}_{j+\frac{1}{2},k+\frac{1}{2}}=\sum_{j,k}|A_{j+\frac{1}{2},k+\frac{1}{2}}|u_{j+\frac{1}{2},k+\frac{1}{2}}.$$

下面我们给出二维移动网格以及求解当前物理问题的完整计算步骤.

第一步: (初始化物理网格) 在物理区域 Ω_p 给定一个初始剖分 $\left\{(x_{j,k}^{[0]},y_{j,k}^{[0]})\right\}$, 在计算区域 Ω_c 上做均匀剖分 $\{(\xi_{j,k},\eta_{j,k})\}$, 将初始条件 $u(x,y,0)$ 作为解析函数, 用网格方程 (4.22) 产生初始的网格分布以及对应的函数值, 即 $\left\{(x_{j,k}^n,y_{j,k}^n),u_{j+\frac{1}{2},k+\frac{1}{2}}^n\right\}$, 其中 $t^n=0$.

第二步: (实现在 $\{(x_{j,k}^n,y_{j,k}^n)\}$ 上求解物理方程) 在网格 $\{(x_{j,k}^n,y_{j,k}^n)\}$ 上保持网格不变求解偏微分方程 (4.2), 时间向前推进一步, 由 t^n 到 t^{n+1}, 在这一步最后得到 $\left\{(x_{j,k}^n,y_{j,k}^n),u_{j+\frac{1}{2},k+\frac{1}{2}}^{n+1}\right\}$.

第三步: (实现对网格 $\{(x_{j,k}^n,y_{j,k}^n)\}$ 重新分布) 对 $\nu=0,1,2,\cdots$,

(1) 做一步移动网格用 Gauss-Seidel 迭代 (4.23), 由 $\left\{(x_{j,k}^{[\nu]},y_{j,k}^{[\nu]})\right\}$ 到 $\left\{(x_{j,k}^{[\nu+1]},y_{j,k}^{[\nu+1]})\right\}$;

(2) 利用守恒型插值公式 (4.25), 计算新生成网格上的函数值 $\left\{u_{j+\frac{1}{2},k+\frac{1}{2}}^{[\nu+1]}\right\}$;

(3) 由 $\left\{u_{j+\frac{1}{2},k+\frac{1}{2}}^{[\nu+1]}\right\}$ 计算控制函数, 并用公式 (4.26) 做光滑化处理;

(4) 重复 (1)—(3) 直到相邻两步 Gauss-Seidel 迭代之间变化很小, 即 $\|(x,y)^{[\nu+1]}-(x,y)^{[\nu]}\|\leqslant\varepsilon$;

(5) 在这一步最后获得 $\left\{(x_{j,k}^{n+1},y_{j,k}^{n+1}),u_{j+\frac{1}{2},k+\frac{1}{2}}^{n+1}\right\}$.

第四步: 如果 $t^{n+1}<T$, 置 $n\leftarrow n+1$, 转回第二步.

在第一步初始化物理网格时, 迭代产生新网格以后不需要进行插值, 可直接利用初始条件赋值, 导数值也可以作为已知的量来使用, 这一个小步骤的算法如下: 给定解析函数 $u(x,y)$,

(1) 给定物理平面 Ω_p 上的均匀剖分 $\left\{\left(x_{j,k}^{[0]},y_{j,k}^{[0]}\right)\right\}$ 和计算平面 Ω_c 上的均匀剖分 $\{(\xi_{j,k},\eta_{j,k})\}$, 置 $\nu=0$;

(2) 计算控制函数 $w_{j+\frac{1}{2},k+\frac{1}{2}}=w\left(u\left(x_{j+\frac{1}{2},k+\frac{1}{2}}^{[\nu]},y_{j+\frac{1}{2},k+\frac{1}{2}}^{[\nu]}\right)\right)$, 用 (4.26) 对控制函数做 4 次磨光;

(3) 按照公式 (4.23) 做一步 Gauss-Seidel 迭代, 产生新的网格分布 $\left\{\left(x_{j,k}^{[\nu+1]},y_{j,k}^{[\nu+1]}\right)\right\}$;

(4) 检查是否满足 $\|(x,y)^{[\nu]}-(x,y)^{[\nu+1]}\|\leqslant\varepsilon$, 如果满足, 则停止迭代; 否则, 置 $\nu\leftarrow\nu+1$, 转第二步.

在第三步的 Gauss-Seidel 迭代公式 (4.23) 具体如下:

$$x_{j,k}^{[\nu+1]} = \frac{\alpha_{j+\frac{1}{2},k}^{[\nu]} x_{j+1,k}^{[\nu]} + \alpha_{j-\frac{1}{2},k}^{[\nu]} x_{j-1,k}^{[\nu+1]} + \beta_{j,k+\frac{1}{2}}^{[\nu]} x_{j,k+1}^{[\nu]} + \beta_{j,k-\frac{1}{2}}^{[\nu+1]} x_{j,k-1}^{[\nu+1]}}{\alpha_{j+\frac{1}{2},k}^{[\nu]} + \alpha_{j-\frac{1}{2},k}^{[\nu]} + \beta_{j,k+\frac{1}{2}}^{[\nu]} + \beta_{j,k-\frac{1}{2}}^{[\nu]}},$$

$$y_{j,k}^{[\nu+1]} = \frac{\alpha_{j+\frac{1}{2},k}^{[\nu]} y_{j+1,k}^{[\nu]} + \alpha_{j-\frac{1}{2},k}^{[\nu]} y_{j-1,k}^{[\nu+1]} + \beta_{j,k+\frac{1}{2}}^{[\nu]} y_{j,k+1}^{[\nu]} + \beta_{j,k-\frac{1}{2}}^{[\nu+1]} y_{j,k-1}^{[\nu+1]}}{\alpha_{j+\frac{1}{2},k}^{[\nu]} + \alpha_{j-\frac{1}{2},k}^{[\nu]} + \beta_{j,k+\frac{1}{2}}^{[\nu]} + \beta_{j,k-\frac{1}{2}}^{[\nu]}},$$

其中

$$\alpha_{j\pm\frac{1}{2},k}^{[\nu]} = w\left(\frac{1}{2}\left(u_{j\pm\frac{1}{2},k+\frac{1}{2}}^{[\nu]} + u_{j\pm\frac{1}{2},k-\frac{1}{2}}^{[\nu]}\right)\right),$$

$$\beta_{j,k\pm\frac{1}{2}}^{[\nu]} = w\left(\frac{1}{2}\left(u_{j+\frac{1}{2},k\pm\frac{1}{2}}^{[\nu]} + u_{j-\frac{1}{2},k\pm\frac{1}{2}}^{[\nu]}\right)\right).$$

做插值运算的过程基本上类似于一维的情形, 首先构造线性函数获得在单元边界上的逼近, 然后再用 Lax-Friedrichs (拉克斯–弗里德里希斯) 格式计算 (4.25) 中的数值通量 $c_n u$ 在单元边界的值. 在生成自适应网格的迭代过程中, 磨光控制函数使用下面的公式

$$w_{i,j} \leftarrow \frac{4}{16}w_{i,j} + \frac{2}{16}(w_{i+1,j} + w_{i-1,j} + w_{i,j+1} + w_{i,j-1})$$
$$+ \frac{1}{16}(w_{i-1,j-1} + w_{i-1,j+1} + w_{i+1,j-1} + w_{i+1,j+1}). \tag{4.26}$$

对于二维的移动网格问题, 边界上的分布需要谨慎处理, 如果与内部单元不协调则会严重影响整体的计算精度, 我们根据自己的计算经验给出几种处理的方案:

(1) 最简单的一种方法就是边界点移动速度与紧邻的网格点的移动速度相等, 我们定义内部节点 $(x_{j,k}, y_{j,k})$ 的移动速度为

$$(c^1, c^2)_{j,k} = (\tilde{x} - x, \tilde{y} - y)_{j,k}, \quad 1 \leqslant j \leqslant J_x, \quad 1 \leqslant k \leqslant J_y.$$

左边界和底部边界上的网格移动速度定义为

$$(c^1, c^2)_{0,k} = (0, c_{1,k}^2), \quad 1 \leqslant k \leqslant J_y,$$
$$(c^1, c^2)_{j,0} = (c_{j,1}^1, 0), \quad 1 \leqslant j \leqslant J_x.$$

相应的网格点分布就是

$$(\tilde{x}, \tilde{y})_{0,k} = (x, y)_{0,k} + (c^1, c^2)_{0,k}, \quad 1 \leqslant k \leqslant J_y,$$

$$(\tilde{x}, \tilde{y})_{j,0} = (x, y)_{j,0} + (c^1, c^2)_{j,0}, \quad 1 \leqslant j \leqslant J_x.$$

类似地, 可以给出上边界和右边界的网格分布. 可以看出, 在左右边界上网格点的 x-坐标不变, 只有 y-坐标发生变化, 也就是网格点只做了上下的移动; 在上下两个边界上, 网格点的 y-坐标保持不变, 只有 x-坐标发生变化, 网格点只做了左右的移动.

(2) 如果当前关心的问题具有周期边界条件, 我们需要利用周期性来给定边界点的移动速度,

$$(c^1, c^2)_{0,k} = \frac{1}{2}((0, c^2_{1,k}) + (0, c^2_{J_x,k})), \quad 1 \leqslant k \leqslant J_y,$$
$$(c^1, c^2)_{j,0} = \frac{1}{2}((0, c^1_{j,1}) + (0, c^2_{j,J_y})), \quad 1 \leqslant j \leqslant J_x.$$

也有人允许四个边界上的点在 x, y 方向都可以运动, 那么边界的移动速度就定义为

$$(c^1, c^2)_{0,k} = \frac{1}{2}((c^1_{1,k}, c^2_{1,k}) + (c^1_{J_x,k}, c^2_{J_x,k})), \quad 1 \leqslant k \leqslant J_y,$$
$$(c^1, c^2)_{j,0} = \frac{1}{2}((c^1_{j,1}, c^2_{j,1}) + (c^1_{j,J_y}, c^2_{j,J_y})), \quad 1 \leqslant j \leqslant J_x.$$

这样产生的网格就不再是原来的矩形区域了, 但是我们可以利用周期性映射到矩形区域上.

(3) 当边界上的解也表现出大的梯度时, 需要重新解一个一维的移动网格问题, 也就是

$$(\omega x_\xi)_\xi = 0, \quad x(0) = a, \quad x(1) = b.$$

下一章的 Burgers 方程就采取了这种方法.

现在我们介绍第三个步骤, 也就是如何在已经准备好的网格上求解当前的守恒律方程. 在物理平面的控制体 $[t^n, t^{n+1}] \times A_{j+\frac{1}{2}, k+\frac{1}{2}}$ 上对二维守恒律方程 (4.2) 积分并运用 Stokes (斯托克斯) 公式, 易得下面的格式

$$
\begin{aligned}
u^{n+1}_{j,k} = u^n_{j,k} - \Delta t^n [&l_{j+1,k+\frac{1}{2}} \cdot (n_x \cdot f + n_y \cdot g)_{j+1,k+\frac{1}{2}} \\
&+ l_{j,k+\frac{1}{2}} \cdot (n_x \cdot f + n_y \cdot g)_{j,k+\frac{1}{2}}] - \Delta t^n [l_{j+\frac{1}{2},k+1} \cdot (n_x \cdot f + n_y \cdot g)_{j+\frac{1}{2},k+1} \\
&+ l_{j+\frac{1}{2},k} \cdot (n_x \cdot f + n_y \cdot g)_{j+\frac{1}{2},k}],
\end{aligned}
\tag{4.27}
$$

其中 (n_x, n_y) 表示单位外法向, $(n_x \cdot f + n_y \cdot g)_{j+1,k+\frac{1}{2}}$, $(n_x \cdot f + n_y \cdot g)_{j+\frac{1}{2},k+1}$ 表示定义在单元 $A_{j+\frac{1}{2}, k+\frac{1}{2}}$ 边界上的值, $l_{j,k+\frac{1}{2}}$, $l_{j+\frac{1}{2},k}$ 表示相应单元边界的长度, 需要指出的是, 数值格式 (4.27) 完全是在物理网格上实现的. 类似于一维的情形, 我

们通过已知的单元平均值 $\{u_{j+\frac{1}{2},k+\frac{1}{2}}\}$ 来构造线性多项式, 然后获得单元边界上的值, 具体的计算如下, 我们记

$$FG(u) = n_x \cdot f(u) + n_y \cdot g(u),$$

首先构造对单元边界的线性逼近, 我们以单元 $A_{j+\frac{1}{2},k+\frac{1}{2}}$ 的左边界为例

$$u_{j,k+\frac{1}{2}}^- = u_{j-\frac{1}{2},k+\frac{1}{2}} + \frac{\Delta\xi}{2}s_{j-\frac{1}{2},k+\frac{1}{2}}, \quad u_{j,k+\frac{1}{2}}^+ = u_{j+\frac{1}{2},k+\frac{1}{2}} - \frac{\Delta\xi}{2}s_{j+\frac{1}{2},k+\frac{1}{2}},$$

$$s_{j+\frac{1}{2},k+\frac{1}{2}} = \left(\mathrm{sign}(s_{j+\frac{1}{2},k+\frac{1}{2}}^-) + \mathrm{sign}(s_{j+\frac{1}{2},k+\frac{1}{2}}^+)\right)\frac{|s_{j+\frac{1}{2},k+\frac{1}{2}}^+ s_{j+\frac{1}{2},k+\frac{1}{2}}^-|}{|s_{j+\frac{1}{2},k+\frac{1}{2}}^+| + |s_{j+\frac{1}{2},k+\frac{1}{2}}^-|},$$

$$s_{j+\frac{1}{2},k+\frac{1}{2}}^- = \frac{u_{j+\frac{1}{2},k+\frac{1}{2}} - u_{j-\frac{1}{2},k+\frac{1}{2}}}{\Delta\xi}, \quad s_{j+\frac{1}{2},k+\frac{1}{2}}^+ = \frac{u_{j+\frac{3}{2},k+\frac{1}{2}} - u_{j+\frac{1}{2},k+\frac{1}{2}}}{\Delta\xi}.$$

然后仍使用 Lax-Friedrichs 型数值通量, 即

$$FG(u)_{j,k+\frac{1}{2}} = \frac{1}{2}\left[FG(u_{j,k+\frac{1}{2}}^+) + FG(u_{j,k+\frac{1}{2}}^-) - \max_u FG'(u)(u_{j,k+\frac{1}{2}}^+ - u_{j,k+\frac{1}{2}}^-)\right],$$

其中 $FG'(u) = n_x f'(u) + n_y g'(u)$.

在另外的三条边界上可以构造完全类似的格式, 这里不再重复.

例 4.3 考虑二维气体动力学的基本的方程组

$$\begin{pmatrix} \rho \\ \rho u \\ \rho v \\ E \end{pmatrix}_t + \begin{pmatrix} \rho u \\ \rho u^2 + p \\ \rho uv \\ u(E+p) \end{pmatrix}_x + \begin{pmatrix} \rho v \\ \rho uv \\ \rho v^2 + p \\ v(E+p) \end{pmatrix}_y = 0,$$

其中 $\rho, (u,v), p, E$ 分别是密度、速度、压力和总能量, 对理想气体总是假定 $p = (\gamma-1)(E - \rho(u^2+v^2)/2)$. 初始条件选择黎曼问题形式

$$(\rho, u, v, p) = \begin{cases} (1.1, 0.0, 0.0, 1.1), & x > 0.5, \quad y > 0.5, \\ (0.5065, 0.8939, 0.0, 0.35), & x < 0.5, \quad y > 0.5, \\ (1.1, 0.8939, 0.8939, 1.1), & x < 0.5, \quad y < 0.5, \\ (0.5065, 0.0, 0.8939, 0.35), & x > 0.5, \quad y < 0.5. \end{cases}$$

控制函数 $w = \sqrt{1 + 2|\tilde{\nabla}\rho|^2}$. 边界上的网格点移动量与紧邻的内部节点的移动量相等, 这个算例是文献 [177] 给出的, 从图 4.3 可以看出自适应网格的确在物

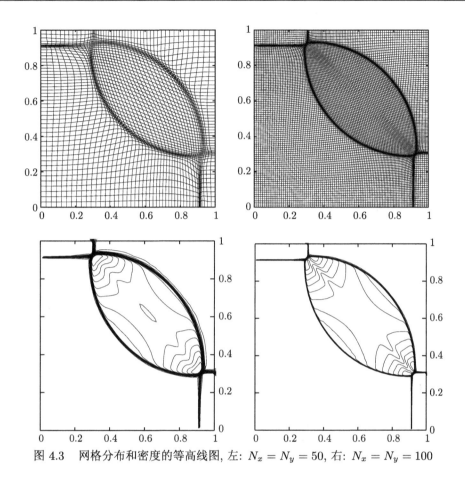

图 4.3 网格分布和密度的等高线图, 左: $N_x = N_y = 50$, 右: $N_x = N_y = 100$

理解变化比较剧烈的地方被自动加密了, 文献指出, 100×100 的移动网格的精度可以达到 400×400 均匀网格的计算精度.

4.1.3 守恒型插值移动网格方法程序代码

一维问题的移动网格方法, 对给定的函数 $u(x)$, 用迭代法 (4.7) 产生自适应网格, 取控制函数为 $\omega = \sqrt{1 + \alpha u_x^2}$, 做 4 次磨光, 相应的 Fortran 程序如下:

```
%Compute monitor function
for j=0 to N do
  du=(u(j+1)-u(j-1))/h_xi
  wo(j)=sqrt(1+alpha*du^2)
end
wo(-1)=wo(N-1)
wo(-2)=wo(N-2)
```

```
wo(N)=wo(0)
wo(N+1)=wo(1)
%Smooth the monitor function 4 times
for l=1 to 4 do
  for j=0 to N-1 do
    wn(j)=(wo(j+1)+2*wo(j)+wo(j-1))/4
  end
  do j=0 to N-1 do
    wo(j)=wn(j)
  end
  wo(-1)=wo(N-1)
  wo(-2)=wo(N-2)
  wo(N)=wo(0)
  wo(N+1)=wo(1)
end
%Gauss-Seidel method to get new mesh
for j=1 to N-1 do
  xn(j)=(wo(j)*xo(j+1)+wo(j-1)*xo(j-1))/(wo(j)+wo(j-1))
end
%Keep the boundary fixed
xn(0)=xo(0)
xn(N)=xo(N)
%Set ghost points outside the boundary
xn(-1)=xo(-1)+(xn(N-1)-xo(N-1))
xn(N+1)=xo(N+1)+(xn(1)-xo(1))
%Compute the distance between the mesh xo and xn
sum=0
for j=1 to N-1 do
  sum=sum+|xo(j)-xn(j)|
end

%Interpolation from xo to xn, pass the solution on xo to xn
%Compute the slope limiter
for j=0 to N-1 do
  dl=uo(j)-uo(j-1)
  dr=uo(j+1)-uo(j)
  du(j)=(sign(dl)*sign(dr))*(|dr*dl|)/(|dr|+|dl|)
end
du(-1)=du(N-1)
du(N)=du(0)
%Do conservative interpolation
```

```
for j=0 to N-1 do
  xixo=xo(j+1)-xo(j)
  xixn=xn(j+1)-xo(j)
  sp1=(xo(j+1)-xn(j+1))/xixn
  sp2=(xo(j)-xn(j))/xixn
  ujp1=uo(j+1)-0.5*du(j+1)
  ujp0=uo(j)-0.5*du(j)
  ujm1=uo(j-1)+0.5*du(j-1)
  ujm0=uo(j)+0.5*du(j)
  un(j)=uo(j)*xixo/xixn
        -0.5*(sp1*(ujp1+ujm0)-sp2*(ujp0+ujm1))
        +0.5*(|sp1|*(ujp1-ujm0)-|sp2|*(ujp0-ujm1))
end
for j=0 to N-1 do
  uo(j)=un(j)
end
%Set the function values on ghost points
uo(-1)=uo(N-1)
uo(-2)=uo(N-2)
uo(N)=uo(0)
uo(N+1)=uo(1)
for j=-2 to N+2 do
  xo(j)=xn(j)
end
if sum<tol goto the first line
```

二维的移动网格方法, 利用迭代法 (4.23) 产生自适应网格, 对给定的函数 $u(x,y)$, 可采用控制函数 $\omega = \sqrt{1 + \alpha|\nabla u|^2}$.

4.2 对流占优问题的移动网格方法

本章要介绍的移动网格方法与上一章的框架完全一样, 但是在求解物理方程的部分也就是计算的第三步与上一节的方法不同了. 我们知道在上一节解守恒律方程时, 网格计算是在计算平面的规则网格上离散并求解的, 而物理方程则是在物理平面上的不均匀的网格上离散并求解的. 在本章介绍的移动方法, 网格求解部分仍然在计算平面上用迭代法求解, 在解物理方程时则通过坐标变换将原来的方程也写在计算平面上, 然后在计算平面的均匀网格上离散并求解变换以后的方程. 由于对于一维的问题, 不论是在计算平面还是在物理平面上求解没有太大的区别, 所以这里不讨论一维的情形. 我们直接以二维的对流占优方程为例来说明

算法. 这一节主要的参考文献是 [209]. 考虑

$$u_t + f(u)_x + g(u)_y = \varepsilon \Delta u, \tag{4.28}$$

再给以适当的初边值条件, 其中扩散系数 $\varepsilon \ll 1$. 假定在物理平面上已经给定了一套比较合适的网格分布 $\{(x_{j,k}^n, y_{j,k}^n)\}$ 以及对应的函数值 $\{u_{j,k}^n\}$, 同时我们也需要在计算平面准备一套均匀分布的网格: $\{(\xi_j, \eta_k)\}$, 计算平面上的网格在整个的计算过程中总是保持不变的, 它是用来辅助求解网格方程和当前的物理问题的. 下面我们介绍如何保持网格不动, 求下一个时间层上的解, 即 $\{u_{j,k}^{n+1}\}$, 首先将下面的坐标变换应用到方程 (4.28) 中,

$$u_x = \frac{1}{J}\left[(y_\eta u)_\xi - (y_\xi u)_\eta\right],$$

$$u_y = \frac{1}{J}\left[-(x_\eta u)_\xi + (x_\xi u)_\eta\right],$$

$$u_{xx} = \frac{1}{J}\left[(J^{-1}y_\eta^2 u_\xi)_\xi - (J^{-1}y_\xi y_\eta u_\eta)_\xi - (J^{-1}y_\xi y_\eta u_\xi)_\eta + (J^{-1}y_\xi^2 u_\eta)_\eta\right],$$

$$u_{xy} = \frac{1}{J}\left[-(J^{-1}x_\eta y_\eta u_\xi)_\xi + (J^{-1}x_\xi y_\eta u_\eta)_\xi + (J^{-1}x_\eta y_\xi u_\xi)_\eta - (J^{-1}x_\xi y_\xi u_\eta)_\eta\right],$$

$$u_{yy} = \frac{1}{J}\left[(J^{-1}x_\eta^2 u_\xi)_\xi - (J^{-1}x_\xi x_\eta u_\eta)_\xi - (J^{-1}x_\xi x_\eta u_\xi)_\eta + (J^{-1}x_\xi^2 u_\eta)_\eta\right],$$

其中 $J = x_\xi y_\eta - x_\eta y_\xi$ 是坐标变换的雅可比行列式, 那么 (4.28) 就变为

$$u_t + \frac{1}{J}\Big(y_\eta f(u) - x_\eta g(u)\Big)_\xi + \frac{1}{J}\Big(x_\xi g(u) - y_\xi f(u)\Big)_\eta$$
$$= \frac{\varepsilon}{J}\Big[\Big(J^{-1}(y_\eta^2 u_\xi + x_\eta^2 u_\xi - y_\xi y_\eta u_\eta - x_\xi x_\eta u_\eta)\Big)_\xi$$
$$+ \Big(J^{-1}(y_\xi^2 u_\eta + x_\xi^2 u_\eta - y_\xi y_\eta u_\xi - x_\xi x_\eta u_\xi)\Big)_\eta\Big], \quad (\xi, \eta) \in \Omega_c.$$

为了方便起见, 将上述形式复杂的方程简写为

$$u_t + \frac{1}{J}F(u)_\xi + \frac{1}{J}G(u)_\eta = \frac{\varepsilon}{J}[R_\xi + S_\eta], \tag{4.29}$$

其中 $R = J^{-1}(y_\eta^2 u_\xi + x_\eta^2 u_\xi - y_\xi y_\eta u_\eta - x_\xi x_\eta u_\eta)$, $S = J^{-1}(y_\xi^2 u_\eta + x_\xi^2 u_\eta - y_\xi y_\eta u_\xi - x_\xi x_\eta u_\xi)$, 我们用 $u_{j+\frac{1}{2}, k+\frac{1}{2}}$ 表示 $u(x, y, t)$ 在计算平面上对应的网格单元 $[\xi_j, \xi_{j+1}] \times [\eta_k, \eta_{k+1}]$ 上的网格平均, 即

$$u_{j+\frac{1}{2}, k+\frac{1}{2}}^n = \frac{1}{\Delta\xi\Delta\eta}\int_{\xi_j}^{\xi_{j+1}}\int_{\eta_k}^{\eta_{k+1}} u(\xi, \eta, t^n)d\xi d\eta.$$

注意到下面这个小技巧在对 (4.29) 作有限体积离散时多次使用,

$$\frac{1}{\Delta\xi\Delta\eta}\int_{\xi_j}^{\xi_{j+1}}\int_{\eta_k}^{\eta_{k+1}}\frac{1}{J}w_\xi d\xi d\eta$$

$$= \frac{1}{\Delta\xi\Delta\eta}\frac{1}{J_{j+\frac{1}{2},k+\frac{1}{2}}}\int_{\xi_j}^{\xi_{j+1}}\int_{\eta_k}^{\eta_{k+1}} w_\xi d\xi d\eta + \mathcal{O}(\Delta\xi^2)$$

$$= \frac{1}{\Delta\xi\Delta\eta}\frac{1}{J_{j+\frac{1}{2},k+\frac{1}{2}}}\left(w_{j+1,k+\frac{1}{2}} - w_{j,k+\frac{1}{2}}\right) + \mathcal{O}(\Delta\xi^2),$$

(4.29) 在计算平面的控制体 $[t^n, t^{n+1}] \times [\xi_j, \xi_{j+1}] \times [\eta_k, \eta_{k+1}]$ 上积分, 可以得到下面的离散形式

$$u_{j+\frac{1}{2},k+\frac{1}{2}}^{n+1} = u_{j+\frac{1}{2},k+\frac{1}{2}}^n$$
$$- \frac{\Delta t^n}{\Delta\xi\Delta\eta}\left[\frac{1}{J_{j+\frac{1}{2},k+\frac{1}{2}}}\left(\bar{F}_{j+1,k+\frac{1}{2}}^n - \bar{F}_{j,k+\frac{1}{2}}^n + \bar{G}_{j+\frac{1}{2},k+1}^n - \bar{G}_{j+\frac{1}{2},k}^n\right)\right.$$
$$\left. - \frac{\varepsilon}{J_{j+\frac{1}{2},k+\frac{1}{2}}}\left(S_{j+1,k+\frac{1}{2}}^n - R_{j,k+\frac{1}{2}}^n + R_{j+\frac{1}{2},k+1}^n - S_{j+\frac{1}{2},k}^n\right)\right]. \quad (4.30)$$

一维情形的 Lax-Friedrichs 型数值通量可以分别用于两个方向 $\bar{F}$ 和 $\bar{G}$, 也就是

$$\bar{F}_{j,k+\frac{1}{2}} = \bar{F}(u_{j,k+\frac{1}{2}}^-, u_{j,k+\frac{1}{2}}^+), \qquad \bar{G}_{j,k+\frac{1}{2}} = \bar{G}(u_{j,k+\frac{1}{2}}^-, u_{j,k+\frac{1}{2}}^+),$$

Lax-Friedrichs 型通量公式已在上一章给出. 我们还需要用下面的线性重构来获得函数在单元边界的值, 这种重构方法是在数值计算中经常用到的, 它基本上可以保持原问题局部的单调性.

$$u_{j,k+\frac{1}{2}}^- = u_{j-\frac{1}{2},k+\frac{1}{2}} + \frac{\Delta\xi}{2}s_{j-\frac{1}{2},k+\frac{1}{2}}, \qquad u_{j,k+\frac{1}{2}}^+ = u_{j+\frac{1}{2},k+\frac{1}{2}} - \frac{\Delta\xi}{2}s_{j+\frac{1}{2},k+\frac{1}{2}},$$

$$s_{j+\frac{1}{2},k+\frac{1}{2}} = \left(\text{sign}(s_{j+\frac{1}{2},k+\frac{1}{2}}^-) + \text{sign}(s_{j+\frac{1}{2},k+\frac{1}{2}}^+)\right)\frac{|s_{j+\frac{1}{2},k+\frac{1}{2}}^+ s_{j+\frac{1}{2},k+\frac{1}{2}}^-|}{|s_{j+\frac{1}{2},k+\frac{1}{2}}^+| + |s_{j+\frac{1}{2},k+\frac{1}{2}}^-|},$$

$$s_{j+\frac{1}{2},k+\frac{1}{2}}^- = \frac{u_{j+\frac{1}{2},k+\frac{1}{2}} - u_{j-\frac{1}{2},k+\frac{1}{2}}}{\Delta\xi}, \qquad s_{j+\frac{1}{2},k+\frac{1}{2}}^+ = \frac{u_{j+\frac{3}{2},k+\frac{1}{2}} - u_{j+\frac{1}{2},k+\frac{1}{2}}}{\Delta\xi}.$$

在 (4.30) 中包含很多有关坐标的导数, 这些都是用中心格式来离散的, 例如

$$(x_\xi)_{j,k+\frac{1}{2}} = \frac{1}{2}\left(\frac{x_{j+1,k} - x_{j-1,k}}{2\Delta\xi} + \frac{x_{j+1,k+1} - x_{j-1,k+1}}{2\Delta\xi}\right),$$

$$(x_\eta)_{j,k+\frac{1}{2}} = \frac{x_{j,k+1} - x_{j,k}}{\Delta\eta},$$

$$(x_\xi)_{j+\frac{1}{2},k+\frac{1}{2}} = \frac{1}{2}\left(\frac{x_{j+1,k} - x_{j,k}}{\Delta\xi} + \frac{x_{j+1,k+1} - x_{j,k+1}}{\Delta\xi}\right),$$

$$(x_\eta)_{j+\frac{1}{2},k+\frac{1}{2}} = \frac{1}{2}\left(\frac{x_{j,k+1} - x_{j,k}}{\Delta\eta} + \frac{x_{j+1,k+1} - x_{j+1,k}}{\Delta\eta}\right).$$

另外在 (4.30) 的扩散项中, 一些一阶导数也都是用中心格式来离散的, 例如

$$(u_\xi)_{j,k+\frac{1}{2}} = \frac{u_{j+\frac{1}{2},k+\frac{1}{2}} - u_{j-\frac{1}{2},k+\frac{1}{2}}}{\Delta\xi},$$

$$(u_\eta)_{j,k+\frac{1}{2}} = \frac{1}{2}\left(\frac{u_{j+\frac{1}{2},k+\frac{3}{2}} - u_{j+\frac{1}{2},k-\frac{1}{2}}}{2\Delta\eta} + \frac{\bar{u}_{j-\frac{1}{2},k+\frac{3}{2}} - \bar{u}_{j-\frac{1}{2},k-\frac{1}{2}}}{2\Delta\eta} \right).$$

关于时间格式上, 我们使用 Shu 等[166] 提出的 TVD 的 3 阶 Runge-Kutta 方法, 假设我们有一个常微分方程组 $u'(t) = L(u)$, 那么 TVD 的 3 阶 Runge-Kutta 方法的计算公式是

$$u_{jk}^{(1)} = u_{jk}^n + \Delta t L(u_{jk}^n),$$
$$u_{jk}^{(2)} = \frac{3}{4}u_{jk}^n + \frac{1}{4}\left[u_{jk}^{(1)} + \Delta t L(u_{jk}^{(1)})\right],$$
$$u_{jk}^{n+1} = \frac{1}{3}u_{jk}^n + \frac{2}{3}\left[u_{jk}^{(2)} + \Delta t L(u_{jk}^{(2)})\right].$$

下面我们列出完整的计算步骤, 整体框架和上一章所给的是一样的:

第一步: 在物理区域 Ω_p 上给定一个初始剖分 $\{(x_{j,k}^{[0]}, y_{j,k}^{[0]})\}$, 在计算区域 Ω_c 上做均匀剖分 $\{(\xi_{j,k}, \eta_{j,k})\}$, 将初始条件 $u(x,y,0)$ 作为解析函数, 用网格方程 (4.22) 计算初始网格分布, 在这一步我们得到 $\{(x_{j,k}^0, y_{j,k}^0), u_{j+\frac{1}{2},k+\frac{1}{2}}^0\}$, 置 $n = 0$.

第二步: 将方程 (4.28) 通过坐标变换写在计算平面上, 然后在均匀网格上做有限体积离散并求解, 时间向前推进一步, 由 t^n 到 t^{n+1}, 这一步完全是在计算平面上完成的, 我们得到 $\{(x_{j,k}^n, y_{j,k}^n), u_{j+\frac{1}{2},k+\frac{1}{2}}^{n+1}\}$.

第三步: 对 $\nu = 0, 1, 2, \cdots$, 做

(1) 由 $\{u_{j+\frac{1}{2},k+\frac{1}{2}}^{[\nu]}\}$ 计算控制函数, 并用公式 (4.26) 做光滑化处理;

(2) 用 Gauss-Seidel 方法 (4.23) 执行一次移动网格迭代, 由 $\{(x_{j,k}^{[\nu]}, y_{j,k}^{[\nu]})\}$ 到 $\{(x_{j,k}^{[\nu+1]}, y_{j,k}^{[\nu+1]})\}$;

(3) 利用守恒型插值公式 (4.24), 计算新生成网格上的函数值 $\{u_{j+\frac{1}{2},k+\frac{1}{2}}^{[\nu+1]}\}$;

(4) 置 $\nu \leftarrow \nu + 1$, 重复 (1)—(3) 直到相邻两步 Gauss-Seidel 迭代之间变化很小, 即 $\|(x,y)_{j,k}^{[\nu+1]} - (x,y)_{j,k}^{[\nu]}\| \leqslant \varepsilon$;

(5) 这一步我们得到 $\{(x_{j,k}^{n+1}, y_{j,k}^{n+1}), u_{j+\frac{1}{2},k+\frac{1}{2}}^{n+1}\}$.

第四步: 如果 $t^{n+1} < T$, 置 $n \leftarrow n + 1$, 转回第二步.

需要说明的是, 第三步的 $\{u_{j+\frac{1}{2},k+\frac{1}{2}}^{n+1}\}$ 与第二步得到的 $\{u_{j+\frac{1}{2},k+\frac{1}{2}}^{n+1}\}$ 虽然记号相同, 但是它们所对应的网格是不同的, 第三步中是经过重分布以后的网格上对应的数值解.

从形式上来看, 这个算法与上一节的移动网格方法类似, 只是在第二步中多了一个坐标变换, 形式上似乎是更复杂了, 其实不然, 通过坐标变换把问题转化到计算平面以后, 就相当于在均匀网格上做数值计算, 这样一来一些比较现成的算法、程序就可以直接拿过来用了, 很方便.

由于其他的计算步骤和上一节的相同, 这里不再给更多的解释.

例 4.4

$$\frac{\partial u}{\partial t} + u\frac{\partial u}{\partial x} + u\frac{\partial u}{\partial y} = \varepsilon\Delta u, \quad 0 \leqslant x, y \leqslant 1.$$

这个问题的初始和边界条件可以用精确解给出:

$$u(x, y; t) = (1 + e^{(x+y-t)/2\varepsilon})^{-1}.$$

我们使用了上一节所介绍的守恒型插值的移动网格方法. 网格生成以后, 在求解 Burgers 方程部分, 我们通过坐标变换将 Burgers 方程写在计算平面 (ξ, η) 上, 然后所有的计算都是在计算平面上完成的. 数值通量用局部的 Lax-Friedrichs 格式计算, 右端的扩散项用中心差分离散. 由于在物理区域的边界上 Burgers 的解也有剧烈的变化, 所以我们又分别在边界上执行一维的移动网格过程来得到合理的网格分布, 方程如下

$$(wx_\xi)_\xi = 0, \quad w(0) = a, \quad w(b) = b.$$

这完全是一个一维的给定解析函数的移动网格问题, 这里的控制函数也是只定义在边界上.

控制函数 $w = \sqrt{1 + |\tilde{\nabla} u|^2}$, 从图 4.4 的网格分布来看, 网格点沿着直线 $x + y = t$ 被加密了, 因为精确解的梯度在这个地方确实是比较大的.

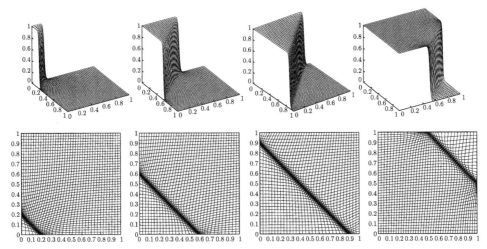

图 4.4　二维黏性 Burgers 方程的数值解和相应的网格 $t = 0.2, 0.6, 0.9, 1.5, N_x = N_y = 40$

4.3　哈密顿–雅可比方程

在这一节我们用移动网格方法求解哈密顿–雅可比方程(Hamilton-Jacobi equation)

$$\phi_t + H(\boldsymbol{x}, t, \phi_{x_1}, \cdots, \phi_{x_d}) = 0,$$

其中 $\boldsymbol{x} = (x_1, \cdots, x_d) \in \mathbf{R}^d$, $t > 0$. 在设计哈密顿–雅可比方程的移动网格算法时, 有两点值得特别关心: 一个是用来反映解的奇异程度的控制函数, 哈密顿–雅可比方程和双曲守恒律方程有着密切的联系, 希望这种联系可以启发我们将守恒律方程的移动网格方法中的控制函数推广到解哈密顿–雅可比方程中来; 另一个需要特别注意的就是有关插值的环节, 在守恒律的计算中, 方程的解本身具有整体上的守恒性, 哈密顿–雅可比方程中则是相关解的导数如 $\nabla \phi$ 具有这种性质, 我们希望在计算过程中能够保持这一点. 整体的计算框架是这样的:

第一步: (初始化物理网格) 在计算平面上给定一套固定的均匀分布的矩形网格, 将初始条件作为解析函数产生初始的网格分布, 即在这一步我们得到 $\{(x_{j,k}^0, y_{j,k}^0), \phi_{j+\frac{1}{2},k+\frac{1}{2}}^0\}$;

第二步: 根据稳定性条件确定一个比较合适的时间步长 Δt^n;

第三步: (物理方程求解) 在计算平面上求解哈密顿–雅可比方程, 向前推进一个时间步长, 即 $t^n \to t^{n+1}$, 在这一步获得 $\{(x_{j,k}^n, y_{j,k}^n), \phi_{j+\frac{1}{2},k+\frac{1}{2}}^{n+1}\}$;

第四步: (网格重分布) 通过迭代方法求解椭圆型的网格方程, 同时需要用一个非守恒型的二阶插值公式把哈密顿–雅可比方程的解 ϕ 映射到新生成的网格上, 在这一步获得 $\{(x_{j,k}^{n+1}, y_{j,k}^{n+1}), \phi_{j+\frac{1}{2},k+\frac{1}{2}}^{n+1}\}$;

第五步: 检查是否满足 $t^{n+1} \geqslant T$, 如果是, 则停止计算, 否则, 置 $n \leftarrow n + 1$, 转第二步.

可以看出整个算法由两个主要部分组成: 网格重构 (第四步) 和求解哈密顿–雅可比方程 (第三步). 值得注意的是, 在第四步中的插值方法不同于在 4.1 节介绍的守恒型的公式, 而是求解一个离散形式的哈密顿–雅可比方程来实现解的重分布. 网格方程和哈密顿–雅可比方程都是在计算平面上求解的.

4.3.1　求解哈密顿–雅可比方程的移动网格方法

一维情形. 考虑一维的哈密顿–雅可比方程

$$\phi_t + H(\phi_x) = 0, \quad a < x < b. \tag{4.31}$$

在计算平面 Ω_c 上, 我们有固定的网格分布

$$\xi_j = j\Delta\xi, \quad 0 \leqslant j \leqslant N + 1, \Delta\xi = 1/(N + 1).$$

通过坐标变换 (4.31) 变为

$$\phi_t + \tilde{H}(\phi_\xi) = 0, \quad 0 < \xi < 1,$$

其中 $\tilde{H}(\phi_\xi) \equiv H(\xi_x \phi_\xi)$, 通过下面的局部 Lax-Friedrichs 数值格式来离散上述方程

$$\phi_j^{n+1} = \phi_j^n - \Delta t_n \tilde{H}\left(\frac{1}{2}(u_j^+ + u_j^-)\right) + \frac{\Delta t_n}{2}\mathcal{A}(u_j^+, u_j^-) \cdot (u_j^+ - u_j^-), \tag{4.32}$$

其中

$$u_j^\pm := \Delta_\xi^\pm \phi_j^n = \pm(\phi_{j\pm1}^n - \phi_j^n)/\Delta\xi,$$
$$\mathcal{A}(u^+, u^-) = \max_{u \in I(u^-, u^+)}\{|\tilde{H}_u|\}.$$

定理 4.3 数值格式 (4.32) 关于 ϕ_x 是守恒的, 并且哈密顿数值通量也是单调的.

证明 从 (4.32) 容易得出

$$\phi_j^{n+1} = \phi_j^n - \Delta t_n \bar{H}_j^n, \tag{4.33}$$

其中

$$\bar{H}_j := \tilde{H}\left(\frac{1}{2}(u_j^+ + u_j^-)\right) + \frac{1}{2}\mathcal{A}(u_j^+, u_j^-) \cdot (u_j^+ - u_j^-).$$

用 $v_{j+\frac{1}{2}}$ 表示 ϕ_x 的网格平均值

$$v_{j+\frac{1}{2}} := \frac{1}{x_{j+1} - x_j}\int_{x_j}^{x_{j+1}} \phi_x dx = \frac{\phi_{j+1} - \phi_j}{x_{j+1} - x_j},$$

从 (4.33) 很容易得到

$$v_{j+\frac{1}{2}}^{n+1} = v_{j+\frac{1}{2}}^n - \frac{\Delta t_n}{\Delta x_{j+\frac{1}{2}}^n}(\bar{H}_{j+1}^n - \bar{H}_j^n),$$

其中 $\Delta x_{j+\frac{1}{2}} = x_{j+1} - x_j$, 数值通量 $\bar{H}$ 也可以写成

$$\bar{H}_j^n = H\left(\frac{\Delta x_{j+\frac{1}{2}}^n v_{j+\frac{1}{2}}^n}{\Delta x_{j+\frac{1}{2}}^n + \Delta x_{j-\frac{1}{2}}^n} + \frac{\Delta x_{j-\frac{1}{2}}^n v_{j-\frac{1}{2}}^n}{\Delta x_{j+\frac{1}{2}}^n + \Delta x_{j-\frac{1}{2}}^n}\right)$$
$$+ \frac{1}{2}\mathcal{A}(\Delta x_{j+\frac{1}{2}}^n v_{j+\frac{1}{2}}^n, \Delta x_{j-\frac{1}{2}}^n v_{j-\frac{1}{2}}^n) \cdot (\Delta x_{j+\frac{1}{2}}^n v_{j+\frac{1}{2}}^n - \Delta x_{j-\frac{1}{2}}^n v_{j-\frac{1}{2}}^n), \tag{4.34}$$

其中 H 同方程 (4.31) 中的定义. 可以看出方程 (4.31) 是对守恒律方程 $v_t + H(v)_x = 0$ 的一个近似, 其中 v 等于 ϕ_x, 也是个守恒量, (4.34) 表明哈密顿数值通量 $\bar{H}$ 是单调的. □

二维情形. 考虑二维的哈密顿–雅可比方程

$$\phi_t + H(\phi_x, \phi_y) = 0, \quad (x, y) \in \Omega_p \subseteq \mathbf{R}^2.$$

类似于一维的情形, 我们通过坐标变换 $x = x(\xi, \eta)$, $y = y(\xi, \eta)$ 将上述方程写在计算平面上

$$\phi_t + \tilde{H}(\phi_\xi, \phi_\eta) = 0, \quad 0 < \xi, \eta < 1,$$

其中 $\tilde{H}(\phi_\xi, \phi_\eta) \equiv H(\xi_x\phi_\xi + \eta_x\phi_\eta, \xi_y\phi_\xi + \eta_y\phi_\eta)$. 二维的局部 Lax-Friedrichs 格式如下

$$\phi_{i,j}^{n+1} = \phi_{i,j}^n - \Delta t_n \tilde{H}\left(\frac{1}{2}(u_{i,j}^+ + u_{i,j}^-), \frac{1}{2}(v_{i,j}^+ + v_{i,j}^-)\right)$$
$$+ \frac{\Delta t_n}{2}\left[\mathcal{A}(u_{i,j}^\pm; v_{i,j}^\pm) \cdot (u_{i,j}^+ - u_{i,j}^-) + \mathcal{B}(u_{i,j}^\pm; v_{i,j}^\pm) \cdot (v_{i,j}^+ - v_{i,j}^-)\right],$$

其中

$$u_{i,j}^\pm := \Delta_\xi^\pm \phi_{i,j}^n, \quad v_{i,j}^\pm := \Delta_\eta^\pm \phi_{i,j}^n,$$
$$\mathcal{A}(u^\pm; v^\pm) = \max\{|\tilde{H}_1(u,v)||u \in I(u^-, u^+), v \in [v^-, v^+]\},$$
$$\mathcal{B}(u^\pm; v^\pm) = \max\{|\tilde{H}_2(u,v)||v \in I(v^-, v^+), u \in [u^-, u^+]\}.$$

在上式中 $\tilde{H}_1 = \xi_x H_1 + \xi_y H_2$, $\tilde{H}_2 = \eta_x H_1 + \eta_y H_2$, H_1, H_2 分别是 H 关于 ϕ_x 和 ϕ_y 的偏导数.

4.3.2　网格重分布与插值

哈密顿–雅可比问题的网格方程与我们在 4.1 节介绍的相同, 一维的网格方程就是

$$\frac{\partial}{\partial\xi}\left(w\frac{\partial}{\partial\xi}x(\xi)\right) = 0,$$

边界条件固定. 我们用 Gauss-Seidel 迭代方法来求解网格分布. 需要指出的是, 我们在这里使用了非守恒型的插值格式, 假设已经得到一组新网格分布 $\{\tilde{x}_j\}$, 假定我们的函数 ϕ 适当的光滑, 由泰勒展开

$$\phi(\tilde{x}_j) \approx \phi(x_j) + \left(\frac{\partial\phi}{\partial x}\right)_{x=x_j}(\tilde{x}_j - x_j) = \phi(x_j) - c_j\left(\frac{\partial\phi}{\partial\xi}\right), \tag{4.35}$$

其中

$$c_j := (x_j - \tilde{x}_j)(\xi_x)_j.$$

方程 (4.35) 可以看作是一个定义在计算平面上的线性对流方程, 对流速度是 c_j, 同时也可以看成是下面这个形式的哈密顿方程

$$\tilde{\phi} = \phi - c\phi_\xi, \tag{4.36}$$

那么在上一节我们介绍的二阶求解格式可以直接用于 (4.36).

插值公式 (4.35) 关于 ϕ_x 在离散意义下是守恒的, 即

$$\sum_j \Delta\tilde{x}_{j+\frac{1}{2}}(\tilde{\phi}_x)_{j+\frac{1}{2}} = \sum_j \Delta x_{j+\frac{1}{2}}(\phi_x)_{j+\frac{1}{2}}.$$

二维哈密顿–雅可比问题的网格方程和迭代公式与 4.1 节所介绍的方法完全相同, 不再解释, 二维的插值公式是

$$\phi(\tilde{x}_{i,j}, \tilde{y}_{i,j}) \approx \phi(x_{i,j}, y_{i,j}) + (\phi_x)_{i,j}(\tilde{x}_{i,j} - x_{i,j}) + (\phi_y)_{i,j}(\tilde{y}_{i,j} - y_{i,j})$$
$$= \phi(x_{i,j}, y_{i,j}) - (c^{\xi})_{i,j}(\phi_{\xi})_{i,j} - (c^{\eta})_{i,j}(\phi_{\eta})_{i,j},$$

其中 $c^{\xi} = (\boldsymbol{x} - \tilde{\boldsymbol{x}}) \cdot \nabla\xi$, $c^{\eta} = (\boldsymbol{x} - \tilde{\boldsymbol{x}}) \cdot \nabla\eta$, $\boldsymbol{x} = (x, y)$, $\nabla = (\partial_x, \partial_y)^{\mathrm{T}}$.

4.3.3 几个哈密顿–雅可比问题算例

例 4.5　考虑

$$\phi_t + H(\phi_x) = 0, \quad \phi(x, 0) = -\cos(\pi(x - x_0)), \quad -1 \leqslant x < 1,$$

其中哈密顿函数 H 定义为

$$H(u) = \frac{1}{2}(u + 1)^2,$$

边界条件是周期性的.

这里取 $x_0 = 0.85$. 哈密顿–雅可比方程和双曲守恒律方程有密切的联系, 这里的 ϕ_x 相当于守恒律方程中的守恒量, 参考 4.1 节中的控制函数定义方法, 在这里我们选择控制函数为

$$\omega = \sqrt{1 + \alpha|\phi_x|^2 + \beta\left|\left(\frac{\phi_x}{\max\{|\phi_x|\}}\right)_x\right|^2}, \tag{4.37}$$

控制函数中的导数是用中心格式来近似的, 即

$$\phi_x = \frac{1}{2}\left(\frac{\Delta_x^+\phi_j}{\Delta_x^+x_j} + \frac{\Delta_x^-\phi_j}{\Delta_x^-x_j}\right).$$

图 4.5 给出了移动网格方法计算得到的在 $t = 7.2/\pi^2$ 时的解, 可以看出,

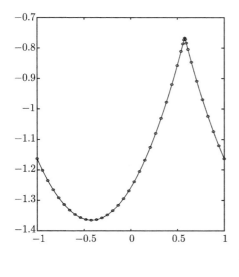
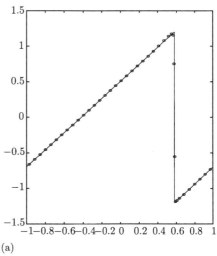

(a)

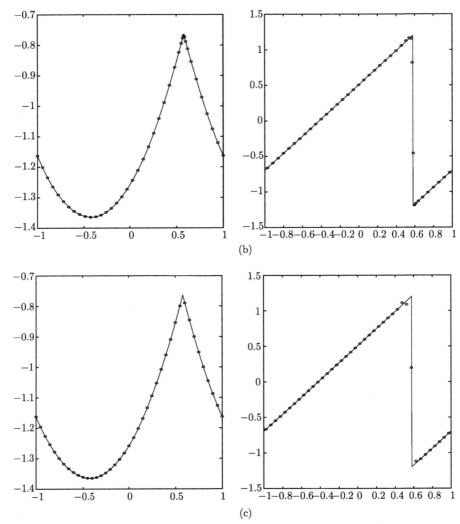

图 4.5　移动网格解 (用小圆圈表示) 和精确解 (用实线表示), $t = 7.2/\pi^2$, 左: ϕ, 右: ϕ_x, $N = 40$, (a) 控制函数 (4.37) 中 $(\alpha, \beta) = \left(1, \dfrac{1}{16}\right)$; (b) 控制函数 (4.37) 中 $(\alpha, \beta) = \left(1, \dfrac{1}{50}\right)$; (c) 均匀网格

在相同数量网格单元的情况下, 移动网格方法能够在较大梯度的地方达到更高的分辨率.

例 4.6　二维例子是一个几何光学的模型, 它的哈密顿函数是非凸的, 具有周期边界条件 (图 4.6)

$$\phi_t + \sqrt{\phi_x^2 + \phi_y^2 + 1} = 0, \quad (x, y) \in (0, 1)^2,$$

$$\phi(x, y, 0) = 0.25(\cos(2\pi x) - 1)(\cos(2\pi y) - 1) - 1.$$

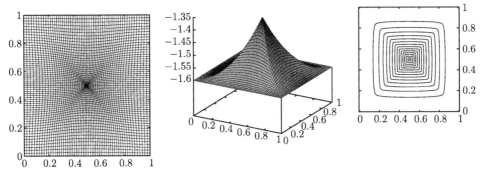

图 4.6　从左至右依次是二维哈密顿–雅可比方程的网格、三维物理解、等高线图, $N_x = N_y = 60$, $T = 0.6$

控制函数是这样选取的:

$$w = \sqrt{1 + \alpha|\nabla_p \phi|^2 + \beta \left| \nabla_p \cdot \left(\frac{\nabla_p \phi}{\max\{|\nabla_p \phi|\}} \right) \right|^2}, \tag{4.38}$$

其中 $\nabla_p = (\partial_x, \partial_y)^{\mathrm{T}}$, 在计算中我们选择参数 $(\alpha, \beta) = (6, 0.1)$. 关于控制函数我们有以下几点讨论:

(1) 控制函数表达式 (4.38) 中的高阶项不能太大, 也就是说常数 β 要适当小, 否则如果太大, 比如 $\beta > 0.5$, 那么就会有过多的网格聚集在奇异解附近, 与之对应的时间步长也必须很小, 这样大大影响了整体的计算效率.

(2) 如果选择 $\beta = 0$, 这时一阶导数项不能太小. 例如选择 $(\alpha, \beta) = (1, 0)$, 就会得到几乎均匀分布的网格, 移动网格也就失去了意义.

(3) 常数 α, β 的选择与计算所用的 CPU 时间有着密切的关系, 就这个问题来讲 $(\alpha, \beta) = (6, 0.1)$ 是最令人满意的.

4.4　二维不可压 Boussinesq 方程

4.4.1　二维不可压 Boussinesq 问题的背景

描述二维不可压 Boussinesq 问题的控制方程如下:

$$\rho_t + \boldsymbol{u} \cdot \nabla \rho = 0, \tag{4.39}$$

$$\boldsymbol{u}_t + \boldsymbol{u} \cdot \nabla \boldsymbol{u} = -\nabla p + \rho g \boldsymbol{j}, \tag{4.40}$$

$$\nabla \cdot \boldsymbol{u} = 0, \tag{4.41}$$

其中 p 是压力, ρ 是密度 (通常还叫做温度, 用 T 或 θ 来表示, 但是我们还是习惯叫做密度, 所以用 ρ 来表示), $\boldsymbol{u} = (u, v)$ 是速度, g 是重力常数, 我们已经把它标准化取 $g = 1$, $\boldsymbol{j}$ 是垂直向下方向的单位向量.

对二维的情形, 我们通常是将上述形式写成流函数-涡度的形式, 设 $\omega = v_x - u_y$ 代表涡度, 速度场 $\boldsymbol{u} = (u, v)$ 由流函数 ψ 决定:

$$u = \psi_y, \quad v = -\psi_x. \tag{4.42}$$

(4.39)—(4.41) 的流函数-涡度形式就是

$$\rho_t + \boldsymbol{u} \cdot \nabla\rho = 0, \tag{4.43}$$

$$\omega_t + \boldsymbol{u} \cdot \nabla w = -g\rho_x, \tag{4.44}$$

$$-\Delta\psi = \omega. \tag{4.45}$$

一些研究表明对这一问题的数值计算和理论分析都是相当困难的, 对于充分光滑的初始条件, 可以证明在比较短的时间内解的存在性, 但是在有限时间内它的解会不会失去正则性而变奇异? 这一点还没有搞清楚. 关键的问题是在涡度的方程中带有重力的影响. 如果 Boussinesq 问题在时间 T^* 出现奇异, 也就是说 $\|\boldsymbol{u}(\cdot, T^*)\|_m + \|\rho(\cdot, T^*)\|_m = +\infty$, 那么可以证明

$$\int_0^{T^*} |\omega(\cdot, t)|_\infty dt = +\infty, \qquad \int_0^{T^*} \int_0^t |\rho_x(\cdot, s)|_\infty ds dt = +\infty,$$

其中 $\|f(\cdot)\|_m$ 表示 Sobolev 空间的 m-范数, $|f(\cdot)|_\infty = \max\limits_{(x,y)\in\mathbf{R}^2} |f(x,y)|$. 我们假定 $m > 2$, 初始条件 $\boldsymbol{u}(x, y, 0)$, $\rho \in H^m(\mathbf{R}^2)$. 还可以证明如果崩溃 (blow-up) 出现, 应该以下面的速度发生:

$$|\omega(\cdot, t)|_\infty \sim \frac{c_1}{T^* - t}, \qquad |\rho_x(\cdot, t)|_\infty \sim \frac{c_2}{(T^* - t)^2},$$

其中 c_1, c_2 是常数.

从数值计算的角度来讲, 由于 Boussinesq 问题的物理解从整体上来看比较复杂, 同时在大的结构上也会发展出频繁出现的小结构, 而且这些小结构一般都比较锐利, 所以我们采用移动网格自适应方法求解自然就是必要的.

4.4.2　移动网格方法求解 Boussinesq 问题

我们将 4.1 节的移动网格方法应用到 Boussinesq 方程组的求解中来, 整个算法是由两个相对独立的部分组成的: 网格重新分布和求解当前的 Boussinesq 方程组. 计算流程如下.

第一步: (初始化物理网格) 将给定的初始条件作为解析函数生成初始的自适应网格分布, 在这一步我们获得 $\{(x_{j,k}^0, y_{j,k}^0), \rho_{j+\frac{1}{2},k+\frac{1}{2}}^0, \omega_{j+\frac{1}{2},k+\frac{1}{2}}^0\}$, 置 $t^n = 0$;

第二步: 根据稳定性条件确定一个合适的时间步长 Δt^n;

第三步: (计算速度场) 将拉普拉斯算子通过坐标变换写在计算平面上, 然后用多重网格预条件共轭梯度 (multigrid preconditioner conjugate gradient) 方法求解流函数 ψ^n, 然后用中心差分格式计算速度场 $\boldsymbol{u}^n$;

第四步: (物理方程求解) 通过坐标变换将 ρ, ω 的方程写在计算平面 (ξ, η) 上, 保持物理网格分布不变计算下一个时间层 t^{n+1} 上的 ρ, ω, 在这一步我们获得 $\{(x_{j,k}^n, y_{j,k}^n), \rho_{j+\frac{1}{2},k+\frac{1}{2}}^{n+1}, \omega_{j+\frac{1}{2},k+\frac{1}{2}}^{n+1}\}$;

第五步: (网格重新分布) 根据 ρ^{n+1}, ω^{n+1} 重新分布在时间层 t^{n+1} 的网格, 网格迭代公式和插值方法同 4.1 节, 在这一步获得 $\{(x_{j,k}^{n+1}, y_{j,k}^{n+1}), \rho_{j+\frac{1}{2},k+\frac{1}{2}}^{n+1}, \omega_{j+\frac{1}{2},k+\frac{1}{2}}^{n+1}\}$;

第六步: 检查是否满足 $t^{n+1} \geqslant T$, 如果是, 则停止计算; 否则, 置 $n \leftarrow n+1$, 转第二步.

我们再强调一下, 在所有的计算进行之前我们需要通过坐标变换把所有原来 Boussinesq 方程中定义在物理平面的变量全部映射到计算平面上, 也就是说方程 (4.43)—(4.45) 要重新写在计算平面上.

例 4.7 Boussinesq 方程组的初始条件是由下面的一组光滑的解给出的

$$\omega(x, y, 0) = 0, \quad \rho(x, y, 0) = 50\rho_1(x, y)\rho_2(x, y)[1 - \rho_1(x, y)],$$

其中

$$\rho_1(x, y) = \begin{cases} \exp\left(1 - \dfrac{\pi^2}{\pi^2 - x^2 - (y-\pi)^2}\right), & x^2 + (y-\pi)^2 \leqslant \pi^2, \\ 0, & \text{其他}, \end{cases}$$

$$\rho_2(x, y) = \begin{cases} \exp\left(1 - \dfrac{(1.95\pi)^2}{(1.95\pi)^2 - (x-2\pi)^2}\right), & |x - 2\pi| < 1.95\pi, \\ 0, & \text{其他}. \end{cases}$$

在计算中, 我们选择的控制函数是 $w = \sqrt{1 + 0.2|\nabla'\rho|^2}$, 从图 4.7 可以看出, 在初始时刻, Boussinesq 方程的解是很光滑的, 随着时间的推移它像一个不断增长的泡, 到了后来的时间会从泡的两侧边缘对称地形成卷 (roll), 从下面形成两个长长的尾巴. 更微小的结构要看图 4.8, 我们在 $y = \pi$ 处把密度 ρ 和涡度 ω 纵向切开, 图 4.8 画出了这一截面图, 显然我们会看到许多频繁发生的小结构. 相应地, 自适应网格在这些具有较大的解的梯度的地方确实聚集了很多的网格点.

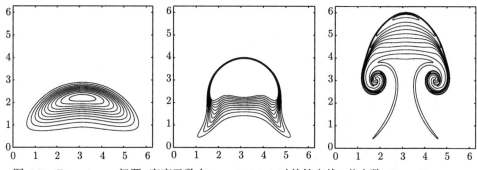

图 4.7　Boussinesq 问题, 密度函数在 $t = 0, 1.5, 3$ 时的等高线. 节点数 $N_x = N_y = 512$

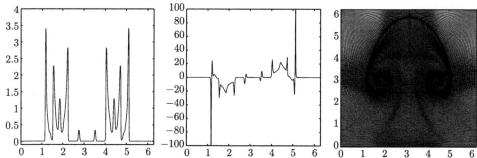

图 4.8　Boussinesq 问题, 自适应网格 $N_x = N_y = 500$, $t = 3.16$, 解在 $y = \pi$ 处的截面图, 左: 密度函数 ρ 的截面; 中: 涡度函数 ω 的截面; 右: 网格分布图

4.4.3　几点计算细节的讨论

在 Boussinesq 问题的计算中我们选择的控制函数是常规形式

$$w = \sqrt{1 + \alpha |\nabla' \rho|^2},$$

常数 α 的选取不是一件很容易的事情, 如果我们选择 $\alpha = 0.4$, 在开始不久的时间内还是可以接受的, 但是在稍后的时间我们会发现在聚集网格点的同时, 网格也被扭曲了. 如果我们选择的 α 太小, 则不会有明显的聚集网格的效果, 这样移动网格方法就失去了意义. 对控制函数的选取很大程度上来自于计算的经验, 最后我们认为对这个 Boussinesq 问题来说, 选取 $\alpha = 0.2$ 还是比较合适的. 我们期待有更好的方法来调节这一常数. 平均来说在每一个时间步长上只需要 1—2 次 Gauss-Seidel 迭代就可以得到比较满意的网格, Gauss-Seidel 迭代的停止判别是最大的网格移动量不超过 10^{-3}, 所以生成自适应网格的计算代价不是太大.

除了常规的形式以外, 我们还考虑了与涡度有关的控制函数 $w = \sqrt{1 + |\omega|^2}$, 涡度是流体计算中非常重要的一个量, 我们选择这一形式可以避免用差分方法近

似梯度的计算, 因为涡度本身也反映了解的变化程度. 数值结果表明在泡的顶端网格质量比较差, 其他地方还是很满意的. 实际上, 涡度这一物理量是以 $x = \pi$ 为对称轴的反对称解, 而密度函数则是对称的解, 所以在泡的顶端和对称轴的交界处涡度为零, 如果用它做控制函数必定不会聚集周围的网格点, 也不可能通过增加整体的网格节点数来改善这一现象. 换成我们常规使用的控制函数形式 $w = \sqrt{1 + \alpha |\tilde{\nabla} \rho|^2}$ 就可以弥补这一不足.

我们计算流函数方程 (4.45) 时, 首先把它转化到计算平面上, 然后用中心差分离散得到一个九点的格式. 这样一来就形成一个大型的稀疏矩阵方程组, 它满足周期边界条件. 在每一个时间层上我们都需要求解一个由此得来的大型稀疏矩阵方程组, 由于我们的网格在每一个时间层上需要重新分布, 那么对应的方程组的矩阵也是随着时间而变化的, 所以必须寻求一个快速算法来求解. 我们用多重网格的预条件共轭梯度法求解. 假定要求解 $Lx = f$, 这个算法如下:

(1) 给定初始猜测 x^0, $r^0 = f - Lx^0$, $L_l \tilde{r}^0 = r^0$, $p^0 = \tilde{r}^0$;

(2) $\alpha_i = (\tilde{r}^i, r^i) / (p^i, L_l p^i)$;

(3) $x^{i+1} = x^i + \alpha_i p_i$;

(4) $r^{i+1} = r^i - \alpha_i L_l p^i$, 检查是不是收敛;

(5) 松弛 $L_l \tilde{r}^{i+1} = r^{i+1}$ 用多重网格方法;

(6) $\beta_i = (\tilde{r}^{i+1}, r^{i+1}) / (\tilde{r}^i, r^i)$;

(7) $p^{i+1} = \tilde{r}^{i+1} + \beta_i p^i$.

初始猜测可以取紧邻的上一个时间层的计算结果. 算法中矩阵 L_l 是对原来问题的矩阵 L 的近似, L_l 更便于使用多重网格方法求解. 我们使用依赖于矩阵分解的多重网格方法[207]. 设置的多重网格方法和共轭梯度法的精度都是 10^{-8}, 对 Boussinesq 问题, 在每一个时间层上通常只需要 1—2 次的共轭梯度法迭代, 多重网格大约执行 2—3 次. 所以说计算流函数的效率还是比较高的. 从这里我们可以看到移动网格的一大优点, 它总是可以映射到计算平面上, 然后再在计算平面的一致均匀网格上来求解方程, 一些现成的标准程序可以直接使用, 例如多重网格的程序. 顺便提一下, 如果是通过局部网格加密来做自适应方法的, 就没有这么容易做到这一点. 本节的内容主要来自参考文献 [210].

4.5　不可压相场模型的移动网格方法

在一定的物理区域上两种不可压的流体被一个可以自由移动的界面分开了, 我们引入相场函数 $\phi(\boldsymbol{x}, t)$, $\{\boldsymbol{x} : \phi(\boldsymbol{x}, t) > 0\}$ 表示界面以外的流体所在的区域, $\{\boldsymbol{x} : \phi(\boldsymbol{x}, t) < 0\}$ 表示界面以内的流体所在的区域, $\{\boldsymbol{x} : \phi(\boldsymbol{x}, t) = 0\}$ 表示自由移

动的界面所在的位置. Allen-Cahn 相场模型的控制方程是

$$\phi_t + \boldsymbol{u} \cdot \nabla\phi = \gamma(\Delta\phi - f(\phi) + \zeta(t)), \tag{4.46}$$

其中 $\zeta(t)$ 是拉格朗日乘子, $f(\phi) = F'(\phi)$, $F(\phi) = \dfrac{(\phi^2 - 1)^2}{4\varepsilon}$ 是势函数, ε 则表示两种不可压流体之间界面的宽度. 流体的控制方程是不可压 Navier-Stokes 方程

$$\boldsymbol{u}_t + (\boldsymbol{u} \cdot \nabla)\boldsymbol{u} - \nu\Delta\boldsymbol{u} + \nabla p + \lambda\nabla \cdot (\nabla\phi \otimes \nabla\phi) = \boldsymbol{g}(\boldsymbol{x}), \tag{4.47}$$

$$\nabla \cdot \boldsymbol{u} = 0, \tag{4.48}$$

其中 $\boldsymbol{g}$ 是外力, p 是压力, ν 是黏性系数, λ 是对应于表面张力的系数, $\nabla\phi \otimes \nabla\phi$ 是张量积, 它的元素定义为 $(\nabla\phi \otimes \nabla\phi)_{ij} = \nabla_i\phi\nabla_j\phi$, 注意到恒等式

$$\nabla \cdot (\nabla\phi \otimes \nabla\phi) = \Delta\phi\nabla\phi + \frac{1}{2}\nabla|\nabla\phi|^2,$$

动量方程 (4.47) 可以改写为

$$\boldsymbol{u}_t + (\boldsymbol{u} \cdot \nabla)\boldsymbol{u} - \nu\Delta\boldsymbol{u} + \nabla p = -\lambda\Delta\phi\nabla\phi + \boldsymbol{g}(\boldsymbol{x}),$$

其中压力 p 被重新定义为 $p := p + \dfrac{1}{2}\lambda|\nabla|^2$, 相场函数 ϕ 以及流体速度 $\boldsymbol{u}$ 的初始条件是

$$\boldsymbol{u}|_{t=0} = \boldsymbol{u}_0(\boldsymbol{x}), \quad \phi|_{t=0} = \phi_0(\boldsymbol{x}), \quad \boldsymbol{x} \in \Omega_p,$$

边界条件是

$$\boldsymbol{u}|_{\partial\Omega_p} = 0, \quad \frac{\partial\phi}{\partial\boldsymbol{n}}\bigg|_{\partial\Omega_p} = (\boldsymbol{n} \cdot \nabla\phi)|_{\partial\Omega_p} = 0,$$

(4.46) 中的 $\zeta(t)$ 是为了保持流体的质量守恒而引入的拉格朗日乘子, 经过简单计算可得

$$\zeta(t) = \frac{1}{|\Omega_p|} \int_{\Omega_p} f(\phi(\boldsymbol{x}, t))d\boldsymbol{x},$$

在 [211] 中我们使用了压力校正的投影法来求解不可压的 Navier-Stokes 方程, 而自适应网格使用的是 4.1.2 小节所提出的迭代法解方程 (4.22), [211] 还使用了交错网格技术, 所有的标量函数如 $\phi, p, \Delta\phi$ 等定义在网格的中心, 所有的向量函数如 $\boldsymbol{u}, \nabla\phi, \nabla p$ 等定义在网格节点上, 我们用 I_o 表示网格中心的集合, 用 I_n 表示网格节点的集合, 下面给出求解 (4.46)—(4.48) 的算法.

第一步: 给定初始数据 $\phi^n, \boldsymbol{u}^n, p^n$;

第二步: 解流体力学方程 (4.47), 在网格节点 I_n 上计算中间变量速度场 $\tilde{\boldsymbol{u}} = (\tilde{u}, \tilde{v})$,

$$\frac{\tilde{\boldsymbol{u}} - \boldsymbol{u}^n}{\Delta t} - \gamma\nabla_h\tilde{\boldsymbol{u}} = -(\boldsymbol{u}^n \cdot \nabla_h)\boldsymbol{u}^n - \nabla_h p^n - (\lambda\Delta_h\phi^n)\nabla_h\phi^n + \boldsymbol{g}(\boldsymbol{x}),$$

边界条件是

$$\tilde{\boldsymbol{u}}|_{\partial\Omega_p} = 0;$$

第三步: 投影步, 把中间变量速度场 $\tilde{\boldsymbol{u}}$ 投影到零散度 (divergence free) 空间, 利用 Helmholtz (亥姆霍兹) 分解

$$\begin{cases} \tilde{\boldsymbol{u}} = \boldsymbol{u}^{n+1} + \Delta t_n \nabla_h \psi, & x \in I_n, \\ \nabla_h \cdot \boldsymbol{u}^{n+1} = 0, & x \in I_o, \\ \boldsymbol{u}^{n+1} \cdot \boldsymbol{n} = 0, & x \in \partial\Omega_p, \end{cases} \tag{4.49}$$

压力 p^{n+1} 的计算如下:

$$\psi = p^{n+1} - p^n + \nu\nabla_h\tilde{\boldsymbol{u}}, \quad x \in I_o, \tag{4.50}$$

(4.49) 和 (4.50) 等价于先求解下面的齐次 Neumann 边界条件的 Poisson 方程

$$\begin{cases} \Delta_h\psi = \dfrac{1}{\Delta t_n}\nabla_h \cdot \tilde{\boldsymbol{u}}, & x \in I_o, \\ \dfrac{\partial\psi}{\partial\boldsymbol{n}} = 0, & x \in \partial\Omega_p; \end{cases}$$

第四步: 解相场模型

$$\frac{\phi^{n+1} - \phi^n}{\Delta t_n} - \gamma\Delta_h\phi^{n+1} = -\nabla_h \cdot (\boldsymbol{u}^{n+1}\phi^n) - \gamma f(\phi^n) + \zeta(t^n), \quad x \in I_o;$$

第五步: 根据 $\{\boldsymbol{u}^{n+1}, \phi^{n+1}\}$ 重分布网格.

以上每一步的计算我们都是在计算区域上来完成的, 为了保持相场函数的守恒性以及速度场的散度为零, 我们使用了下面的公式分别将梯度、散度和拉普拉斯算子变换到计算平面上

$$\nabla\phi = \frac{1}{J}(y_\eta\phi_\xi - y_\xi\phi_\eta, x_\xi\phi_\eta - x_\eta\phi_\xi)^{\mathrm{T}},$$

$$\nabla \cdot \boldsymbol{u} = \frac{1}{J}[(y_\eta u - x_\eta v)_\xi + (x_\xi v - y_\xi u)_\eta],$$

$$\Delta\psi = \frac{1}{J}\left[\left(\frac{1}{J}y_\eta^2\psi_\xi\right)_\xi - \left(\frac{1}{J}y_\xi y_\eta\psi_\eta\right)_\xi - \left(\frac{1}{J}y_\xi y_\eta\psi_\xi\right)_\eta + \left(\frac{1}{J}y_\xi^2\psi_\eta\right)_\eta \right.$$

$$\left. + \left(\frac{1}{J}x_\eta^2\psi_\xi\right)_\xi - \left(\frac{1}{J}x_\xi x_\eta\psi_\eta\right)_\xi - \left(\frac{1}{J}x_\xi x_\eta\psi_\xi\right)_\eta + \left(\frac{1}{J}x_\xi^2\psi_\eta\right)_\eta\right],$$

其中 $J = x_\xi y_\eta - x_\eta y_\xi$ 是雅可比行列式. 下面将重点介绍如何实现第五步的, 首先我们希望网格重分布的结果必须是有足够多的网格点聚集在两种流体的界面附近

也就是 $\phi(x,y) = 0$ 的地方, 而其他的区域 $\phi(x,y)$ 基本上都是常数, 我们还要求经过网格移动后能够在离散意义下保持 $\phi(x,y)$ 的总量不变, 这是相场方程 (4.46) 本来就具有的性质, 其次关于流场我们要求网格移动后相应的速度场在离散意义下散度为零, 即满足不可压条件 (4.48). 网格方程和迭代过程采用 4.1.2 小节所介绍的方法, 这里不再重述, $\phi(x,y)$ 本身就是个守恒量, 可以直接使用 4.1.2 小节所提出的守恒型插值方法. 对于速度场 $\boldsymbol{u}$ 我们提出了一种能够保证散度为零的插值算法. 假定已经有了网格 $\{\boldsymbol{x}_{j,k}^{[m]}\}$ 和相应的速度场 $\{\boldsymbol{u}_{j,k}^{[m]}\}$, 通过一步迭代得到 $\{\boldsymbol{x}_{j,k}^{[m+1]}\}$, 我们经过两个步骤插值得到 $\{\boldsymbol{u}_{j,k}^{[m+1]}\}$.

首先, 利用泰勒级数展开初步得到

$$\boldsymbol{u}(\boldsymbol{x}_{j,k}^{[m+1]}) \approx \boldsymbol{u}(\boldsymbol{x}_{j,k}^{[m]}) + (\boldsymbol{x}_{j,k}^{[m+1]} - \boldsymbol{x}_{j,k}^{[m]}) \cdot \nabla \boldsymbol{u}(\boldsymbol{x}_{j,k}^{[m]}).$$

我们使用坐标变换和高分辨率的哈密顿–雅可比方法计算上式得

$$\boldsymbol{u}_{j,k}^{[m+1]} = \boldsymbol{u}_{j,k}^{[m]} - \frac{1}{2}(c_{j,k}^{\xi}(\boldsymbol{v}_{j+0,k}^{[m]} + \boldsymbol{v}_{j-0,k}^{[m]}) - |c_{j,k}^{\xi}|(\boldsymbol{v}_{j+0,k}^{[m]} - \boldsymbol{v}_{j-0,k}^{[m]}))$$
$$- \frac{1}{2}(c_{j,k}^{\eta}(\boldsymbol{w}_{j,k+0}^{[m]} + \boldsymbol{w}_{j,k-0}^{[m]}) - |c_{j,k}^{\eta}|(\boldsymbol{w}_{j,k+0}^{[m]} - \boldsymbol{w}_{j,k-0}^{[m]})), \qquad (4.51)$$

其中

$$(c^{\xi})_{j,k} = \frac{1}{J_{j,k}}[x_{\eta}(y^{[m]} - y^{[m+1]}) - y_{\eta}(x^{[m]} - x^{[m+1]})]_{j,k},$$

$$(c^{\eta})_{j,k} = \frac{1}{J_{j,k}}[y_{\xi}(x^{[m]} - x^{[m+1]}) - x_{\xi}(y^{[m]} - y^{[m+1]})]_{j,k},$$

$$\boldsymbol{v}_{j+0,k} = \Delta_{\xi}\boldsymbol{u}_{j,k} - \frac{1}{2}\mathrm{vLL}(\Delta_{\xi}\boldsymbol{u}_{j+1,k} - \Delta_{\xi}\boldsymbol{u}_{j,k}, \Delta_{\xi}\boldsymbol{u}_{j,k} - \Delta_{\xi}\boldsymbol{u}_{j-1,k}),$$

$$\boldsymbol{v}_{j-0,k} = \Delta_{\xi}\boldsymbol{u}_{j-1,k} + \frac{1}{2}\mathrm{vLL}(\Delta_{\xi}\boldsymbol{u}_{j,k} - \Delta_{\xi}\boldsymbol{u}_{j-1,k}, \Delta_{\xi}\boldsymbol{u}_{j-1,k} - \Delta_{\xi}\boldsymbol{u}_{j-2,k}),$$

$$\boldsymbol{w}_{j,k+0} = \Delta_{\eta}\boldsymbol{u}_{j,k} - \frac{1}{2}\mathrm{vLL}(\Delta_{\eta}\boldsymbol{u}_{j,k+1} - \Delta_{\eta}\boldsymbol{u}_{j,k}, \Delta_{\eta}\boldsymbol{u}_{j,k} - \Delta_{\eta}\boldsymbol{u}_{j,k-1}),$$

$$\boldsymbol{w}_{j,k-0} = \Delta_{\eta}\boldsymbol{u}_{j,k-1} + \frac{1}{2}\mathrm{vLL}(\Delta_{\eta}\boldsymbol{u}_{j,k} - \Delta_{\eta}\boldsymbol{u}_{j,k-1}, \Delta_{\eta}\boldsymbol{u}_{j,k-1} - \Delta_{\eta}\boldsymbol{u}_{j,k-2}),$$

其中 $\Delta_{\xi}\boldsymbol{u}_{j,k} = \boldsymbol{u}_{j+1,k} - \boldsymbol{u}_{j,k}$, $\Delta_{\eta}\boldsymbol{u}_{j,k} = \boldsymbol{u}_{j,k+1} - \boldsymbol{u}_{j,k}$. 函数 vLL 表示 van Leer 限制器 (van Leer limiter)

$$\mathrm{vLL}(a,b) = (\mathrm{sign}(a) + \mathrm{sign}(b))\frac{|ab|}{|a| + |b| + \varepsilon}.$$

其次, 由 (4.51) 得到的速度场显然不满足散度为零, 因此不能将它直接作为求解 Navier-Stokes 方程下一个时间层时的初值, 为此, 类似于不可压 Navier-Stokes 方

程的投影法, 我们将它投影到散度为零的空间,

$$\begin{cases} \boldsymbol{u}^{n+1} = \boldsymbol{u}^{[\mu]} - \nabla_h \psi, & \boldsymbol{x} \in \Omega_p, \\ \nabla_h \cdot \boldsymbol{u}^{n+1} = 0, & \boldsymbol{x} \in \Omega_p, \\ \boldsymbol{u}^{n+1} \cdot \boldsymbol{n} = 0, & \boldsymbol{x} \in \partial\Omega_p. \end{cases}$$

求解上述方程组等价于求下面的 Poisson 方程

$$\begin{cases} \Delta_h \psi = \nabla_h \cdot \boldsymbol{u}^{[\mu]}, & \boldsymbol{x} \in \Omega_p, \\ \nabla_h \psi \cdot \boldsymbol{n} = 0, & \boldsymbol{x} \in \partial\Omega_p. \end{cases}$$

我们可以先解出中间变量 ψ, 然后再求出 $\boldsymbol{u}^{n+1}$.

例 4.8   参数设置为 $\varepsilon = 0.02$, $\lambda = 0.1$, $\nu = 0.1$, $\gamma = 0.1$, 控制函数 $\omega = \sqrt{1 + \alpha|\nabla\phi|}$, 初始时, 在 Ω_p 的中心有一个边长为 2 的正方形, 在正方形的内部 $\phi(x,y) = 1$, 在其他的地方 $\phi(x,y) = -1$.

我们使用了 64×64 的移动网格方法, 同时也使用 256×256 的固定网格做了计算, 表 4.1 给出了计算所需的 CPU 时间, 对于这个算例, 自适应网格方法至少要节省 21 倍的计算时间. 图 4.9 给出了在 $t = 0.5$ 时的网格分布和相场分布, 从界面的形状上来看, 随着时间的推移, 由正方形逐渐发展为圆形, 然后是菱形, 再发展为圆形, 这个形变过程反复进行直到最终变成圆形.

表 4.1   自适应网格和固定网格上计算所需的 CPU 时间 (单位: 秒)

	$t = 0.3$	$t = 0.5$
自适应网格 (64×64)	164.02	258.65
固定网格 (256×256)	3716.29	5940.43

 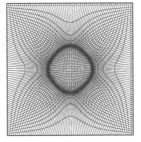

图 4.9   相场函数 ϕ 在 $t = 0.5$ 时的等高线和相应的自适应网格分布

例 4.9   参数选择同例 4.8, $\Omega_p = [0, 2\pi] \times [0, 2\pi]$, 初始时, 区域的中上部有三个两两相切的圆周, 半径为 1, 在这些圆周的内部 $\phi(x,y,0) = 1$, 在其他地方 $\phi(x,y,0) = -1$, $\boldsymbol{g} = (0, 0.1)^{\mathrm{T}}$.

从图 4.10 可以看出相当一部分的网格点聚集在两种流体的界面处, 图 4.11 显式离散的散度 $|\mathrm{div}_h \boldsymbol{u}|$ 可以到达 10^{-8}—10^{-7}, 所以对不可压条件 (4.48) 的近似还是很理想的.

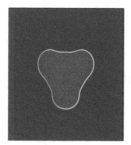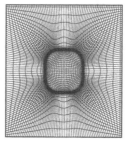

图 4.10　相场函数 ϕ 在 $t = 0.2$ 时的等高线和相应的自适应网格分布

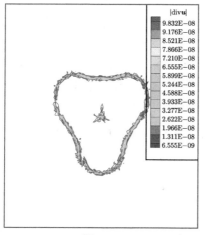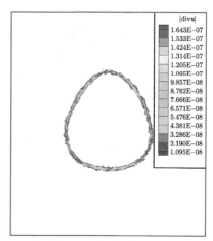

图 4.11　$|\mathrm{div}_h \boldsymbol{u}|$ 在 $t = 0.2$ (左) 和 $t = 1.0$ (右)

关于本节所介绍的算法的一些更具体的讨论可以参考 [211].

4.6　离散插值的移动网格方法小结

本章讨论了一类移动网格方法, 其显著特点就是移动网格部分和物理方程求解是两个相对独立的过程, 移动网格方法不论应用到什么类型的偏微分方程中, 移动网格生成这个环节基本上都是变化不大的. 这样很容易形成计算软件.

本章通过迭代法产生网格并在此网格上进行插值. 因为每个时间步长相对比较小, 所以当前的网格和上一层的网格变化相对较小, 一两个简单迭代就会得到比较理想的新网格. 由此产生的主要困难是如何表达近似解在新网格上的值, 这就涉及插值, 也就是把旧网格上解的信息通过合适的方法传递到新产生的网格上.

关于插值没有固定的方法, 一般情况下, 保持精度就可以. 但对有物理背景的问题, 插值解要保持解的一些重要物理性质, 比如保持质量守恒, 或保持速度场散度为零等.

本章主要通过有限体积方法求解偏微分方程, 这一方法的主要优点就是可以保持物理解的守恒性. 本章考虑的问题主要包括双曲守恒律和不可压流体问题. 前者需要保持质量守恒, 后者要保持速度场散度为零. 通过多个算例, 我们可以看到保持这些守恒性质的移动网格方法可以大大提高计算效率和精度.

第 5 章　变分方法生成网格

这一章我们介绍的移动方法基本上都是从变分形式出发, 极小化某个能量泛函或者其他形式的表达网格不同性质的泛函, 也可以认为是在某种形式上推广了原来 Winslow 所定义的泛函, 然后通过数值方法求解极小化问题获得网格分布. 前面介绍的方法大都是等分布原理的某种形式的推广, 或者是 Winslow 形式定义的网格能量泛函, 然后通过求其变分得到相应的欧拉-拉格朗日方程作为最终的网格方程.

5.1　基于各向同性和等分布的变分方法

本节内容可参考文献 [80]. $\mathbf{R}^n$ 中的物理区域 Ω_p 和计算区域 Ω_c 对应的坐标分别用 $\boldsymbol{x}$ 和 $\boldsymbol{\xi}$ 表示. 给定一个函数 $u = u(\boldsymbol{x})$, 我们希望找到一个坐标变换 $\boldsymbol{x} = \boldsymbol{x}(\boldsymbol{\xi}) : \Omega_c \to \Omega_p$, 也就是说我们的目标是找到一套合适的网格使得 $u(\boldsymbol{\xi}) \equiv u(\boldsymbol{x}(\boldsymbol{\xi}))$ 更容易做近似计算.

我们在计算平面上定义一类控制函数

$$E(\boldsymbol{x}) = \sqrt{d\boldsymbol{\xi}^{\mathrm{T}} J^{\mathrm{T}} G J d\boldsymbol{\xi}},$$

其中 $\boldsymbol{\xi}_c$ 是 Ω_c 中的任意一点, $d\boldsymbol{\xi} = \boldsymbol{\xi} - \boldsymbol{\xi}_c$, $G = G(\boldsymbol{x})$ 是 $n \times n$ 的对称正定矩阵, 也就是移动网格的控制函数. J 是坐标变换的雅可比矩阵 $\dfrac{\partial \boldsymbol{x}}{\partial \boldsymbol{\xi}}$. 我们的要求是希望

$$J^{\mathrm{T}} G J = \frac{1}{c} I, \quad \text{或} \quad J^{-1} G^{-1} J^{-\mathrm{T}} = cI, \tag{5.1}$$

其中 c 是某一正的常数.

但是, 实现 (5.1) 通常是不可能的, 假定我们取 $G = M^{\mathrm{T}} M$, 那么 (5.1) 就变成了

$$(J^{-1} M^{-1})(J^{-1} M^{-1})^{\mathrm{T}} = cI.$$

容易得到

$$J^{-1} M^{-1} = \sqrt{c} Q, \tag{5.2}$$

其中 Q 是一个任意的正交矩阵. 对于一个平凡的情形 $G = I$(没有移动), (5.2) 表示坐标变换是正交无关的, 显然这不可能, 所以我们说 (5.1) 只能够近似地满足.

现在我们将问题转化, (5.1) 相当于要求 $A \equiv J^{-1}G^{-1}J^{-T}$ 的特征值相等并且行列式是常数, 从几何上来说就是误差 $E(\boldsymbol{x})$ 有一个各向同性和均匀的分布. 对 A 做特征值分解 $A = UDU^T$, U 是正交矩阵, $D = \mathrm{diag}(\lambda_1, \cdots, \lambda_n)$, 那么水平面 (level surface) 方程是

$$(\boldsymbol{\xi} - \boldsymbol{\xi}_c)^T U D^{-1} U^T (\boldsymbol{\xi} - \boldsymbol{\xi}_c) = e^2 \quad \text{或} \quad \sum_i \left(\frac{\tilde{\xi}^i - \xi_c^i}{\sqrt{\lambda_i}} \right)^2 = e^2,$$

其中 $\tilde{\boldsymbol{\xi}} - \boldsymbol{\xi}_c = U^T(\boldsymbol{\xi} - \boldsymbol{\xi}_c)$, e 是给定的一个误差水平, 从数学的角度来说, 我们有

$$\text{各向同性判据:} \quad \lambda_1 = \cdots = \lambda_n, \tag{5.3}$$

$$\text{均匀性判据:} \quad \sqrt{\prod_i \lambda_i} = \text{常数}. \tag{5.4}$$

注意到, 各向同性是一个局部的性质, 而均匀性则是一个全局的性质. 在以上讨论的基础上我们将构造网格泛函, 我们知道 A 的特征值满足

$$\left(\prod_i \lambda_i \right)^{\frac{1}{n}} \leqslant \frac{1}{n} \sum_i \lambda_i, \tag{5.5}$$

其中等号只有在特征值相等时成立. 对 (5.3) 的近似形式我们可以要求极小化

$$\frac{1}{n} \sum_i \lambda_i - \left(\prod_i \lambda_i \right)^{\frac{1}{n}}.$$

另外我们还有等式

$$\sum_i \lambda_i = \mathrm{tr}(A) = \sum_i (\nabla \xi^i)^T G^{-1} \nabla \xi^i,$$

$$\prod_i \lambda_i = \det(A) = \frac{1}{|J|^2 |G|},$$

其中 $|J|$ 和 $|G|$ 分别是 J 和 G 的行列式. 我们将 (5.5) 重新写为

$$n^n \det(A) \leqslant (\mathrm{tr}(A))^n,$$

或者是

$$\frac{n^{n/2}}{|J|\sqrt{|G|}} \leqslant \left(\sum_i (\nabla \xi^i)^T G^{-1} \nabla \xi^i \right)^{n/2}. \tag{5.6}$$

在 (5.6) 的两边乘以 $\sqrt{|G|}$ 并且在 Ω_p 上积分, 我们得到

$$n^{n/2} \int_{\Omega_c} d\boldsymbol{\xi} = \int_{\Omega_p} \sqrt{|G|} \left(\sum_i (\nabla \xi^i)^T G^{-1} \nabla \xi^i \right)^{n/2} d\boldsymbol{x}.$$

到此为止, 各向同性的原则可以用泛函表达为

$$I_{\mathrm{iso}}[\boldsymbol{\xi}] = \frac{1}{2} \int_{\Omega_p} \sqrt{|G|} \left(\sum_i (\nabla \xi^i)^{\mathrm{T}} G^{-1} \nabla \xi^i \right)^{n/2} d\boldsymbol{x}. \tag{5.7}$$

我们再考虑均匀性原则 (5.4), 它要求 $\sqrt{\prod\limits_i \lambda_i} = \sqrt{\det(A)} = 1/(|J|\sqrt{|G|})$ 在各个
网格点上是个常数, 即

$$|J|\sqrt{|G|} = 常数, \tag{5.8}$$

这实际上是一维等分布原理的思想的一个推广. 为了得到等分布 (5.8) 的泛函表
达形式, 首先引入一个引理, 其证明可参看 [74].

引理 5.1　给定一个权函数 $w(\boldsymbol{x})$, 满足 $\int_\Omega w(\boldsymbol{x}) d\boldsymbol{x} = 1$, 对任意的函数 f 和
实数 r 定义

$$M_r(f) = \left(\int_\Omega w|f|^r d\boldsymbol{x} \right)^{1/r},$$

并且有极限

$$M_0(f) = \exp\left(\int_\Omega w \log|f| d\boldsymbol{x} \right), \quad M_{+\infty} = \max|f|, \quad M_{-\infty} = \min|f|.$$

那么, 对 $-\infty \leqslant r < s \leqslant +\infty$, 下面的关系成立

$$M_r(f) < M_s(f)$$

除非有三种特殊情形: (a) $M_r(f) = M_s(f) = +\infty$, 只有在 $r \geqslant 0$ 时才会出现;
(b) $M_r(f) = M_s(f) = 0$, 只有在 $s \leqslant 0$ 时才会出现; (c) f 为常数.

回到网格生成的问题上来, 我们取 $w = \sqrt{|G|}$, $f = 1/(|J|\sqrt{|G|})$, $r = 1$, $s = q$,
$q > 1$ 是任一实数, 根据引理可以得到

$$\int_{\Omega_p} \frac{\sqrt{|G|}}{|J|\sqrt{|G|}} d\boldsymbol{x} = \int_{\Omega_c} d\boldsymbol{\xi} \leqslant \left(\int_{\Omega_p} \frac{\sqrt{|G|}}{(|J|\sqrt{|G|})^q} d\boldsymbol{x} \right)^{1/q}, \tag{5.9}$$

其中等号只有在满足 (5.8) 时才会成立. 我们寻找的网格映射可以尽可能极小化
(5.9) 的左右两端之差, 很自然地, 与均匀等分布网格有关的泛函可以定义为

$$I_{\mathrm{ep}}[\boldsymbol{\xi}] = \int_{\Omega_p} \frac{\sqrt{|G|}}{(|J|\sqrt{|G|})^q} d\boldsymbol{x},$$

取 $q = 2$, 这个泛函就变成了最小二乘的泛函

$$I_{\mathrm{ep}}[\boldsymbol{\xi}] = \int_{\Omega_p} \frac{\sqrt{|G|}}{(|J|\sqrt{|G|})^2} d\boldsymbol{x} = \int_{\Omega_p} \frac{1}{\sqrt{|G|}} \left(\det\left(\frac{\partial \boldsymbol{\xi}}{\partial \boldsymbol{x}} \right) \right)^2 d\boldsymbol{x}. \tag{5.10}$$

单独使用泛函 (5.7) 或者 (5.10) 都不会得到满意的网格, 它们各自代表了某一个方面的性质, 很自然地我们可以用加权的方法把二者结合在一起使用.

由 (5.6) 可以得到

$$n^{nq/2} \int_{\Omega_p} \frac{\sqrt{|G|}}{(|J|\sqrt{|G|})^q} d\boldsymbol{x} \leqslant \int_{\Omega_p} \sqrt{|G|} \left(\sum_i (\nabla \xi^i)^{\mathrm{T}} G^{-1} \nabla \xi^i \right)^{nq/2} d\boldsymbol{x}. \qquad (5.11)$$

对给定的 $\theta \in [0,1]$, (5.9) 的两端相减, (5.11) 的两端相减, 二者做一个加权组合可得

$$\theta \left[\int_{\Omega_p} \sqrt{|G|} \left(\sum_i (\nabla \xi^i)^{\mathrm{T}} G^{-1} \nabla \xi^i \right)^{nq/2} d\boldsymbol{x} - n^{nq/2} \int_{\Omega_p} \frac{\sqrt{|G|}}{(|J|\sqrt{|G|})^q} d\boldsymbol{x} \right]$$
$$+ (1-\theta) n^{nq/2} \left[\int_{\Omega_p} \frac{\sqrt{|G|}}{(|J|\sqrt{|G|})^q} d\boldsymbol{x} - \left(\int_{\Omega_p} d\boldsymbol{\xi} \right)^q \right].$$

第一部分是对各向同性的要求, 第二部分是对均匀等分布的要求. 最小化下面这个泛函

$$I[\boldsymbol{\xi}] = \theta \int_{\Omega_p} \sqrt{|G|} \left(\sum_i (\nabla \xi^i)^{\mathrm{T}} G^{-1} \nabla \xi^i \right)^{nq/2} d\boldsymbol{x} + (1-2\theta) n^{nq/2} \int_{\Omega_p} \frac{\sqrt{|G|}}{(|J|\sqrt{|G|})^q} d\boldsymbol{x},$$
$$(5.12)$$

对一维的情形, 这个泛函简化为

$$I[\xi] = (1-\theta) \int_{\Omega_p} \sqrt{|G|} \left(\frac{1}{\sqrt{|G|}} \frac{\partial \xi}{\partial x} \right)^q dx.$$

当 $nq/2 \geqslant 1$ 时, $I[\boldsymbol{\xi}]$ 的第一部分是凸的, 所以可以保证存在性和唯一性. 但是对于整体的泛函目前还没有这一结论.

为简便起见, 将 (5.12) 写成

$$I[\boldsymbol{\xi}] = \theta \int_{\Omega_p} \left(\sum_i (\nabla \xi^i)^{\mathrm{T}} \bar{G}^{-1} \nabla \xi^i \right)^{\gamma} d\boldsymbol{x} + (1-2\theta) n^{\gamma} \int_{\Omega_p} \frac{\sqrt{|G|}}{(|J|\sqrt{|G|})^q} d\boldsymbol{x},$$

其中

$$\bar{G} = \frac{1}{|G|^{1/(2\gamma)}} G, \quad \gamma = \frac{nq}{2}.$$

记 $\beta = \sum_i (\nabla \xi^i)^{\mathrm{T}} \bar{G}^{-1} \nabla \xi^i$, 假定 $n \geqslant 1$, $q \geqslant 1$ 使得 $\gamma \geqslant 1$, 欧拉–拉格朗日方程就是

$$\nabla \cdot \left(\theta \gamma \beta^{\gamma-1} \bar{G}^{-1} \nabla \xi^i + \frac{(1-2\theta) q n^{\gamma} \sqrt{|G|}}{2} \left(\frac{1}{|J|\sqrt{|G|}} \right)^q \frac{\partial \boldsymbol{x}}{\partial \xi^i} \right) = 0,$$
$$i = 1, \cdots, n.$$

交换变量 $\boldsymbol{x}$ 和 $\boldsymbol{\xi}$, 我们得到守恒的形式

$$\sum_j \frac{\partial}{\partial \xi^j} J(\boldsymbol{a}^i)^{\mathrm{T}} \left(\theta \gamma \beta^{\gamma-1} \bar{G}^{-1} \nabla \xi^i + \frac{(1-2\theta)qn^\gamma \sqrt{|G|}}{2} \left(\frac{1}{|J|\sqrt{|G|}} \right)^q \frac{\partial \boldsymbol{x}}{\partial \xi^i} \right) = 0,$$

$$i = 1, \cdots, n$$

和非守恒的形式

$$\theta \left[\sum_{ij} ((\boldsymbol{a}^i)^{\mathrm{T}} \bar{G}^{-1} \boldsymbol{a}^j) \frac{\partial^2 \boldsymbol{x}}{\partial \xi^i \partial \xi^j} - \sum_i \left((\boldsymbol{a}^i)^{\mathrm{T}} \sum_j \frac{\partial(\bar{G}^{-1})}{\partial \xi^j} \boldsymbol{a}^j \right) \frac{\partial \boldsymbol{x}}{\partial \xi^i} \right]$$

$$+ \frac{\theta(\gamma-1)}{\beta} \left[2 \sum_{ij} \left((\bar{G}^{-1}\boldsymbol{a}^i)(\bar{G}^{-1}\boldsymbol{a}^j)^{\mathrm{T}} \sum_k \boldsymbol{a}^k(\boldsymbol{a}^k)^{\mathrm{T}} \right) \frac{\partial^2 \boldsymbol{x}}{\partial \xi^i \partial \xi^j} \right.$$

$$\left. - \sum_i \left(\sum_j \left((\boldsymbol{a}^i)^{\mathrm{T}} \bar{G}^{-1} \boldsymbol{a}^j \sum_k (\boldsymbol{a}^k)^{\mathrm{T}} \frac{\partial(\bar{G}^{-1})}{\partial \xi^j} \boldsymbol{a}^k \right) \right) \frac{\partial \boldsymbol{x}}{\partial \xi^i} \right]$$

$$+ \frac{(1-2\theta)q(q-1)n^\gamma \sqrt{|G|}}{\gamma \beta^{\gamma-1}(J\sqrt{|G|})^q} \left[\sum_{ij} \left(\boldsymbol{a}_i(\boldsymbol{a}^j)^{\mathrm{T}} \right) \frac{\partial^2 \boldsymbol{x}}{\partial \xi^i \partial \xi^j} \right.$$

$$\left. + \sum_i \left(\frac{1}{\sqrt{|G|}} \frac{\partial \sqrt{|G|}}{\partial \xi^i} \right) \frac{\partial \boldsymbol{x}}{\partial \xi^i} \right] = 0, \qquad (5.13)$$

其中 $\boldsymbol{a}_i \equiv (\partial \boldsymbol{x})/(\partial \xi^i)$, $\boldsymbol{a}^i \equiv \nabla \xi^i$.

我们在网格方程 (5.13) 中加入一个人工的时间导数项 $\dfrac{\partial \boldsymbol{x}}{\partial t}$ 形成 MMPDE, 然后所有的项都用中心差分离散. 数值实验表明 q 和 θ 的选择并不是非常重要, 一般来讲, 选择 $q = 2$ 和 $0.1 \leqslant \theta \leqslant 0.5$ 比较合适. θ 不能太接近 0, 否则 $I[\boldsymbol{\xi}]$ 变成非凸, 那么极小化 $I[\boldsymbol{\xi}]$ 就会遇到困难.

例 5.1　用本节介绍的移动网格方法生成二元函数

$$u(x,y) = e^{-100((x-0.5)^2 + (y-0.5)^2)}, \quad (x,y) \in [0,1]^2$$

对应的自适应网格.

我们用网格方程 (5.13) 和控制函数 $G = I + \nabla u(\nabla u)^{\mathrm{T}}$ 来获得自适应网格, 在图 5.1 中, 给出了两种不同参数下的网格分布, 其中定义函数 $D(\boldsymbol{x})$ 为

$$D(\boldsymbol{x}) \equiv \frac{\mathrm{tr}(A)}{2\sqrt{\det(A)}}, \quad A = J^{-1}G^{-1}J^{-\mathrm{T}}.$$

$D(\boldsymbol{x})$ 可以衡量网格分布与正交分布之间的差距. $\mathrm{EP}(\boldsymbol{x})$ 定义为

$$\mathrm{EP}(\boldsymbol{x}) = \frac{J\sqrt{|G|}}{c},$$

其中 $c = (1/|\Omega_c|) \int_\Omega \sqrt{|G|} d\boldsymbol{x}$, $\mathrm{EP}(\boldsymbol{x})$ 可以衡量网格分布与等分布之间的差距.

如果我们取 $\theta = 0$ 就会得到 Winslow 对应等分布原理所产生的网格, θ 越小, 网格就越接近等分布, 其自适应程度就越高. 相反, θ 越大, 网格的正则性就越高, 偏离自适应就越远, 这个现象可以从图 5.1 反映出来.

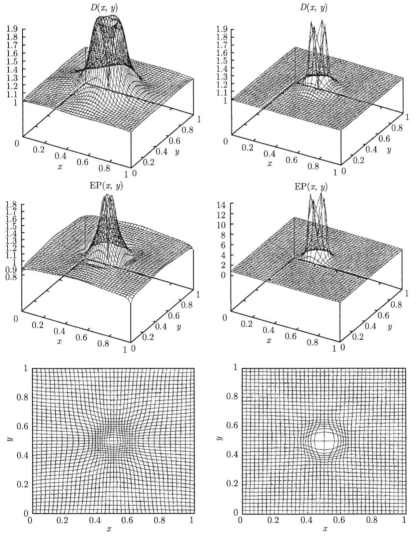

图 5.1 左列对应参数 $q = 2, \theta = 0.1$, 右列对应参数 $q = 2, \theta = 0.5$

5.2　形变的方法产生移动网格

形变的方法是 Moser[129] 在研究黎曼流形的体积元时引入的, 这一方法在 [109] 中通过修改后用于生成自适应网格, 在 [116] 中被用来求解二维可压的欧拉方程组. 我们先看一个数学问题: 设 Ω 是一个有界的区域并且有光滑的边界 $\partial\Omega$, $f(\boldsymbol{x})$ 是 Ω 上的光滑函数, 满足 $f(\boldsymbol{x}) > 0$ 以及

$$\int_{\Omega} \left(\frac{1}{f} - 1 \right) d\boldsymbol{x} = 0.$$

我们的问题是要找到一个一一对应的变换 $\phi : \Omega \to \Omega$ 使得

$$\begin{cases} \det \nabla \phi(\boldsymbol{x}) = f(\phi(\boldsymbol{x})), & \boldsymbol{x} \in \Omega, \\ \phi(\boldsymbol{x}) = \boldsymbol{x}, & \boldsymbol{x} \in \partial\Omega. \end{cases} \tag{5.14}$$

在移动网格问题上, 我们可以把 $\boldsymbol{x}$ 看作初始网格 (或者说旧网格) 的坐标, 把 $\phi(\boldsymbol{x})$ 看作是新网格的坐标, $f(\phi(\boldsymbol{x}))$ 可以看作是网格变换的雅可比行列式, 或者是新生成网格的单元体积. 这样一来我们的目标是寻找一套满足给定网格单元的体积分布的新网格.

我们通过下面三个步骤实现这个目标.

第一步: 构造 $\boldsymbol{v} : \Omega \to \mathbf{R}^n$, 满足

$$\begin{cases} \nabla \cdot \boldsymbol{v}(\boldsymbol{x}) = h(\boldsymbol{x}) - 1, & \boldsymbol{x} \in \Omega, \\ \boldsymbol{v}(\boldsymbol{x}) = 0, & \boldsymbol{x} \in \partial\Omega, \end{cases}$$

其中 $h(\boldsymbol{x}) = \dfrac{1}{f(\boldsymbol{x})}$;

第二步: 固定 $\boldsymbol{x} \in \Omega$, 解形变方程

$$\begin{cases} \dfrac{d}{dt} \varphi(\boldsymbol{x}, t) = \eta(\varphi(\boldsymbol{x}, t), t), & 0 < t < 1, \\ \varphi(\boldsymbol{x}, 0) = \boldsymbol{x}, & t = 0, \end{cases}$$

其中 t 是一个人工的时间小参数, 形变向量场 $\boldsymbol{\eta}$ 定义为

$$\boldsymbol{\eta}(\boldsymbol{y}, t) = \frac{-\boldsymbol{v}(\boldsymbol{y})}{(1 - t) + t h(\boldsymbol{y})};$$

第三步: 设置

$$\phi(\boldsymbol{x}) = \varphi(\boldsymbol{x}, 1).$$

由以上这几步得到的 ϕ 正好满足 (5.14) 的要求, 下面给一个简单的推导. 文献 [109] 证明了形如下面定义的 H,

$$H(t, \boldsymbol{x}) = \det \nabla \varphi(\boldsymbol{x}, t)[(1 - t) + th(\varphi(\boldsymbol{x}, t))],$$

它与时间参数 t 无关. 因此,

$$H(0, \boldsymbol{x}) = H(1, \boldsymbol{x}).$$

这等价于

$$h(\varphi(\boldsymbol{x}, 1)) \det \nabla \varphi(\boldsymbol{x}, 1) = \det \nabla \varphi(\boldsymbol{x}, 0),$$

也就是

$$h(\phi(\boldsymbol{x})) \det \nabla \phi(\boldsymbol{x}) = 1.$$

这就是 (5.14) 所要求的条件.

我们以二维 $(n = 2)$ 的情况为例说明如何实现数值计算, 在第一步 $\boldsymbol{v}$ 可以用一个单值函数的梯度和另外一个实值函数的旋度之和来表示, 即

$$\boldsymbol{v} = \nabla w + \mathrm{curl}\, b. \tag{5.15}$$

二维情形的旋度定义为 $\mathrm{curl}\, b = (b_y, -b_x)$. 旋度这一项的加入是保证边界上的点的分布保持不变. 由于旋度的散度运算为零, 所以第一步的问题可以写成

$$\Delta w = h(\boldsymbol{x}) - 1, \quad \boldsymbol{x} \in \Omega, \tag{5.16}$$

并满足 Neumann 边界条件

$$\frac{\partial w}{\partial \boldsymbol{n}} = 0, \quad \boldsymbol{x} \in \partial\Omega.$$

(5.16) 的标准张量形式是

$$\begin{aligned}
\Delta w &= \frac{1}{\sqrt{g}} \left[\frac{\partial}{\partial \xi} \sqrt{g} \boldsymbol{g}^\xi \cdot \left(\boldsymbol{g}^\xi \frac{\partial w}{\partial \xi} + \boldsymbol{g}^\eta \frac{\partial w}{\partial \eta} \right) \right. \\
&\quad \left. + \frac{\partial}{\partial \eta} \sqrt{g} \boldsymbol{g}^\eta \cdot \left(\boldsymbol{g}^\xi \frac{\partial w}{\partial \xi} + \boldsymbol{g}^\eta \frac{\partial w}{\partial \eta} \right) \right] \\
&= h(\xi, \eta) - 1,
\end{aligned} \tag{5.17}$$

其中 $\boldsymbol{g}^\xi = (\xi_x, \eta_x)^\mathrm{T}$, $\boldsymbol{g}^\eta = (\eta_x, \eta_y)^\mathrm{T}$, $\sqrt{g}$ 是变换的雅可比行列式

$$\sqrt{g} = \det \begin{pmatrix} \dfrac{\partial x}{\partial \xi} & \dfrac{\partial x}{\partial \eta} \\ \dfrac{\partial y}{\partial \xi} & \dfrac{\partial y}{\partial \eta} \end{pmatrix}.$$

我们在计算平面 (ξ, η) 上离散 (5.17) 会得到

$$
\begin{aligned}
\frac{1}{(\sqrt{g})_{ij}} & \Bigg\{ \sqrt{(g)_{i+\frac{1}{2},j}} \boldsymbol{g}^{\xi}_{i+\frac{1}{2},j} \cdot \left(\boldsymbol{g}^{\xi}_{i+\frac{1}{2},j} \left(\frac{\partial w}{\partial \xi} \right)_{i+\frac{1}{2},j} + \boldsymbol{g}^{\eta}_{i+\frac{1}{2},j} \left(\frac{\partial w}{\partial \eta} \right)_{i+\frac{1}{2},j} \right) \\
& - \sqrt{(g)_{i-\frac{1}{2},j}} \boldsymbol{g}^{\xi}_{i-\frac{1}{2},j} \cdot \left(\boldsymbol{g}^{\xi}_{i-\frac{1}{2},j} \left(\frac{\partial w}{\partial \xi} \right)_{i-\frac{1}{2},j} + \boldsymbol{g}^{\eta}_{i-\frac{1}{2},j} \left(\frac{\partial w}{\partial \eta} \right)_{i-\frac{1}{2},j} \right) \\
& + \sqrt{(g)_{i,j+\frac{1}{2}}} \boldsymbol{g}^{\eta}_{i,j+\frac{1}{2}}, \cdot \left(\boldsymbol{g}^{\xi}_{i,j+\frac{1}{2}} \left(\frac{\partial w}{\partial \xi} \right)_{i,j+\frac{1}{2}} + \boldsymbol{g}^{\eta}_{i,j+\frac{1}{2}} \left(\frac{\partial w}{\partial \eta} \right)_{i,j+\frac{1}{2}} \right) \\
& - \sqrt{(g)_{i,j-\frac{1}{2}}} \boldsymbol{g}^{\eta}_{i,j-\frac{1}{2}}, \cdot \left(\boldsymbol{g}^{\xi}_{i,j-\frac{1}{2}} \left(\frac{\partial w}{\partial \xi} \right)_{i,j-\frac{1}{2}} + \boldsymbol{g}^{\eta}_{i,j-\frac{1}{2}} \left(\frac{\partial w}{\partial \eta} \right)_{i,j-\frac{1}{2}} \right) \Bigg\}
\end{aligned}
$$

$$
= h_{ij} - 1.
$$

上式中的一阶导数如 $(w_\xi)_{i-\frac{1}{2},j}$ 等都是用标准的中心差分来近似. 计算得到 w_{ij} 以后, 再通过中心差分离散 (5.15) 得到 $(v)_{ij}$, 到此第一步计算已经完成. 第二、三步实际上就是常微分方程的计算, 我们可以使用标准的 Runge-Kutta 方法求解. 文献 [116] 中, 本节所介绍的基于形变的移动网格方法被应用到求解定义在机翼区域上的流体力学的欧拉方程组上. 图 5.2 展示了 NACA0012 机翼的均匀网格和本节介绍的相变方法产生的移动网格以及它们分别对应的马赫数 (MACH) 等高线图. 可以看出在机翼的上部有个非常强的激波, 在下部有个比较弱的激波. 利用均匀网格计算的激波带比较宽厚, 而在自适应移动网格下计算的激波带比较窄薄, 后者比较符合理论上的分析, 即当黏性趋于零时, 激波带的厚度也趋于零, 因此可以看出在机翼扰流问题上移动网格技术有明显的优越性.

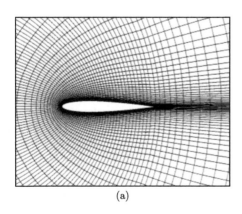

(a)

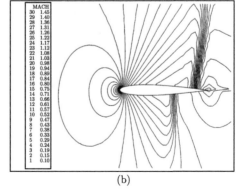

(b)

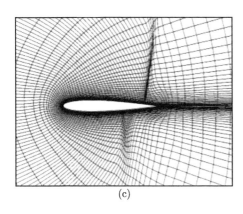
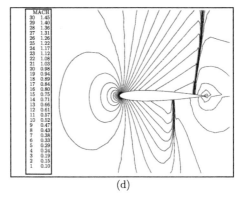

图 5.2 NACA0012 机翼网格和马赫数等高线分布. (a) 表示均匀网格; (b) 表示均匀网格下计算的马赫数等高线; (c) 表示自适应移动网格; (d) 表示自适应网格下计算的马赫数等高线分布

5.3 基于几何守恒律的移动网格方法

这一节我们介绍的这种方法以网格速度为目标, 而不是直接确定网格点的位置坐标. 几何守恒律方程和我们推导流体力学的守恒律方程的过程是类似的, 而且形式上也很接近. 设 A_c 是计算平面 Ω_c 上一个任意的、固定的小单元, $A(t) = \{x | x = x(\boldsymbol{\xi}, t), \forall \boldsymbol{\xi} \in A_c\}$ 是对应的物理平面 Ω_p 上的单元, 依赖于时间的坐标变换是 $x = x(\boldsymbol{\xi}, t)$. A 的体积变化应该等于穿过 A 的表面 ∂A 的流量, 也就是

$$\frac{d}{dt} \int_{A(t)} dx = \int_{\partial A(t)} x_t \cdot dS,$$

其中 x_t 是网格速度, 这就是积分形式的几何守恒律 (geometric conservation law, GCL). 利用变量替换, 左端可以重新写成

$$\frac{d}{dt} \int_{A(t)} dx = \frac{d}{dt} \int_{A_c} J(\boldsymbol{\xi}, t) d\boldsymbol{\xi} = \int_{A_c} \frac{D}{Dt} J(\boldsymbol{\xi}, t) d\boldsymbol{\xi},$$

其中 $\dfrac{D}{Dt}$ 是在坐标平面 $(\boldsymbol{\xi}, t)$ 上的时间导数, 在流体力学中被称为随体导数, 它与物理平面 (x, t) 上的导数有关,

$$\frac{D}{Dt} = \frac{\partial}{\partial t} + x_t \cdot \nabla,$$

由散度定理, 积分形式的 GCL 的右端可以写成

$$\int_{\partial A(t)} x_t \cdot dS = \int_{A(t)} \nabla \cdot x_t dx = \int_{A_c} (\nabla \cdot x_t) J d\boldsymbol{\xi}.$$

由于我们取的 A_c 是任意的, 那么微分形式的 GCL 就是

$$\nabla \cdot \boldsymbol{x}_t = \frac{1}{J}\frac{DJ}{Dt}. \tag{5.18}$$

最简单最直接的方式就是把网格变换的雅可比行列式设置成下面的形式

$$J(\boldsymbol{\xi}, t) = \frac{c(\boldsymbol{\xi})}{\rho(\boldsymbol{x}(\boldsymbol{\xi}, t), t)}, \tag{5.19}$$

其中 $\rho = \rho(\boldsymbol{x}, t)$ 是读者自己定义的控制函数, 它的大小一定要反映当前所计算的问题的奇异程度, $c(\boldsymbol{\xi})$ 是由初始的坐标变换所决定的与时间无关的函数. 把 (5.19) 代入 (5.18) 得到

$$\nabla \cdot \boldsymbol{x}_t = -\frac{1}{\rho}\frac{D\rho}{Dt}$$

或者

$$\rho \nabla \cdot \boldsymbol{x}_t = -\frac{\partial \rho}{\partial t} - \boldsymbol{x}_t \cdot \nabla \rho.$$

最后的 GCL 形式是

$$\nabla \cdot (\rho \boldsymbol{x}_t) + \frac{\partial \rho}{\partial t} = 0. \tag{5.20}$$

(5.20) 中并不显含计算平面的变量, 它是直接定义在物理平面上的, $\boldsymbol{x}_t$ 是物理平面上的向量场. 我们需要增加另外的条件以保证解的唯一性.

我们假定边界上的点在移动的过程中不允许跑出边界, 所以边界条件是

$$\boldsymbol{x}_t \cdot \boldsymbol{n} = 0, \quad \boldsymbol{x} \in \partial\Omega_p.$$

我们还假定物理区域 Ω_p 也不随时间改变, 对 (5.20) 使用散度定理得到相容性条件

$$\frac{d}{dt}\int_{\Omega_p} \rho(\boldsymbol{x}, t)d\boldsymbol{x} = 0. \tag{5.21}$$

实际上 (5.21) 也可以由 (5.19) 得到, 因为

$$\int_{\Omega_p} \rho d\boldsymbol{x} = \int_{\Omega_p} \rho J d\boldsymbol{\xi} = \int_{\Omega_c} c(\boldsymbol{\xi})d\boldsymbol{\xi}.$$

如果我们将 ρ 看作密度, 那么 (5.21) 就表示了质量守恒. 这是流体力学中最基本的方程.

现在我们以 (5.20) 为基础来导出移动网格的变分形式, 给定 $\rho(\boldsymbol{x}, t)$ 以后, (5.20) 只能确定向量场的散度并不足以唯一确定网格速度. Helmholtz 分解定理表明: 一个连续可微的向量场可以分解成一个标量的梯度和一个向量场的旋度的

正交和, 从这个定理我们得到启发, (5.20) 确定了速度场的散度, 所以需要再指定旋度

$$\nabla \times w(\boldsymbol{v} - \boldsymbol{u}) = 0, \quad \boldsymbol{x} \in \Omega_p, \tag{5.22}$$

其中 w 是一个权函数, $\boldsymbol{u}$ 是要给出的速度场. 在后面我们会讨论如何给定这两个函数. 为避免混淆, 我们用 $\boldsymbol{v}$ 表示网格速度场, $\boldsymbol{x}_t$ 表示坐标变换 $\boldsymbol{x} = \boldsymbol{x}(\boldsymbol{\xi}, t)$ 的时间导数.

(5.22) 说明存在一个势函数 ϕ 满足

$$\boldsymbol{v} = \boldsymbol{u} + \frac{1}{w}\nabla\phi. \tag{5.23}$$

我们把 (5.23) 代入 (5.20) 再加上边界条件

$$\boldsymbol{v} \cdot \boldsymbol{n} = 0, \quad \boldsymbol{x} \in \partial\Omega, \tag{5.24}$$

得到关于 ϕ 的椭圆型方程

$$\nabla \cdot \left(\frac{\rho}{w}\nabla\phi\right) = -\frac{\partial\rho}{\partial t} - \nabla \cdot (\rho\boldsymbol{u}), \quad \boldsymbol{x} \in \Omega_p,$$
$$\frac{\partial\phi}{\partial\boldsymbol{n}} = -w\boldsymbol{u}\cdot\boldsymbol{n}, \quad \boldsymbol{x} \in \partial\Omega_p.$$

求解得到 $\phi(\boldsymbol{x},t)$, 然后物理的网格坐标 $\boldsymbol{x} = \boldsymbol{x}(\boldsymbol{\xi},t)$ 可以从初始的 $\boldsymbol{x}(\boldsymbol{\xi},0)$ 和下面的式子得到

$$\boldsymbol{x}_t = \boldsymbol{u}(\boldsymbol{x},t) + \frac{1}{w(\boldsymbol{x},t)}\nabla\phi(\boldsymbol{x},t).$$

另外一种方式, 我们可以用最小二乘的框架写出一个关于网格速度的泛函, 那就是

$$I[\boldsymbol{v}] = \frac{1}{2}\int_{\Omega_p}\left(\left|\nabla \cdot (\rho\boldsymbol{v}) + \frac{\partial\rho}{\partial t}\right|^2 + \left(\frac{\rho}{w}\right)^2|\nabla \times w(\boldsymbol{v} - \boldsymbol{u})|^2\right)d\boldsymbol{x},$$

在满足边界条件 (5.24) 的函数空间中最小化这个泛函, 从而得到网格速度, 然后网格坐标为

$$\boldsymbol{x}_t(\boldsymbol{\xi},t) = \boldsymbol{v}(\boldsymbol{x}(\boldsymbol{\xi},t),t), \quad \boldsymbol{\xi} \in \Omega_c.$$

下面给出几种基于 GCL 的移动网格完整的计算公式. 第一种方法是用欧拉–拉格朗日形式再加上边界条件, 形成关于网格的方程组, 即

$$\begin{cases} -\rho\nabla\left(\nabla \cdot (\rho\boldsymbol{x}_t) + \frac{\partial\rho}{\partial t}\right) + w\nabla \times \left(\frac{\rho}{w}\right)^2(\nabla \times w(\boldsymbol{x}_t - \boldsymbol{u})) = 0, & \boldsymbol{x} \in \Omega_p, \\ \boldsymbol{x}_t \cdot \boldsymbol{n} = 0, & \boldsymbol{x} \in \partial\Omega_p, \\ (\nabla \times w(\boldsymbol{x}_t - \boldsymbol{u})) \times \boldsymbol{n} = 0, & \boldsymbol{x} \in \partial\Omega_p. \end{cases}$$

第二种方法是通过解势函数 ϕ 来求网格

$$
\begin{cases}
\boldsymbol{x}_t = \boldsymbol{u}(\boldsymbol{x},t) + \dfrac{1}{w(\boldsymbol{x},t)}\nabla\phi(\boldsymbol{x},t), & \boldsymbol{x}\in\Omega_p, \\[2mm]
\nabla\cdot\left(\dfrac{\rho}{w}\nabla\phi\right) = -\dfrac{\partial\rho}{\partial t} - \nabla\cdot(\rho\boldsymbol{u}), & \boldsymbol{x}\in\Omega_p, \\[2mm]
\dfrac{\partial\phi}{\partial\boldsymbol{n}} = -w\boldsymbol{u}\cdot\boldsymbol{n}, & \boldsymbol{x}\in\partial\Omega_p.
\end{cases}
$$

第三种方法是通过直接最小化泛函 $I[\boldsymbol{v}]$, 然后再计算速度场 $\boldsymbol{v}(\boldsymbol{x},t) = \boldsymbol{x}_t$,

$$
\begin{cases}
\boldsymbol{x}_t = \boldsymbol{v}(\boldsymbol{x},t), & \boldsymbol{x}\in\partial\Omega_p \\
\boldsymbol{v}\ \text{极小化}\ I[\boldsymbol{v}]\ \text{且满足}\ \boldsymbol{v}\cdot\boldsymbol{n} = 0, \boldsymbol{x}\in\partial\Omega_p \\
\boldsymbol{v}\cdot\boldsymbol{n} = 0, & \boldsymbol{x}\in\partial\Omega_p.
\end{cases}
$$

另外还有一种可能的方法是通过求解散度--旋度方程组

$$
\begin{cases}
\boldsymbol{x}_t = \boldsymbol{v}(\boldsymbol{x},t), & \boldsymbol{x}\in\Omega_p, \\[2mm]
\nabla\cdot(\rho\boldsymbol{v}) + \dfrac{\partial\rho}{\partial t} = 0, & \boldsymbol{x}\in\Omega_p, \\[2mm]
\nabla\times w(\boldsymbol{v}-\boldsymbol{u}) = 0, & \boldsymbol{x}\in\Omega_p, \\[2mm]
\boldsymbol{v}\cdot\boldsymbol{n} = 0, & \boldsymbol{x}\in\partial\Omega_p.
\end{cases}
$$

Russell 等[41] 对一些比较复杂的解析函数用 GCL 的移动网格方法得到了满意的网格分布. 具体算例可参考文献 [41] 及后续的工作.

5.4　Brackbill 方法

Brackbill 和 Saltzman[32] 通过极小化几个表达网格性质的泛函的线性组合来控制网格的光滑性、正交性等性质. 这种方法可以说是 Winslow 方法的一个推广, 和以往一样, 假定我们有一个固定不变的计算区域 (或者叫做逻辑区域), 与之对应的变量记作 (ξ,η), 我们的目的是寻找一个映射 $(x(\xi,\eta),y(\xi,\eta))$, 从而得到对应的物理平面上的网格分布. 这个映射整体的光滑性可以用下面的积分来表示

$$
I_s = \int_D (|\nabla\xi|^2 + |\nabla\eta|^2)dV. \tag{5.25}
$$

映射的正交性用下面的积分来度量

$$
I_o = \int_D (\nabla\xi\cdot\nabla\eta)^2 dV, \tag{5.26}
$$

或者用体积加权的形式来表示

$$
I_o' = \int_D (\nabla\xi\cdot\nabla\eta)^2 J^3 dV.
$$

以体积加权的总体的变差是

$$I_v = \int_D wJdV, \tag{5.27}$$

其中 $w = w(x,y)$ 是给定的函数.

很自然地, 我们可以想象极小化 I_s 得到最光滑的映射, 极小化 I'_o 得到最正交的映射, 值得注意的是, 我们不能分别极小化 I_s 和 I'_o, 因为这个问题没有唯一解, 但是我们可以考虑用它们的一个线性组合

$$I = I_s + \lambda_v I_v + \lambda'_o I'_o, \quad \lambda_v \geqslant 0, \ \lambda'_o \geqslant 0.$$

下面我们要推出以上各个变分形式的欧拉方程组.

通过变量变换, 度量光滑性的积分 (5.25) 可以写成

$$I_s = \int_1^M \int_1^N \frac{x_\xi^2 + x_\eta^2 + y_\xi^2 + y_\eta^2}{J} d\xi d\eta,$$

那么对应的欧拉方程组就是

$$B(\alpha x_{\xi\xi} - 2\beta x_{\xi\eta} + \gamma x_{\eta\eta}) - A(\alpha y_{\xi\xi} - 2\beta y_{\xi\eta} + \gamma y_{\eta\eta}) = 0,$$
$$-A(\alpha x_{\xi\xi} - 2\beta x_{\xi\eta} + \gamma x_{\eta\eta}) + C(\alpha y_{\xi\xi} - 2\beta y_{\xi\eta} + \gamma y_{\eta\eta}) = 0,$$

其中

$$A = x_\xi y_\xi + x_\eta y_\eta, \quad B = y_\xi^2 + y_\eta^2, \quad C = x_\xi^2 + x_\eta^2,$$
$$\alpha = (x_\eta^2 + y_\eta^2)/J^3, \quad \beta = (x_\xi x_\eta + y_\xi y_\eta)/J^3, \quad \gamma = (x_\xi^2 + y_\xi^2)/J^3.$$

显然, 如果 $A^2 - BC \neq 0$, 那么这个欧拉方程组可以约化成 Winslow 的网格方程

$$\alpha x_{\xi\xi} - 2\beta x_{\xi\eta} + \gamma x_{\eta\eta} = 0,$$
$$\alpha y_{\xi\xi} - 2\beta y_{\xi\eta} + \gamma y_{\eta\eta} = 0.$$

但是我们无法在后面的复合的欧拉方程组中做这样的消去运算, 所以还是把它写成标准的形式

$$b_{s1} x_{\xi\xi} + b_{s2} x_{\xi\eta} + b_{s3} x_{\eta\eta} + a_{s1} y_{\xi\xi} + a_{s2} y_{\xi\eta} + a_{s3} y_{\eta\eta} = 0,$$
$$a_{s1} x_{\xi\xi} + a_{s2} x_{\xi\eta} + a_{s3} x_{\eta\eta} + c_{s1} y_{\xi\xi} + c_{s2} y_{\xi\eta} + c_{s3} y_{\eta\eta} = 0, \tag{5.28}$$

其中

$$a_{s1} = -A\alpha, \quad b_{s1} = B\alpha, \quad c_{s1} = C\alpha,$$

$$a_{s2} = 2A\beta, \quad b_{s2} = -2B\beta, \quad c_{s2} = -2C\beta,$$
$$a_{s3} = -A\gamma, \quad b_{s3} = B\gamma, \quad c_{s3} = C\gamma.$$

经过变量变换, 度量变差的积分 (5.27) 可以写成

$$I_v = \int_1^M \int_1^N wJ^2 d\xi d\eta,$$

对应的欧拉方程组是

$$2w(b_{v1}x_{\xi\xi} + b_{v2}x_{\xi\eta} + b_{v3}x_{\eta\eta} + a_{v1}y_{\xi\xi} + a_{v2}y_{\xi\eta} + a_{v3}y_{\eta\eta}) = -J^2\frac{\partial w}{\partial x},$$
$$2w(a_{v1}x_{\xi\xi} + a_{v2}x_{\xi\eta} + a_{v3}x_{\eta\eta} + c_{v1}y_{\xi\xi} + c_{v2}y_{\xi\eta} + c_{v3}y_{\eta\eta}) = -J^2\frac{\partial w}{\partial y}, \quad (5.29)$$

其中系数表示如下

$$a_{v1} = -x_\eta y_\eta, \quad b_{v1} = y_\eta^2, \quad c_{v1} = x_\eta^2,$$
$$a_{v2} = x_\xi y_\eta + x_\eta y_\xi, \quad b_{v2} = -2y_\xi y_\eta, \quad c_{v2} = -2x_\xi x_\eta,$$
$$a_{v3} = -x_\xi y_\xi, \quad b_{v3} = y_\xi^2, \quad c_{v3} = x_\xi^2.$$

对正交性的积分 (5.26) 做同样的处理

$$I_o' = \int_1^M \int_1^N (x_\xi x_\eta + y_\xi y_\eta)^2 d\xi d\eta,$$

它的标准形式的欧拉方程组是

$$b_{o1}x_{\xi\xi} + b_{o2}x_{\xi\eta} + b_{o3}x_{\eta\eta} + a_{o1}y_{\xi\xi} + a_{o2}y_{\xi\eta} + a_{o3}y_{\eta\eta} = 0,$$
$$a_{o1}x_{\xi\xi} + a_{o2}x_{\xi\eta} + a_{o3}x_{\eta\eta} + c_{o1}y_{\xi\xi} + c_{o2}y_{\xi\eta} + c_{o3}y_{\eta\eta} = 0, \quad (5.30)$$

对应的系数是

$$a_{o1} = x_\eta y_\eta, \quad b_{o1} = x_\eta^2, \quad c_{o1} = y_\eta^2,$$
$$a_{o2} = x_\xi y_\eta + x_\eta y_\xi, \quad b_{o2} = 2(2x_\xi x_\eta + y_\xi y_\eta), \quad c_{o2} = 2(x_\xi x_\eta + 2y_\xi y_\eta),$$
$$a_{o3} = x_\xi y_\xi, \quad b_{o3} = x_\xi^2, \quad c_{o3} = y_\xi^2.$$

所有这些欧拉方程组加起来以后的系数就是

$$b_1 x_{\xi\xi} + b_2 x_{\xi\eta} + b_3 x_{\eta\eta} + a_1 y_{\xi\xi} + a_2 y_{\xi\eta} + a_3 y_{\eta\eta} = 0,$$
$$a_1 x_{\xi\xi} + a_2 x_{\xi\eta} + a_3 x_{\eta\eta} + c_1 y_{\xi\xi} + c_2 y_{\xi\eta} + c_3 y_{\eta\eta} = 0. \quad (5.31)$$

这就是 Brackbill 和 Saltzman 发展的网格方程, 其中的系数是

$$a = a_s + \lambda_v a_v + \lambda'_o a_o, \qquad b = b_s + \lambda_v b_v + \lambda'_o b_o,$$
$$c = c_s + \lambda_v c_v + \lambda'_o c_o.$$

这里我们省略了数字下标 123.

在做数值离散时, 所有的与网格有关的导数如 $x_\xi, x_\eta, x_{\xi\xi}, x_{\xi\eta}, x_{\eta\eta}$ 等都是用中心格式来离散的, 将 (5.31) 在计算平面的每一个节点上做离散, 我们得到一个代数方程组, 然后用雅可比迭代法求解 (x_{ij}, y_{ij}). 我们用 R_x, R_y 代表余量误差 (residual error)

$$R_x = (R_s)_x + \lambda_v (R_v)_x + \lambda_o (R_o)_x,$$
$$R_y = (R_s)_y + \lambda_v (R_v)_y + \lambda_o (R_o)_y,$$

其中 R_s, R_v, R_o 分别是 (5.28)—(5.30) 的余量. 假定我们已经进行到 l 步迭代, 那么 $x_{i,j}^{(l+1)}$, $y_{i,j}^{(l+1)}$ 由下面的方程得到

$$0 = R_x^{(l)} + \frac{\partial R_x^{(l)}}{\partial x_{ij}}(x_{ij}^{(l+1)} - x_{ij}^{(l)}) + \frac{\partial R_x^{(l)}}{\partial y_{ij}}(y_{ij}^{(l+1)} - y_{i,j}^{(l)}),$$
$$0 = R_y^{(l)} + \frac{\partial R_y^{(l)}}{\partial x_{ij}}(x_{ij}^{(l+1)} - x_{ij}^{(l)}) + \frac{\partial R_y^{(l)}}{\partial y_{ij}}(y_{ij}^{(l+1)} - y_{ij}^{(l)}),$$

其中

$$\frac{\partial R_x^{(l)}}{\partial x_{ij}} = -2(b_1 + b_3), \quad \frac{\partial R_x^{(l)}}{\partial y_{ij}} = -2(a_1 + a_3) = \frac{\partial R_y^{(l)}}{\partial x_{ij}}, \quad \frac{\partial R_y^{(l)}}{\partial y_{ij}} = -2(c_1 + c_3).$$

雅可比迭代一直进行到每一个节点上的余量 $R_x^{(l)}$, $R_y^{(l)}$ 小于事先给定的参数.

文献 [32] 以数值算例的形式研究了参数 λ_v, λ_o 对网格产生的影响, 如果同时极小化 I_o, I_v 则得不到正交的网格, 因为控制体积的泛函 I_o 会引入某种程度的网格倾斜, 从 [32] 所提供的图表来看, 网格泛函所包含的每一项的作用都可以体现出来, 在图 5.3(a) 中设置 $\lambda_v = 1$, 并使用 Dirichlet 边界条件, 在图 5.3(b) 中, 设置 $\lambda_v = 1$ 并使用正交边界条件, 在图 5.3(c) 中设置 $\lambda'_o = 1$ 并极小化 I_o, 在图 5.3(b) 中, 设置 $\lambda'_v = 1$, 极小化 I'_o. 从图 5.3(a) 和 (b) 可以看出, 正交边界条件可以改善边界网格的正交性而不影响内部的点. 从图 5.3(a) 和 (b) 可以看出, 极小化 I'_o 可以影响到边界和内部网格的正交性, 但是奇异区域的网格除外. 极小化 I'_o 可以显著地使奇异区域的网格趋于正交.

本节介绍的方法是比较早发展的自适应移动网格方法之一, 目前该方法的应用和推广相对较少, 本书在此介绍这一方法, 也是希望读者从泛函的角度对自适应移动网格方法有个更全面的了解.

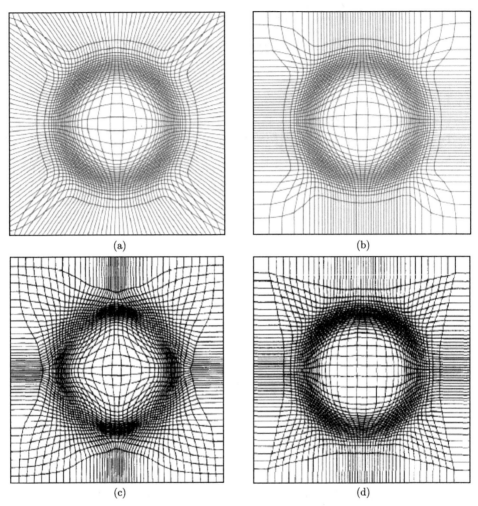

图 5.3　参数对网格的影响. (a) 正交性较弱; (b) 网格只在边界上有正交性; (c) 极小化 I_o 得到的网格; (d) 极小化 I'_o 得到的网格

5.5　变分方法移动网格生成小结

数值计算中, 按一定规律分布于求解区域的离散点的集合称为网格, 产生这些节点的过程就称为网格生成. 网格生成是连接几何模型和数值算法的纽带, 几何模型就是只有被划分成一定标准的网格时才能对其进行数值求解. 一般而言, 网格划分越密, 得到的结果就越精确, 但耗时也越多. 数值计算结果的精度及效率主要取决于网格及划分时所采用的算法, 它和控制方程的求解是数值模拟中最重要的两个环节. 网格生成技术已经发展成为计算流体力学、工业设计等领域的一个重要分支.

网格生成是计算流体力学的基础之一. 建立高质量的计算网格对计算精度和计算效率有重要影响. 网格生成技术的关键指标包括对几何外形的适应性以及生成网格的时间. 对于复杂的计算流体力学问题, 网格生成极为耗时. 因此, 有必要对网格生成方式予以足够的重视.

网格生成方法可以分为好几类. 第一类是保角变换法, 根据复变函数中的保角变换理论、映射得到物理域边界和计算域边界间的对应关系, 进而利用边界的对应关系生成内部节点. 这一方法可以保证物理平面上所生成的网格的正交性, 但仅适用于二维问题. 第二类方法是代数法, 即利用一些代数关系式, 把物理空间中不规则的区域转化为计算空间上规则的区域. 但这类方法自动化程度不高, 需要较多人工干预, 网格质量一般. 第三类方法是微分方程法, 即通过求解微分方程来确定物理空间和计算空间节点坐标之间的对应关系. 一般来说, 如果物理空间边界是封闭的, 则采用椭圆型偏微分方程, 其中拉普拉斯方程和泊松方程是最常用的两种, 得到的网格质量高, 当前应用最广泛. 如果物理区域不是封闭的, 则可采用抛物型或双曲型方程.

本章研究的属于第四类, 从变分原理出发, 通过能量极小化来达到网格生成的目的. 这一方法最早的工作应该属于 Brackbill 和 Saltzman 于 1982 年的工作, 他们提出的网格泛函包含的每一项都有一定的几何或物理意义, 和物理解也建立了紧密的关系. 在过去三十多年里, 由变分原理生成网格的方法得到了比较广泛的应用.

第 6 章 移动有限元方法

本章介绍在有限元离散中进行网格移动的技术. 在使用有限元方法的过程中, 我们最倾向于使用无结构的单纯形网格, 也就是说, 在二维问题中, 我们使用三角形网格, 在三维问题中, 我们使用四面体网格. 使用单纯形网格的简单而直接的原因是这样的网格结构比较稳定, 在进行非常极端的网格移动时, 网格依然表现出良好的性质, 从数值结果可以看出, 这样的方法和结构网格如二维的四边形、三维的六面体网格是有优势的.

6.1 方 法 简 介

这个方法采取使用调和映射构造网格映射的方式来达到实现网格移动的目的. 前面我们已经看到了调和映射的定义, 并看到了调和映射具有的优秀性质: 它仅仅需要逻辑区域的边界在其度量下是凸的, 就能够保证调和映射的存在唯一性. 由于在方法的实现中, 逻辑区域是可以人工选定的, 只要物理区域是一个单连通区域, 就能够简单地将逻辑区域指定为一个凸的欧氏度量的区域. 调和 (映射构造的网格) 还有一个性质就是它可以在某种意义上使得度量尽量少地被扭曲.

假设我们需要求解一个发展偏微分方程的初边值问题, 具有形式

$$\begin{cases} u_t = L(u), \\ Bu|_{\partial\Omega} = u_b, \\ u|_{t=0} = u_0, \end{cases} \tag{6.1}$$

其中 L 是空间方向上的微分算子, B 是边界上的一个微分或者代数算子, 它给定了某个边界条件. 我们在这里并不关心这个偏微分方程的性质, 所以给了一个比较一般的形式, 在后面讨论网格间插值的时候, 会具体讨论几个比较典型的偏微分方程. 为了简单起见, 我们先假设问题区域 Ω 为一个二维的多边形. 假设对于 (6.1), 我们已经设计了有限元求解格式. 具体为, 在空间方向上, 使用 Galerkin 方法, 先将偏微分方程离散成为常微分方程, 然后在时间方向上给定离散格式, 比如为 Runge-Kutta 格式. 这样我们就有了完整的在固定网格上求解 (6.1) 的方案.

现在, 我们将移动网格方法结合到上面的有限元求解格式中去. 前面已经看到, 这种通过极小化能量泛函的移动网格方法需要一个逻辑区域 Ω_c. 对应于 "逻

辑区域"这个词, 我们将问题所在的原始区域 Ω 称为"物理区域". 物理区域上的点记为 $\vec{x}$, 逻辑区域上的点记为 $\vec{\xi}$, x^i 和 ξ^i 分别表示它们的第 i 个分量. 我们可以根据区域 Ω 的特征来给定这个逻辑区域. 从最朴素的观点来看, 我们当然希望逻辑区域就是物理区域. 但是为了保证调和映射的存在性, 需要逻辑区域是一个凸的区域, 从而, 如果 Ω 是一个欧氏凸区域, 我们就可以将 Ω_c 取为 Ω; 如果 Ω 不是一个欧氏的凸区域, 那么可以简单地将 Ω_c 取为一个正多边形, 它的边数和 Ω 的边数相等. 逻辑区域和物理区域的不同将会导致一些由几何度量上的差异带来的因素, 但是调和映射本身会将这个因素的影响消除.

现在有了物理区域 Ω, 根据控制函数将会来赋予这个区域一个度量 G^{ij}, 而在逻辑区域 Ω_c 上, 我们赋予其一个欧氏度量, 这样在给定了映射的 Dirichlet 边界条件 $\vec{\xi}(\vec{x})|_{\partial\Omega} = \vec{\phi}(\vec{x})$ 以后, 从物理区域到逻辑区域的调和映射就是方程

$$\begin{cases} \dfrac{\partial}{\partial x^i}\left(G^{ij}\dfrac{\partial\xi^k}{\partial x^j}\right) = 0, \\ \vec{\xi}|_{\partial\Omega} = \vec{\phi} \end{cases} \tag{6.2}$$

的解[①]. 这个解就是我们移动网格的依据. 图 6.1 显示了我们的网格移动的基本框架.

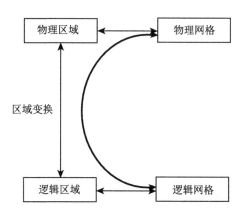

图 6.1 移动网格方法的基本框架

在开始求解这个问题之前, 我们先要对区域 Ω 进行单纯形剖分, 这个可以通

---

① 如果 Ω_c 上不是一个欧氏度量, 而是一个度量形如 $g^{\alpha\beta}$, 那么我们获得的调和映射满足的方程将为

$$\begin{cases} \Delta_{L-B}\xi^k + G^{ij}\Gamma^k_{\alpha\beta}\dfrac{\partial\xi^\alpha}{\partial x^i}\dfrac{\partial\xi^\beta}{\partial x^j} = 0, \\ \vec{\xi}|_{\partial\Omega} = \vec{\phi}, \end{cases} \tag{6.3}$$

其中 Δ_{L-B} 是拉普拉斯–贝尔特拉米 (Laplace-Beltrami) 算子, $\Gamma^k_{\alpha\beta}$ 是 Ω_c 上的克里斯托弗尔符号. 这将是一个非线性的椭圆型方程组.

过一个网格生成软件实现. 我们假设这个通过软件生成的初始网格是一个均匀的
网格, 记为 $\mathcal{T}$, 它的节点记为 X^i. 下面就可以给出实现移动网格方法的具体步骤.

6.2   方法的具体步骤

6.2.1   给出逻辑区域上的网格——逻辑网格

由于我们假设物理区域和逻辑区域具有相同的边数, 从而能够方便地给出一
个物理区域到逻辑区域上的映射的边值条件. 比如非常简单的, 首先将它们对应
的顶点一一对应好, 然后在每条边上建立一个线性映射就可以了. 我们将一个从
$\partial\Omega$ 到 $\partial\Omega_c$ 的给定的映射记为 $\vec{\xi}(\vec{x}) = \vec{\phi}(\vec{x})$, 这是一个多边形的每条边上的分段映
射, 在第 i 条边上为 $\vec{\phi}_i, 1 \leqslant i \leqslant k$, k 是多边形的边的条数. 当然, 也可以将 $\vec{\phi}_i$ 设
定为不是线性映射, 只需要将它给定为一个一一映射就够了.

现在要求解一个 2 维拉普拉斯方程组, 来获得逻辑网格的各个网格点. 这个
方程组为

$$\Delta\xi^k = 0,$$
$$\vec{\xi}|_{\partial\Omega} = \vec{\phi}|_{\partial\Omega}, \tag{6.4}$$

其中 $k = 1, 2$. 通过求解这个方程组, 我们就可以得到物理区域上的每个网格节点
X^i 在逻辑区域上的对应点 Ξ^i, 加上物理区域上的这些网格节点之间的连接关系,
我们就得到了一个逻辑区域上的网格, 这个网格就称为逻辑网格.

方程 (6.4) 的解将 Ω 上的欧氏度量变成 Ω_c 上的诱导度量 $\sum_{i=1}^{2} \frac{\partial\xi^\alpha}{\partial x^i}\frac{\partial\xi^\beta}{\partial x^i}$. 我
们可以看到, 这个度量在逻辑区域上导致了一个非均匀的网格, 但是这个网格在
单元上具有将诱导度量平均化的作用, 所以, 可以将逻辑区域上的逻辑网格看作
物理区域上的物理网格的一个替代品, 而不会有太大的偏差. 通过对相同的物理
区域、不同的逻辑区域上生成的逻辑网格的比较, 我们可以看出, 逻辑区域的选
取对于逻辑网格平均化诱导度量的影响是非常小的. 这个事实说明, 我们对逻辑
区域的选取并不会使逻辑网格对物理区域上的物理网格的逼近程度受到很大的影
响, 从而可以比较自由地选择逻辑区域. 我们选取不同的逻辑区域进行计算的结
果没有明显差别的事实也说明, 逻辑区域的选取并不会对计算的效果造成明显的
影响. 文献 [38] 对这个问题也有一些讨论, 并有相似的观点.

逻辑区域是凸区域的要求使得我们的方法的应用范围受到很多限制, 因为在
欧氏度量下, 凸区域只能是单连通区域. 我们现在仅仅能够考虑使用区域分解方
法来对付多连通区域, 可以在那些事先知道不会有大幅度的网格调整的位置将区
域分割成几个单连通区域, 然后在每个单连通区域上使用我们现在的移动网格方

法, 但是需要事先知道问题的一些性质, 并且在区域之间的边界上会引进一些人工的因素, 这使得实现上比较麻烦一些. 另一个可能的方法是在逻辑区域上引进一个非欧度量, 使得多连通区域的边界也是凸的, 但是这样会导致 (6.2) 不能化为线性形式, 我们将只能通过 (6.3) 来计算网格移动的方向.

6.2.2 控制函数

控制函数是确定物理区域到计算区域的关键因素, 通过选择控制函数, 可以控制网格加密和稀疏化的区域, 网格的质量等关系到计算效果的性态. 所谓控制函数, 是在计算区域上给定一个正定的函数矩阵, 在等分布原则的讨论中我们知道控制函数应该可以指示局部的计算区域网格的质量. 现在, 事实上是要将物理区域上的度量用控制函数来构造, 将物理区域上的度量矩阵取为控制函数的逆. 我们以后总是将控制函数记为 $M = (M_{ij})$, 而将物理区域上的度量记为 $G = (G^{ij}) = M^{-1}$. 由于在二维的情形, 调和映射是比较特殊的, 因此我们还要详细讨论. 由于控制函数的概念由一个函数扩展为一个矩阵, Cao 等[39] 研究了网格加密的情况和控制函数的特征向量、特征值之间的关系 (二维情形, 但是可以推广到高维的情况). 对于控制函数是一个函数乘以一个单位矩阵的情形, 事实上等价于是一个函数的情形, 我们可以看到网格是在控制函数比较大的区域被加密, 在控制函数比较小的区域变得稀疏, 在各个方向上的变化情况都是基本相同的. 如果控制函数是矩阵, 并且特征值不相等, 那么在不同的特征方向, 网格的变化将是不同的. 在特征值大的方向, 网格会比较稠密; 特征值小的方向, 网格比较稀疏, 因此从发展的观点来看, 对于特征值变大的方向, 网格会加密; 对于特征值变小的方向, 网格会变稀疏 (图 6.2). 网格变化的速度和特征值变化的速度是正相关的.

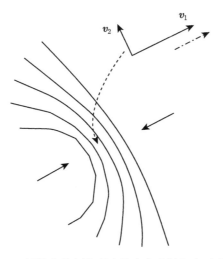

图 6.2 网格在特征值变大的方向上被加密示意图

我们在选取控制函数的时候, 一般希望它仅仅依赖于解和物理区域上的坐标, 也就是说, 希望能够具有形式 $M = M(\vec{u}, x)u$, 其中 u 表示问题的解. 在这样的情况下, 可以保证网格的求解过程是收敛的. 在一些研究[214] 中, 有作者甚至将 M 取得和区域变换本身有关系, 在这样的情况下, 网格的收敛是没有理论的保证的.

在以前的大部分研究中, 控制函数被取为

$$M = \sqrt{1 + \alpha|u|^2 + \beta|\nabla u|^2 + \gamma|\nabla^2 u|^2}$$

这样的形式, 其中 α, β, γ 是正的参数. 在一维情形下, 如果 $\alpha = 0$, $\beta = 1$, $\gamma = 0$, 这个控制函数将会导致弧长坐标系, 这可能是对于一维问题最令人钟情的自适应网格了. 一般来说, 函数值比较大, 函数的梯度比较大, 甚至是二次导数比较大的位置将会是函数本身比较奇异, 或者函数值的变化比较大的地方, 所以, 这个形式的控制函数可以满足一大批问题的需要. Tang 和 Xu 尝试了使用后验误差估计来构造控制函数的方法, 对于变分不等式, 最优控制问题都获得了改进的计算结果[213].

在解本身比较奇异的情况下通过解构造出来的控制函数, 一般也比较奇异. 数值结果表明, 对控制函数进行磨光可以极大地提高计算的精度. 事实上, 磨光是为了保证网格在尺度的过渡上比较连续. 自 20 世纪 80 年代之后的一些文献 ([63], [83], [87]), 开始意识到磨光的重要性, 并且有很多关于磨光方法的研究. 这些磨光方法都是一维的方法, 对于高维的问题, 尤其是对于有限元网格, 不易于直接推广使用. 现在看来, 这些方法都没有普遍的意义, 已经很少有人再使用, 而且网格移动对磨光本身并没有太严格的要求, 仅仅是要求磨光能够保持控制函数的主要轮廓、单调性这样一些主要的性质, 我们就不具体讨论这些磨光的方法了. 尽管调和映射本身也具有一定的磨光效果, 但我们还是需要对控制函数进行一些磨光的操作. 我们希望磨光方法能够保持控制函数的一些主要特点, 最好是易于实现. 控制函数在离散地计算出来以后, 常常是一个分片常数的函数, 我们使用的磨光方法是将它从分片常数的空间投影到分片线性的空间中, 然后再插值到分片常数的空间中, 反复做这个操作就能够将控制函数有效地磨光. 这个投影算子 π_h 在分片常数函数 $f_h = f_i \chi^i$ 上实现方式为

$$\pi_h(f_h)|_{X^i} := \frac{\displaystyle\sum_{T^j : X^i \text{是} T^j \text{的顶点}} f_j |T^j|}{\displaystyle\sum_{T^j : X^i \text{是} T^j \text{的顶点}} |T^j|},$$

其中, $|T^j|$ 表示单元 T^j 的体积. 有结果表明, 这个投影算子是依测度收敛的. 插值算子 π_h^{-1} 在分片线性函数 $f_h = f_i \lambda^i$ 上的实现方式为

$$\pi_h^{-1}(f_h)|_{T^i} := \frac{\displaystyle\sum_{X^j:X^j \text{是}T^i\text{的顶点}} f_j}{\displaystyle\sum_{X^j:X^j \text{是}T^i\text{的顶点}} 1},$$

其中, 分母事实上就是空间的维数 n 加上 1, 整个表达式是单元的各个节点上的值的平均值. 我们可以从图 6.3 中看到这个磨光方式带来的效果.

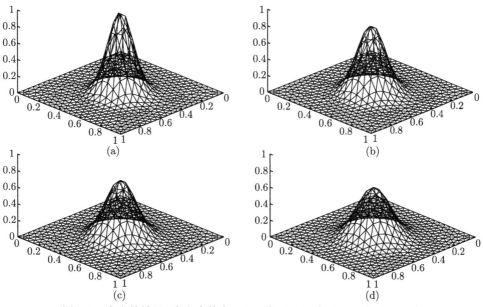

图 6.3 磨光的效果, 磨光次数为 (a) 0 次, (b) 2 次, (c) 4 次, (d) 6 次

对于分片常数的控制函数, 从理论上来说, 是不可能得到高精度的解的, 但幸运的是, 我们并不需要得到一个高精度的解, 我们想要得到的解是以某个很光滑的函数作为控制函数的, 而这个光滑的控制函数在离散了以后, 就恰恰是计算出来的这个分片线性的控制函数, 所以我们得到的解是能够满足我们的要求的, 也就是说, 将离散的控制函数处理为分片常数的函数是足够合理的. 对于使用后验误差构造的控制函数来说, 因为后验误差本身常常就是分片常数的形式, 我们更是只能够将它做成分片常数的形式.

6.2.3 初值的物理网格

我们在处理实际的发展问题时经常遇到这样的情况: 问题的初值是个很奇异的函数, 我们在初始的网格上对这个初值进行逼近时就已经有了很大的误差, 以至于得到很精确的解的期望成为泡影, 比如对于一个黎曼问题这样的间断初值, 对初

值的逼近就不会好, 能够有一阶的精度就是极限了. 因此我们希望对于这种情况,
能够用非均匀的网格对初始值做一个比较好的逼近, 使整个计算能够有一个比较
乐观的开始. 由于现在已经有了一个物理区域上的均匀网格的替代品, 也就是逻
辑网格, 所以我们已经不需要最初给定的物理区域上的均匀网格了. 我们仅仅考
虑初值相当奇异时的处理方法, 对比较光滑的初值, 不需要如此麻烦. 我们主要的
想法是利用一个线性同伦, 将初值从零逐渐变化到这个比较奇异的初值. 将给定
的初值记为 u_0, 我们考虑如下的问题:

$$\begin{cases} u_t = u_0, \\ u|_{\partial\Omega} = t \times u_0|_{\partial\Omega}, \\ u|_{t=0} = 0. \end{cases} \tag{6.5}$$

这是一个我们想要求解的问题 (6.1) 的特例. 它的初值是 0, 当将这个问题求解到
$t = 1$ 时, 就是问题 (6.1) 的初始状态. 我们可以将这个问题的初始物理网格取为
均匀网格, 然后将它求解到 $t = 1$, 并且在求解的过程中使用移动网格, 就可以获
得问题 (6.1) 的初值的物理网格. 之所以要通过这样一个同伦来实现这个过程, 主
要是因为对于比较奇异的初值, 它的控制函数也会比较奇异, 我们直接从均匀网
格开始去获得很奇异的控制函数的网格, 将会有比较大的网格移动步长, 造成计
算上的一些困难, 因为尽管理论上来说, 解将会是个同胚, 但是数值上, 如果步长
太大, 还是可能造成网格的缠绕, 这正是我们要引进一个迭代过程来实现网格移
动的原因. 事实上我们可以通过如下的观点来看待这个同伦: 对于从初值得到的
控制函数 M, 我们通过 t 从 0 变到 1, 逐步计算控制函数 $t \times M$ 的网格, 最后获
得控制函数 M 的网格. 在解这个问题时的时间步长可以取得比较大, 因为事实上
我们不需要求解时间向前的方程 (在时刻 t, 直接代入 $t \times u_0$ 作为解即可). 一般来
说, 取时间步长为 0.1 左右就能够对付非常奇异的初值了.

6.2.4 构造网格的移动向量场

假设已经得到时刻 t 物理网格 $\mathcal{T}_t$ 和逻辑网格上的解函数 $u_h(t)$, 我们通过事
先给定的方式计算出控制函数 M, 在网格 $\mathcal{T}_t$, 求解椭圆型方程组

$$\begin{aligned} \frac{\partial}{\partial x^i}\left(M^{ij}\frac{\partial \xi^k}{\partial x^j}\right) &= 0, \\ \vec{\xi}|_{\partial\Omega} &= \vec{\phi} \end{aligned} \tag{6.6}$$

在弱解空间 $(H^1(\Omega))^n$ 中的解函数 $\xi_h(t)$, 事实上, 首先得到的是物理网格的节点
X_t^i 在调和映射下的像 $\Xi_t^{i,*}$, 我们得到它和逻辑网格之间的差别 $\delta\Xi^{i,*} = \Xi^i - \Xi_t^{i,*}$,
这是在逻辑网格上的一个分片线性的向量场 $\delta\vec{\xi}$, 利用逻辑网格到物理网格上的变

换的一阶导数, 我们将它插值为物理网格上的一个分片线性的向量场,

$$\delta\vec{x} = \nabla_{\vec{\xi}}\vec{x}\delta\vec{\xi},\tag{6.7}$$

其中 $\nabla_{\vec{\xi}}\vec{x}$ 在单元 T_c^i 上的值通过恒等式

$$\left(X_t^{n_{T^i,2}} - X_t^{n_{T^i,1}}, \cdots, X_t^{n_{T^i,n+1}} - X_t^{n_{T^i,1}}\right)\nabla_{\vec{\xi}}\vec{x}|_{T_c^i}$$
$$= \left(\Xi_t^{n_{T^i,2}} - \Xi_t^{n_{T^i,1}}, \cdots, \Xi_t^{n_{T^i,n+1}} - \Xi_t^{n_{T^i,1}}\right)\tag{6.8}$$

得到, 其中 $n_{T^i,j}$ 表示 T^i 的第 j 个顶点的序号. 从而我们得到物理区域上的每个节点的移动方向 $\delta X^{i,*}$, 将物理网格的节点更新为

$$X_t^i := X_t^i + \eta\delta X^{i,*},\tag{6.9}$$

其中, η 是网格移动的步长, 理论上来说, 取为 1 是最佳的, 但是为了避免网格的缠绕问题, 我们需要将它取得小一些. 在我们的实际计算中, 我们的网格移动步长的取法如下: 对于单元 T^i 来说, 存在一个正数 $\eta^i \in (0,1]$, 使得网格移动的步长为 η^i 时, 单元 T^i 的定向不发生改变, 事实上, 用 Λ^i 表示关于 λ 的代数方程

$$\det\Big(X_t^{n_{T^i,1}} + \lambda\delta X^{n_{T^i,1},*}\ X_t^{n_{T^i,2}} + \lambda\delta X^{n_{T^i,2},*} + \cdots$$
$$+ X_t^{n_{T^i,n+1}} + \lambda\delta X^{n_{T^i,n+1},*}\Big) = 0\tag{6.10}$$

正解的集合, 那么 $\eta^i = \min\{\Lambda^i \cup \{1\}\}$. 然后我们取 $\eta = \lambda\min_{T^i}\eta^i, \lambda \in (0,1)$ 作为网格移动的步长, 在前面乘以一个 λ 是为了避免数值引起的网格缠绕, 我们在计算中取 $\lambda = \dfrac{1}{2}$. 图 6.4 显示了一个单元移动的情况. 我们是通过看 $\delta\Xi^{i,*}$ 是否已经足够小来判断网格是否已经足够好.

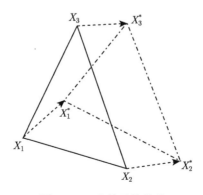

图 6.4 一个单元的移动

从本质上来说, 我们将网格整个进行移动的步骤事实上是进行了一步求取调和映射的牛顿迭代.

6.2.5　函数在新网格上的插值

假设现在有一个旧的网格 $\mathcal{T}_t$ 及其上的解函数 u_h, 通过上面的操作又得到了一个新的网格 $\mathcal{T}_t^*$, 我们试图获得解函数在新网格上的表示. 目前, 我们还仅仅考虑一个一般的插值方法, 并没有将解函数限制在某个具有特殊要求的空间中. 但是这样的问题是需要考虑的, 比如对于不可压流体的速度, 需要满足连续性方程, 或者是守恒律方程, 解需要满足一定的守恒条件. 关于这个问题, 我们正在进行研究. 这个插值的问题, 是一直困扰移动网格方法的问题. 一般的多项式插值已经被考虑过了, 线性的插值方法总是带来一个系统误差, 事实上是解函数被逐渐地抹平了, 但是高阶的插值会带来振动. 我们现在使用的方法主要有以下特点: ① 保持解函数的 L^2 范数; ② 不会带来振动. 我们主要的想法是将网格的移动看作一个人工的流动, 而在这个流动之下, 保持解函数不变. 这样, 事实上是引进了从旧网格到新网格上的一个同伦, 我们跟随这个同伦, 将解函数逐渐过渡过来. 用基函数将 u_h 表示出来为 $u_h = u_i \phi^i$, ϕ^i 是 $V_{h,t}$ 的基函数. 两个网格之间的不同可以表示为分片线性的向量场 $\delta x = \delta X_i \lambda^i$, λ^i 是线性基函数. 我们使用节点之间的线性变化

$$X^i(\tau) = X_t^i + \tau(X_t^{i,*} - X_t^i), \quad \tau \in [0,1] \tag{6.11}$$

获得这个同伦. 伴随着节点位置的变化, 基函数也将发生相应的变化, 成为 $\phi^i(\tau)$, 由于基函数完全被网格所确定, 因此可以将它记为 $\phi^i(\vec{x}(\tau))$, 其中

$$\vec{x}(\tau) = \vec{x}_0 + \tau(\vec{x}_1 - \vec{x}_0), \quad \tau \in [0,1], \tag{6.12}$$

其中 $\vec{x}_0$ 是物理区域上的恒等映射, $\vec{x}_1$ 将物理区域中旧网格单元 T^i 上的点映射到新网格的相应单元上, 并且保持点的面积坐标, 于是 $\vec{x}_0 - \vec{x}_1$ 恰好是网格之间的差异向量场 $\delta \vec{x}$. 从而, 在同伦路径上, 我们有一系列的 u_h 的近似 $u_h(\tau) = u_i(\tau) \phi^i(\tau)$, 为了使变换以后的 u_h 的表示形式能够尽量保持不变, 我们要求 $u_h(\tau)$ 在离散空间里的弱意义下满足

$$\frac{\partial u_h}{\partial \tau} = 0, \tag{6.13}$$

也就是

$$0 = \int_\Omega \frac{\partial u_h}{\partial \tau} \omega dx$$
$$= \int_\Omega \left\{ \frac{\partial u_i}{\partial \tau} \phi^i + u_i \frac{\partial \phi^i}{\partial \tau} \right\} \omega dx, \tag{6.14}$$

其中 ω 是检验函数,

$$\begin{aligned}
\frac{\partial \phi^i}{\partial \tau} &= \nabla \phi^i \cdot \frac{d\vec{x}}{d\tau} \\
&= \nabla \phi^i \cdot (\vec{x}_1(\vec{x}) - \vec{x}_0(\vec{x})) \\
&= -\nabla \phi^i \cdot \vec{\delta x},
\end{aligned} \tag{6.15}$$

于是最后需要解方程

$$\int_\Omega \frac{\partial u_i}{\partial \tau} \phi^i \omega dx = \int_\Omega u_i \nabla \phi^i \cdot \vec{\delta x} \omega dx. \tag{6.16}$$

我们来分析一下这个方程的求解本质上的意义. 在网格发生移动时, 我们如果保持节点的函数值, 那么就引进了一个变化量

$$\begin{aligned}
\dot{u}_h :&= u_i \frac{\partial \phi^i}{\partial \tau} \\
&= -u_i \nabla \phi^i \cdot \vec{\delta x},
\end{aligned} \tag{6.17}$$

将这个变化量在 $V_{h,t}$ 中的部分丢弃, 保留下和 $V_{h,t}$ 垂直的部分. (6.16) 就是将 u_h 的变化量取为 $\dot{u}_h$ 中和 $V_{h,t}$ 垂直的部分. 所以我们看到, 求解 (6.16) 会保持 u_h 的 L^2 范数不变. 用示意图 (图 6.5) 来表示这个插值的意义: 我们认为有限元解 u_h 是真解 u 在有限元空间 V_h 的投影 $\pi_h u$ 的一个近似, 假设控制函数是有效果的, 那么网格移动后的空间 V_h^* 将比较地靠近真解, 我们进行了插值以后, 得到 u_h^*, 事实上有更加靠近真解的希望.

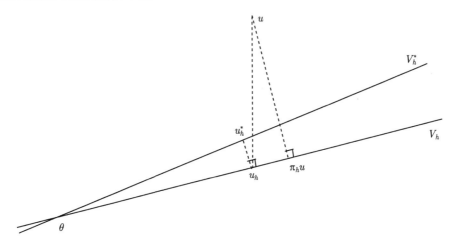

图 6.5 网格间插值示意图

6.3　二维带边界的移动网格方法

我们常常看见问题奇异的部分出现在区域的边界, 因此, 实际中非常有必要将边界的网格进行自适应调整, 甚至可以说, 对于有些问题, 如果不对边界上的网格进行调整, 计算的效果几乎完全得不到改善. 但是, 现在关于将边界的网格进行调整的方法基本上只有一个, 而且仅仅是关于二维的问题才有算例, 那就是将边界当成一维的情况进行处理. 一般地, 可以在边界给定一个解析函数作为控制函数 (可以依赖时间). Cao 等[38] 将区域上的控制函数, 作为二维的一个度量, 限制在边界上作为边界上的控制函数, 是一个一维的度量的方法, 对一些算例给出了比较好的结果. 我们发展了一种新的将内部网格移动和边界网格移动相配合的框架, 并且和把边界上的网格移动当成一维问题的方法进行了比较. 根据作者所获得的资料看, 我们提出的这个新的框架是迄今能够得到的第一个将边界和内部网格移动进行整体考虑的方法. 在本章, 如果没有特别说明, 我们假设提到的问题的区域都是二维的, 本节的主要内容在文献 [108] 中.

6.3.1　什么是最好的网格?

假设我们的物理区域是单连通多边形, 逻辑区域是一个相对应的单连通的凸多边形, 具有相同个数的顶点. 那么一个最好的网格, 也就是从物理区域到逻辑区域的一个变换应该具备什么条件呢? 首先, 这个变换必须能够保持区域的几何特性, 也就是说, 必须将顶点映射到顶点, 将边映射到边 (图 6.6). 许多实际问题本身的要求和计算的效果都希望具有这样的性质. 另外, 这个变换必须能够在某个函数空间里极小化能量泛函. 于是, 需要选择一个和前面的方法不同的空间来极小化能量泛函, 获得我们想要的区域变换. 现在能够进行选择的自由的范围是边界上的节点的映射方式, 我们现在采用的方法是将泛函极小化的函数空间扩大到一个比较合适的范围, 为了能够得到更好的网格, 在保证唯一性的前提下, 当然是这个空间越大越好, 所以我们仅仅要求:

(1) 边映射到相应的边;

(2) 边界上的映射是单调的.

可以看出, 这两个条件都是必要条件. 第一个条件是为了保持几何特性, 而第二个条件是为了强制地避免产生边界网格上的网格缠绕. 同时, 我们将会看到, 在合理地将这两个条件具体化以后, 这样的条件也能够唯一地确定物理区域到逻辑区域的变换.

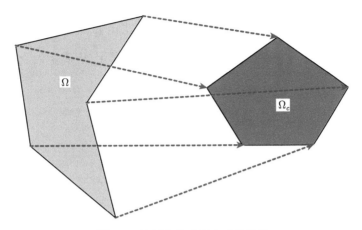

图 6.6 边界上的映射方式示意图

6.3.2 化归为优化问题

我们现在将前面的论述具体化. 首先, 用 Γ_i 和 $\Gamma_{c,i}$ 分别表示物理区域和逻辑区域相应的边, 我们来考虑如下的从 $\partial\Omega$ 到 $\partial\Omega_c$ 的映射

$$K = \{\xi_b \in C^0 | \xi_b : \partial\Omega \to \partial\Omega_c, \xi_b(\Gamma_i) = \Gamma_{c,i}, \text{在每一条 } \Gamma_i \text{ 边上是分段线性函数}\}.$$

明显地, K 是一个开集, 它可以表示为可列个闭集的并集

$$K = \bigcup_{M=1}^{\infty} K_M,$$

其中,

$$K_M = \left\{ \xi_b \in K \left| \frac{1}{M} \leqslant \operatorname{ess\,inf} \xi_b', \operatorname{ess\,sup} \xi_b' \leqslant M \right. \right\}.$$

根据 Eells 和 Thompson 的结果, Dirichlet 边界条件下的从物理区域到逻辑区域的调和映射是存在唯一的, 我们将边界条件为 $\xi_b \in K_M$ 的唯一的调和映射记为 $\xi = P(\xi_b)$, 于是考虑优化问题

$$\begin{aligned} \min \quad & E(P(\xi_b)), \\ \text{s.t.} \quad & \xi_b \in K_M. \end{aligned} \tag{6.18}$$

由于能量泛函 $E(\cdot)$ 是凸的, 对 $\forall \xi_b^{(1)}, \xi_b^{(2)} \in K_M$, 有

$$\begin{aligned} \frac{1}{2} \left\{ E(P(\xi_b^{(1)})) + E(P(\xi_b^{(2)})) \right\} &\geqslant E\left(\frac{1}{2} \left\{ P(\xi_b^{(1)}) + P(\xi_b^{(2)}) \right\} \right) \\ &\geqslant E\left(P\left(\frac{1}{2} (\xi_b^{(1)} + \xi_b^{(2)}) \right) \right). \end{aligned}$$

易见, $\frac{1}{2}(\xi_b^{(1)} + \xi_b^{(2)}) \in K_M$, 从而, 泛函 $E(P(\cdot))$ 在 K_M 中也是凸的, 再由于 K_M 是闭集, 可知优化问题 (6.18) 存在唯一解. 我们将算子 P 表示为一个约束, 问题 (6.18) 具有如下的形式

$$
\min \quad \sum_k \int_\Omega G^{ij} \frac{\partial \xi^k}{\partial x^i} \frac{\partial \xi^k}{\partial x^j} dx,
$$

$$
\text{s.t.} \quad \begin{cases} \xi|_{\partial\Omega} = \xi_b, \\ \xi_b \in K_M. \end{cases} \tag{6.19}
$$

假设单元的尺度为 h, 机器的精度为 ε, 那么, 我们可以将 M 取为 $\dfrac{h}{(1+\delta)\varepsilon}$, 其中 δ 是一个给定的小正整数. 这是我们在给定的机器精度下能够获得的最好结果了.

为了能够有效地求解这个优化问题, 我们需要详细分析约束的性质. 第一个约束和第二个约束明显是线性等式约束, 但是第三个约束比较复杂一些, 首先, 它要求将物理区域的某条边映射到逻辑区域的某条边所在的直线上, 这是一个线性等式约束; 其次, 它要求这个直线到直线的映射的导数在某个给定的范围内, 这是一个线性不等式约束. 这个优化问题的非线性来源于这个线性不等式约束. 需要说明的是, 如果不选定一个 M, 将问题的解集限制在 K_M 中, 就不能够保证解在 K 中. 即使物理区域上的度量是单位度量, 如果区域不是凸的, 解也可能不是一个同胚. 图 6.7 就是一个这样的例子. 但根据我们的经验, 如果物理区域是凸集, 控制函数又不是非常奇异, 非线性约束 (事实上可以化为线性不等式约束) 将常常不是积极约束 (active constraint), 从而这个优化问题将转化为一个线性方程组的求解问题. 尽管这个优化问题是一个标准的二次规划问题, 有很多针对这个问题的现成的优化算法, 但由于我们对求解这个优化问题的效率有相当的要求, 现成的一些优化算法并不能满足我们在效率上的要求, 我们根据经验, 只给出不等式约束不是积极约束的算例, 这时候问题成为等式约束的二次优化问题, 从而只需要求解一个线性方程组, 下面还要仔细讨论这个线性方程组高效的求解方案. 在给出的算例中, 为了使不等式约束是不积极的约束, 我们将物理区域取为凸区域. 事实上, 即使物理区域是凸区域, 也不能确保不等式约束不是积极约束, 但是对控制函数的选择范围应该是相当广泛的, 在我们的数值例子中, 控制函数已经比较奇异, 却没有出现不等式约束是积极约束的情况. 需要说明的是, 就算物理区域是一个凸区域, 也会出现不等式约束是积极约束的情况, 我们可以手工构造这样的例子!

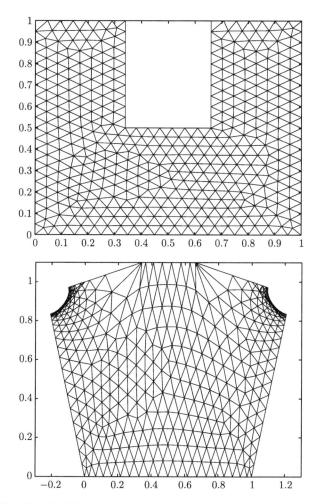

图 6.7 非凸区域上的不成功的网格变换: 上边是物理区域, 下边是逻辑区域, 网格映射到了区域的外面

6.3.3 优化问题的离散与求解

尽管最后我们的算例只是考虑不等式约束不积极情况下的求解, 我们还是给出具有不等式约束的离散形式. 期望能够找到有效的方法来求解这个优化问题. 我们先在有不等式约束的情况下, 对上面给出的优化问题进行离散, 然后摒弃不等式约束, 用引进拉格朗日乘子的方法将问题化为线性方程组求解. 如同不考虑边界的情况, 我们在线性的单纯形元上来离散这个优化问题. 为了方便起见, 我们将内部节点的编号排在前面, 为 1 到 N_{inner}, 将边界节点排在后面, 为 $N_{\text{inner}} + 1$ 到 N. 首先, 目标被离散为

$$\sum_k \int_\Omega G^{ij} \frac{\partial \lambda^\alpha}{\partial x^i} \frac{\partial \lambda^\beta}{\partial x^j} dx \xi^k_\alpha \xi^k_\beta. \tag{6.20}$$

对于约束条件, 我们将它分为两个部分. 一部分是对一个边界上的节点 X^i 来说, 它被映射到了一条给定的直线上, 这是一个线性约束, 为

$$\Xi^i \cdot \boldsymbol{n}^i = b^i, \tag{6.21}$$

其中, $\boldsymbol{n}^i$ 是逻辑区域的边界在某条边上的法向, b^i 是一个事先确定的数, 事实上 $\boldsymbol{n}^i$ 和 b^i 共同唯一地确定了 X^i 将要映到的这条边的几何状态, 由于我们事先就确定了 X^i 将要映到哪条边上, 所以 $\boldsymbol{n}^i$ 和 b^i 是已知的. 另一部分是关于边界上的相邻的节点之间的距离的约束, 对于边界上一对相邻的节点 X^i 和 X^j, 我们要求它们之间的距离既不能太大, 也不能太小, 从而这个约束是

$$\frac{1}{M} \leqslant \frac{|\Xi^i - \Xi^j|}{|X^i - X^j|} \leqslant M. \tag{6.22}$$

通过一些处理, 这个约束可以化为线性的不等式约束. 用矩阵形式将上述的离散表示出来, 令

$$H = \left(\int_\Omega G^{ij} \frac{\partial \lambda^\alpha}{\partial x^i} \frac{\partial \lambda^\beta}{\partial x^j} dx \right)_{\substack{1 \leqslant \alpha \leqslant N \\ 1 \leqslant \beta \leqslant N}},$$

并可以分块为

$$H = \begin{pmatrix} H_{11} & H_{12} \\ H_{21} & H_{22} \end{pmatrix}, \qquad \begin{array}{l} \leftarrow 1到N_{\text{inner}}行 \\ \leftarrow N_{\text{inner}} + 1到N行 \end{array}$$

$$\begin{array}{cc} \uparrow & \uparrow \end{array}$$

$$1到N_{\text{inner}} \text{ 列} \quad N_{\text{inner}} + 1到N \text{ 列}$$

用 $X_{\text{inner}}, X_{\text{bound}}, \Xi_{\text{inner}}$ 和 Ξ_{bound} 分别表示物理区域和逻辑区域、内部和边界上的节点的坐标排成的向量, 则目标的矩阵表示为

$$\begin{pmatrix} \Xi^{1,T} & \Xi^{2,T} \end{pmatrix} \begin{pmatrix} H & 0 \\ 0 & H \end{pmatrix} \begin{pmatrix} \Xi^1 \\ \Xi^2 \end{pmatrix},$$

约束中的等式部分具有形式

$$\begin{pmatrix} A_1 & A_2 \end{pmatrix} \begin{pmatrix} \Xi^1_{\text{bound}} \\ \Xi^2_{\text{bound}} \end{pmatrix} = b,$$

不等式部分具有形式

$$\begin{pmatrix} B_1 & B_2 \end{pmatrix} \begin{pmatrix} \Xi^1_{\text{bound}} \\ \Xi^2_{\text{bound}} \end{pmatrix} \geqslant c.$$

这个不等式部分具有线性形式是二维问题的独有结果, 对于三维的问题, 这个约束不可能化为线性形式, 这是我们只宣称在二维获得结果的原因. 下面, 我们假设这个不等式约束不是积极约束, 于是通过引进拉格朗日乘子, 可以将这个优化问题化为一个解线性方程组的问题

$$
\begin{pmatrix}
H_{11} & H_{12} & 0 & 0 & 0 \\
H_{21} & H_{22} & 0 & 0 & A_1' \\
0 & 0 & H_{11} & H_{12} & 0 \\
0 & 0 & H_{21} & H_{22} & A_2' \\
0 & A_1 & 0 & A_2 & 0
\end{pmatrix}
\begin{pmatrix}
\Xi_{\text{inner}}^1 \\
\Xi_{\text{bound}}^1 \\
\Xi_{\text{inner}}^2 \\
\Xi_{\text{bound}}^2 \\
\lambda
\end{pmatrix}
=
\begin{pmatrix}
0 \\
0 \\
0 \\
0 \\
b
\end{pmatrix} . \tag{6.23}
$$

我们看到, 由于最主要的非零元素都集中在矩阵 H_{11} 中, 从而, 可以采用迭代法来比较有效地求解这个方程组. 如果仅仅是用抛弃不等式约束来求解的情形, 这个方法是可以被推广到三维的. 在实际的求解过程中, 我们使用了更加简省的方法. 这个简省的方法基于两个事实: 一个是我们拥有 (6.23) 的非常好的初值, 因为这就是逻辑网格的节点的坐标; 另一个是矩阵 H_{11} 是一个由二阶椭圆型算子离散出来的 Dirichlet 边值问题的刚度矩阵, 可以使用多重网格方法快速求解, 从而我们的求解算法就分解为两步, 第一步是将 (6.23) 中的变量 Ξ_{bound}^1, Ξ_{bound}^2 取为逻辑网格上的边界节点的坐标, 然后先求解 (6.23) 中的 $H_{11}\Xi_{\text{inner}}^1 = -H_{12}\Xi_{\text{bound}}^1$ 和 $H_{11}\Xi_{\text{inner}}^2 = -H_{12}\Xi_{\text{bound}}^2$ 部分, 这事实上是我们不进行边界上的网格移动的时候进行的操作. 然后再来求解

$$
\begin{pmatrix}
H_{22} & 0 & A_1' \\
0 & H_{22} & A_2' \\
A_1 & A_2 & 0
\end{pmatrix}
\begin{pmatrix}
\Xi_{\text{bound}}^1 \\
\Xi_{\text{bound}}^2 \\
\lambda
\end{pmatrix}
=
\begin{pmatrix}
-H_{21}\Xi_{\text{inner}}^1 \\
-H_{21}\Xi_{\text{inner}}^2 \\
b
\end{pmatrix} , \tag{6.24}
$$

其中, 右端的 Ξ_{inner}^1 和 Ξ_{inner}^2 是我们第一步求得的值. 使用这样的一步迭代我们就求到了方程组 (6.23) 的一个相当准确的解, 注意到方程组 (6.24) 事实上是一个非常小规模的方程组, 我们可以知道, 在这样的近似算法下, 带边界的移动网格方法和不带边界的移动网格方法的计算量相差是非常小的.

6.3.4 构造逻辑网格

和边界给定固定的映射方式有所不同, 我们现在在构造初始的逻辑网格的时候也不能简单地给定边界上的映射方式, 然后对内部节点通过求解 Poisson 方程组得到. 为了能够最大限度消除由于物理区域和逻辑区域的形状不同而带来的几何因素对网格的影响, 我们最终采用求解优化问题

$$\min \quad \sum_k \int_\Omega \sum_i \left(\frac{\partial \xi^k}{\partial x^i} \right)^2 dx,$$

$$\text{s.t.} \quad \begin{cases} \xi|_{\partial\Omega} = \xi_b, \\ \xi_b \in K_M \end{cases} \tag{6.25}$$

来得到. 在我们的算例中, 由于只能将物理区域取为凸区域, 并将逻辑区域取为和物理区域相同, 因此没有将这个方案实现, 但是我们给出了一个例子 (图 6.8) 来看这样的构造方式和边界上是给定的映射的方式给出的网格有什么不一样. 这个优化问题的离散和 (6.19) 相似.

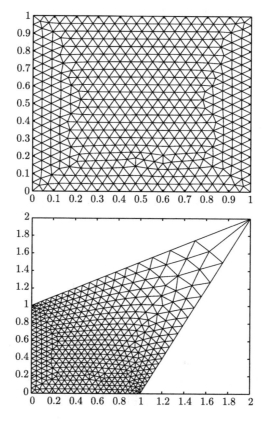

图 6.8 用优化方法获得的逻辑网格: 上边是物理区域, 下边是逻辑区域, 网格映射在边界上的情况是自然获得的

6.3.5 几点技术细节

除去上面所讨论的内容, 这个关于边界网格移动的方法和仅仅移动内部节点的方法是基本一致的, 例如从逻辑区域上的网格移动方向构造物理区域上的网格

移动方向, 将解函数从旧网格上更新到新网格上, 我们都采用了相同的方法. 下面讨论的是一些不同的具体细节.

边界上网格点的移动 和仅仅移动内部的节点不同, 我们现在要移动边界上的节点. 尽管在逻辑区域上, 网格的移动方向是沿着边界的 (事实上, 由于数值误差的存在, 也不是严格地沿着边界的方向的), 但是将这个移动方向插值到物理区域上时, 物理区域上的网格移动方向可能并不是沿着边界的. 因此为了保证边界上的节点被移动以后还在边界上, 我们需要将物理区域上在边界上的网格移动方向向边界上作一个投影, 如图 6.9 所示.

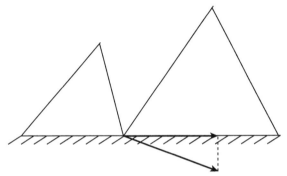

图 6.9 边界上的移动方向向边界上作投影

边界上不等式约束的处理 不等式约束本来具有 (6.22) 的形式, 但是由于我们事先确定了边界的映射方式 (图 6.10), 于是根据边界映射的方式, 首先可以确定相邻的两个点 $X_1 = (x_1, y_1), X_2 = (x_2, y_2)$ 的像在边 $V_1(\Omega_c) - V_2(\Omega_c)$ 上的顺序是 $\Xi_1 = (\xi_1, \eta_1)$ 比较靠近顶点 $V_1(\Omega_c)$, $\Xi_2 = (\xi_2, \eta_2)$ 比较靠近顶点 $V_2(\Omega_c)$, 于是我们可以确定有 $\xi_2 - \xi_1 > 0, \eta_2 - \eta_1 < 0$, 再通过考虑边 $V_1(\Omega_c) - V_2(\Omega_c)$ 的倾斜

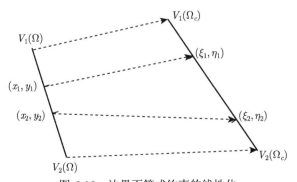

图 6.10 边界不等式约束的线性化

度, 比如说可以保证 $\alpha = \dfrac{|\xi_2 - \xi_1|}{|\eta_2 - \eta_1|} \geqslant 1$, 那么我们就选取 ξ 作为方向, 将这个边界段上的约束写为

$$\frac{1}{M} \leqslant \frac{\sqrt{1 + \alpha^{-2}}}{|X_1 - X_2|}(\xi_2 - \xi_1) \leqslant M.$$

6.3.6　边界作为一维问题的处理方法

如同在前面所提到的, 以前的方法都是将边界上的网格的移动作为一个一维的问题来处理, 我们来看一下这样的处理方式的实现方式, 并在后面给出了这个方法的数值例子. 我们没有考虑在边界上按照事先给定的解析函数进行移动的方法 (那实在是太原始了), 而是考虑了将边界上通过内部的控制函数的投影给出边界上的控制函数的方法. 我们将会看到这样的方法对于一部分问题的效果还是比较好的, 事实上, 如果问题的本身使得控制函数作为度量投影到了边界上以后, 和边界上应该给的度量函数大致一致, 这个方法就奏效了, 如果问题本身不具有这样的特性, 这个方法甚至会给出比边界上什么都不做更差劲的结果. 一维的问题和高维的情况不同, 不需要迭代我们就可以给出满足等分布原则的网格. 在一维情形下, 求解 Poisson 方程

$$\frac{d}{dx}\left(\frac{1}{M}\frac{d\xi}{dx}\right) = 0, \tag{6.26}$$

边值为 $\xi(x_0) = \xi_0, \xi(x_1) = \xi_1$, 就是直接寻找等分布点

$$x_0 = X_0 < X_1 < \cdots < X_{N-1} < X_N = x_1,$$

使得 $\displaystyle\int_{X_i}^{X_{i+1}} M dx = \frac{1}{N}\int_{x_0}^{x_1} M dx, 0 \leqslant i < N$. 因此, 对于将边界作为一维的方法, 可以直接得到边界点的分布状况, 然后就可以使用我们前面的方法调整内部节点的分布. 从而, 这个方法可以改进的方面就是如何通过内部的控制函数投影得到边界上的控制函数. 我们看到至少有两个方案可以选择: 一个方案是将控制函数的解析表达式投影到边界上, 得到边界上的控制函数的解析表达式, 然后在计算时使用这个表达式计算控制函数的值; 另一个方案是将控制函数在边界单元上计算出来的值投影到单元位于边界的边上, 作为边界上的控制函数的值. 我们比较倾向于第二种方案, 因为它的计算用到了解在内部节点上的信息, 蕴含着一定的边界和内部耦合的因素, 而第一种方案仅仅根据解在边界节点上的信息计算控制函数, 边界和内部是完全独立的. 我们举一个例子来看一看这两个方案的不同之处. 假设控制函数具有形式

$$M = \sqrt{1 + |\nabla u_h|^2}. \tag{6.27}$$

其中, 离散解是分片线性函数, 在如图 6.11 的单元上, u_h 在节点 X_i 上的取值是 $u_i, 1 \leqslant i \leqslant 3$, 那么, 在第一种方案下, 在边界上的控制函数的值是

$$\sqrt{1 + \left(\frac{u_1 - u_2}{|X_1 - X_2|} \right)^2},$$

而在第二种方案下, 在边界上的控制函数的值是

$$\sqrt{1 + \left(\frac{\partial u_h}{\partial x} \right)^2 + \left(\frac{\partial u_h}{\partial y} \right)^2},$$

其中, $\left(\frac{\partial u_h}{\partial x} \right)^2 + \left(\frac{\partial u_h}{\partial y} \right)^2$ 等于以 (X_i, u_i) 为顶点的三维空间中的三角形的面积和单元面积的比值. 在这样的情况下, 我们使用的算法的步骤是

(1) 调整边界上的网格;

(2) 迭代调整内部的网格.

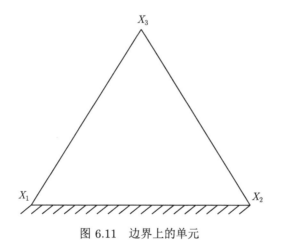

图 6.11 边界上的单元

这样的方法在 [38] 中实现过, 但是由于文献中细节不是很清楚, 我们不知道其实现是否用的是上面的方式.

6.3.7 三维的情形

前面已经提到, 在三维的情况下, 由于不等式约束不能够简单地化为线性不等式约束, 所以我们只是简单地将不等式约束丢掉, 剩下等式约束, 这样求解网格的问题就表现为一个约束二次优化问题. 当然, 这个时候网格映射的存在性是没有理论保证的, 但是数值结果表明, 如果物理区域是一个凸多面体区域, 网格映射

在很多的实际情形下是存在的. 我们的三维数值结果就是在这样的情况下得到的, 我们选择了立方体区域, 计算了黏性 Burgers 方程和反应扩散方程, 得到的结果中没有出现网格映射不存在的情况. 那么, 具体来说, 三维情形下的不等式约束到底是什么呢? 该不等式约束的目的是使得区域间的变换在区域的表面是非退化的, 所以其雅可比行列式应该是严格大于零并小于无穷的. 在三维的情况下, 区域间的变换在区域的表面被离散为一个三角形到另一个三角形的映射, 此映射的雅可比行列式是二次多项式, 所以三维情形下的约束是一个二次的不等式约束.

6.4   再论网格间插值

上面给出的网格插值方法的思想来自于简单而朴素的思想: 我们希望插值以后的解曲面尽量不要发生变化. 这里可以将这个思想进一步地明确化和给出漂亮的应用. 我们的问题是获得了时刻 t_n 的数值解, 希望获得在时刻 t_{n+1} 的数值解, 但是时刻 t_{n+1} 和时刻 t_n 的网格是不同的, 从而它们所对应的有限元空间也是不一样的. 如果我们在时间方向上先不做离散, 得到的空间方向上半离散的问题形为

$$\left(\frac{\partial u_h}{\partial t}, v_h(x;t)\right) = \langle L_h(u_h), v_h(x;t)\rangle, \quad \forall v_h(x;t) \in V_h(t), \tag{6.28}$$

其中, 检验函数空间 $V_h(t)$ 是依赖于时间的. 整个的问题最后归结为如何选择检验函数空间 $V_h(t)$, 将整个右端项 $\int_{t_n}^{t_{n+1}} Ldt$ 在其中求得一个 Riesz (里斯) 表示, 然后将这个表示加到 u 上的过程. 对于检验函数空间 $V_h(t)$ 的要求是它必须满足 $V_h(t_n)$ 是第 n 时间层的有限元空间, $V_h(t_{n+1})$ 是第 $n+1$ 时间层的有限元空间, 这是从一个有限元空间到另一个有限元空间的同伦. 对于我们的插值过程来说, 事实上只是选择了一个特殊的同伦路径. 可以看到的是, 如果我们不考虑空间上的有限元离散, 选择任何一条同伦路径的精确解都是相同的.

6.4.1   不可压流体的情形

当我们考虑不可压流体的时候, 这个插值方案就具备了更加有趣的表现. 由于流体的速度场是一个不可压的场, 在离散的情况下, 这个场实际满足一个精确的离散不可压条件. 如果我们简单地使用上面的方式进行插值, 那么马上就可以看到, 插值后得到的速度场将不会再满足这个离散的不可压条件.

考虑标准的二维不可压流体的纳维–斯托克斯方程

$$\vec{u}_t + \vec{u} \cdot \nabla \vec{u} = -\nabla p + \nu \Delta \vec{u}, \tag{6.29}$$

$$-\nabla \cdot \vec{u} = 0. \tag{6.30}$$

对于它的速度–压力形式的有限元离散, 有很多非常标准的形式. 所有这些离散形式的关键一点, 就在于速度和压力空间必须要能够满足 Babuška-Brezzi 条件, 我们不考虑这些具体的离散形式, 只是假设选取了一个离散方式, 在一对有限元空间 $\vec{V}_h \times Q_h$ 中来求近似解:

$$(\vec{u}_{ht} + \vec{u}_h \cdot \nabla \vec{u}_h, \vec{v}_h) = (\nabla \cdot \vec{v}, p) - \nu(\nabla \vec{u}, \nabla \vec{v}), \quad \forall \vec{v}_h \in \vec{V}_h, \quad (6.31)$$

$$(\nabla \cdot \vec{u}_h, q_h) = 0, \quad \forall q_h \in Q_h. \quad (6.32)$$

这一对有限元空间是满足 Babuška-Brezzi 条件的, 时间方向上的离散我们暂时不考虑. 这个时候, 如果直接使用看上去和我们原先的方式相同的插值方式, 即使用求解

$$(\vec{u}_{h\tau}, \vec{v}_h) = (\delta \vec{x} \nabla \vec{u}, \vec{v}_h), \quad \forall \vec{v}_h \in \vec{V}_h, \quad (6.33)$$

$$(p_{h\tau}, q_h) = 0, \quad \forall q_h \in Q_h \quad (6.34)$$

的方式进行插值, 得到的速度场显然将不再满足离散的不可压条件. 但是, 这个离散条件事实上可以写成一个紧凑的形式: 求 $\vec{u}_h \in \vec{W}_h$ 使得

$$(\vec{u}_{ht} + \vec{u}_h \cdot \nabla \vec{u}_h, \vec{v}_h) = -\nu(\nabla \vec{u}, \nabla \vec{v}), \quad \forall \vec{v}_h \in \vec{W}_h, \quad (6.35)$$

其中空间 $\vec{W}_h$ 是和 Q_h 垂直的 $\vec{V}_h$ 子空间. 这个时候再使用我们原先的思想, 将插值过程用求解方程

$$(\vec{u}_{h\tau} + \vec{u}_h \cdot \nabla \vec{u}_h, \vec{v}_h) = -\nu(\nabla \vec{u}, \nabla \vec{v}), \quad \forall \vec{v}_h \in \vec{W}_h \quad (6.36)$$

实现, 就没有问题了. 现在我们求到的解在 $\vec{W}_h$ 中, 自然就满足离散的不可压条件. 只是 (6.36) 看上去不太好实现, 但其实它等价于问题: 求 $(\vec{u}_h, p_h) \in \vec{V}_h \times Q_h$ 使得

$$(\vec{u}_{h\tau} - \delta \vec{x} \cdot \nabla \vec{u}_h, \vec{v}_h) = (\nabla \cdot \vec{v}, p), \quad \forall \vec{v}_h \in \vec{V}_h, \quad (6.37)$$

$$(\nabla \cdot \vec{u}_h, q_h) = 0, \quad \forall q_h \in Q_h. \quad (6.38)$$

这样, 我们就可以使用和 (6.31) 完全相同的方法来求解了. 在时间方向的离散上, 对 (6.31) 和 (6.37) 采用完全相同的方法来做. 因此我们现在的插值方式不但满足了不可压条件, 非常自然地将压力和速度同时进行了更新, 并且在时间和空间的精度和原来的偏微分方程的求解器完全匹配起来了.

6.4.2 守恒型插值

最后一个我们将移动网格方法应用于使用间断 Galerkin 方法求解守恒律的结果. 在求解守恒律的时候, 一个关键的地方就是所有变量的守恒性是一个受到

广泛关注的问题. 在网格移动了以后, 数值解从旧网格到新网格上的插值时, 同样也必须面对这个问题: 数值解在插值的过程中一定不能破坏守恒性.

考虑齐次的守恒律方程组

$$\vec{u}_t + \nabla \cdot \vec{f}(\vec{u}) = 0, \quad \vec{x} \in \Omega. \tag{6.39}$$

简单起见, 先不考虑边值, 只是给定初值 $\vec{u}(\vec{x}, 0) = \vec{u}_0(\vec{x})$. 给定区域 Ω 的一个剖分 $\mathcal{T}_h$, 其中的每个单元记为 K. (6.39) 的空间上间断 Galerkin 逼近为: 求 $\vec{u}_h \in \vec{V}_h(\Omega)$ 使得

$$\int_K \frac{\partial \vec{u}_h}{\partial t} \vec{v}_h d\vec{x} + \sum_{e \in \partial K} \int_e \vec{h}_{e,K}(\vec{u}_h) \cdot \vec{n}_{e,K} \vec{v}_h ds - \int_K \vec{f}(\vec{u}_h) \cdot \nabla \vec{v}_h d\vec{x} = 0, \quad \forall \vec{v}_h \in \vec{V}_h(\Omega),$$

$$\tag{6.40}$$

其中, 空间 $\vec{V}_h = \{ \vec{v}_h | \ \vec{v}_h|_K \in (P^k(K))^n \}$, $\vec{h}_{e,K}$ 是一个和 $\vec{f}$ 相容的单调通量.

在网格进行了移动以后, 我们仍然使用求解方程

$$\frac{\partial \vec{u}}{\partial \tau} - \delta \vec{x} \cdot \nabla \vec{u} = 0 \tag{6.41}$$

的方式进行网格间数值解的更新. 这样得到的离散方式为

$$\begin{aligned}
\int_K \frac{\partial \vec{u}_h}{\partial \tau} \vec{v}_h d\vec{x} &= \int_K \delta \vec{x} \cdot \nabla \vec{u}_h \vec{v}_h d\vec{x} \\
&= \int_K \left\{ \nabla \cdot (\vec{u}_h \delta x) \vec{v}_h - \nabla \cdot \delta \vec{x} \vec{u}_h \vec{v}_h \right\} d\vec{x} \\
&= \sum_{e \in \partial K} \int_e \vec{u}_h \vec{v}_h \delta \vec{x} \cdot \vec{n}_{e,K} ds - \int_K \vec{u}_h \delta \vec{x} \cdot \nabla \vec{v}_h d\vec{x} - \nabla \cdot \delta \vec{x} \int_K \vec{u}_h \vec{v}_h d\vec{x}.
\end{aligned}$$

$$\tag{6.42}$$

在右端的数值通量的积分项中, 由于这是一个线性情形, 我们可以直接使用迎风的格式, 计算起来非常简便. 在时间方向的离散上, 我们依然对 (6.40) 和 (6.42) 使用完全相同的方法, 这样, 就得到了整体守恒的新的网格上的数值解, 并且更新的数值解在时间和空间上的精度都完全和偏微分方程的求解算法匹配上了.

从我们提供的这两个比较有趣的插值方案中, 事实上可以体会到对于一般的问题我们应该如何来设计其网格间的插值方案. 这样的插值方案可以非常自然地满足我们对数值解的一些特殊的要求, 并且它的花费和精度也和偏微分方程本身的求解完全相当. 在实际的程序实现过程中还可以发现, 由于插值的操作和偏微分方程本身的求解器是如此相近, 它们有很多程序都是可以通用的, 这样可以减少很多编制程序的工作量.

6.5   关于控制函数

控制函数的选取是整个移动网格方法中最不确定的因素. 经验上来说, 我们常常选取和数值解的各阶梯度有关系的控制函数, 一般的形式为

$$M = \sqrt{1 + \alpha|u|^2 + \beta|\nabla u|^2 + \gamma|\nabla^2 u|^2}. \tag{6.43}$$

在一维的情况下, 如果 $\alpha = \gamma = 0$, 这就是一个加权的弧长坐标. 这样形式的控制函数, 对于需要分辨出一个过渡层之类的问题, 常常是非常有效的. 但是, 这样的控制函数并不是对所有的问题都会奏效. 其中参数 α, β 和 γ 的选取都是手工的, 我们不知道到底该如何给定这些参数, 一般都是根据计算的经验进行指定. 不同的问题对于这些参数的敏感程度也非常不一样.

使用基于后验误差估计的控制函数也是一个比较有吸引力的方案, 假设问题的后验误差估计具有形式

$$\|u - u_h\|_H \leqslant \sum_K h_K^p \int_K C(u_h) dx. \tag{6.44}$$

这是后验误差估计最经常的形式, 其中 $C(u_h)$ 是一个可计算的 $\mathcal{O}(1)$ 的量. 我们可以考虑将控制函数取为

$$M|_K = \bar{\eta} + \alpha\eta_K, \tag{6.45}$$

其中 $\bar{\eta}$ 是后验误差在整个区域上的平均值, η_K 是后验误差在单元 K 上的平均值, α 是一个人为给定的常数. 这样的控制函数对于误差不是在梯度大的位置集中出现的问题常常是非常有效的. 对于没有后验误差估计的问题, 我们可以给一个启发式的类似后验误差估计的量, 计算的效果常常也能够出乎意料. 我们因为仅仅希望通过这样的量来获得一个网格, 所以其精确程度上的要求非常低, 事实上可以说, 如果给出的这个量只需要具有精度对于我们就已经足够了.

选取控制函数需要注意的一点就是, 给定的这个量原则上应该只是依赖数值解和偏微分方程的, 而不能强烈地依赖于网格本身. 这主要是为了保证求取调和映射的迭代过程的收敛性, 如果这个量强烈地依赖于网格本身, 将会导致在一个迭代步以后, 控制函数发生剧烈变化, 使得迭代过程根本不收敛, 或者网格会最终收敛到一个网格节点必将发生兼并的网格. 我们只需要简单地考虑对于一个间断的函数产生网格的过程就会发现这样的问题, 假设解函数为

$$u(x) = \begin{cases} 0, & x \leqslant 0, \\ 1, & x > 0. \end{cases} \tag{6.46}$$

我们使用形为 $M = \sqrt{1 + |u_x|^2}$ 的网格, 得到的结果是, 当 0 点的网格越是集中的时候, 局部的数值梯度就越大, 从而要求网格更加集中, 这样最终导致在 0 点网格发生兼并. 当然, 这个在 0 点网格点发生兼并的网格或许是一个合理的网格, 但是数值上如果发生这样的情况, 势必会导致计算的中断, 这不是我们希望得到的网格. 我们需要加入一些人工的手段进行干预来避免这样的情况.

6.6 移动有限元方法小结

在本书作者研究移动网格方法的过程中, 最早的工作就是本章介绍的移动有限元方法, 它也是本书作者李若的博士学位论文的主要内容.

本章主要研究了基于调和映射的移动网格方法. 我们提出将网格移动和方程求解完全分开, 使得移动网格方法在不同问题中的应用被归结为构造控制函数的问题, 因而有利于程序开发.

在移动网格方法中, 需要引进一个逻辑区域作为参考, 网格的移动往往通过一个区域变换来实现. 网格移动可能发生缠绕的问题是移动网格方法中长期没有解决的问题. 我们利用调和映射来构造区域间的变换, 使得变换的存在唯一性有了理论保证, 这就为避免网格缠绕打下了基础. 我们引进了一个迭代的过程来实现网格移动, 避免了数值原因导致的网格缠绕, 因而彻底解决了网格缠绕的问题. 我们还设计了不同网格间的插值格式, 使得解函数在不同网格间能够合理过渡.

本章对我们开发的移动有限元方法的具体思想和具体步骤做了比较详细的描述, 对控制函数、网格插值等细节也做了详细介绍. 本章还通过对计算流体问题的应用, 展示了移动有限元方法的特点和优势. 计算结果表明, 我们的方法允许网格变化幅度大、灵活性高, 从而使得计算效率大大提高.

第 7 章　移动网格方法的理论研究

本章主要讨论移动网格的误差分析.

移动网格的理论分析相对于程序设计以及应用来说明显滞后. 理论分析具有重大的困难与挑战, 目前这方面的结果非常有限. 其主要原因是没有一个行之有效的分析框架, 且无插值的移动网格方法经过变换后方程往往变得非常复杂; 而带插值的移动网格方法由于引进了插值, 一致的分析框架很难形成.

目前相对比较成熟的误差分析主要是讨论带有奇异摄动的两点边值问题. 在一维的时候, 简单的模型问题是

$$-\varepsilon u''(x) + p(x)u'(x) = f(x), \quad x \in (0,1), \tag{7.1}$$

$$u(0) = \alpha, \quad u(1) = \beta, \tag{7.2}$$

其中 $0 < \varepsilon \ll 1$, 系数 p 满足恒负, 即对所有的 $0 < x < 1$ 有 $p < 0$. 我们还假设源项 $f(x)$ 是一个光滑函数. 在这种情况下, 通过分析可以知道问题 (7.1)—(7.2) 在左边界 $x = 0$ 的 $\mathcal{O}(\sqrt{\varepsilon})$ 的小邻域里, 解的值有一个非常大的跳跃. 我们把这一现象称为边界层现象. 其对应的问题是流体力学里面的雷诺数非常大的情形下产生的边界层现象.

问题 (7.1)—(7.2) 之所以能够进行分析主要因为它是与时间无关的一维问题, 并且相关的问题满足极大值原理. 对于时间相关的问题, 目前基本上没有严格的结果; 文献里可以看到一些启发性的、不太严格的分析.

7.1　Shishkin 网格

问题 (7.1)—(7.2) 虽然困难 (因为有边界层), 但由于我们知道解变化巨大的位置 (即左右边界近邻), 其计算方法还是相对比较简单的.

先看一个常系数问题, 这是一个非常简单的例子:

$$-\varepsilon u''(x) - u'(x) = -1, \quad x \in (0,1); \qquad u(0) = u(1) = 1. \tag{7.3}$$

这个问题的唯一解是

$$u(x) = x + \frac{w(x) - w(1)}{1 - w(1)}, \quad w(x) := e^{-x/\varepsilon}. \tag{7.4}$$

当 ε 非常小的时候, $w(1) := e^{-1/\varepsilon}$ 几乎可以忽略不计, 则 $u(x) \approx x + e^{-x/\varepsilon}$. 因此, 上面这个简单问题的解包含了两个不同的尺度: 在 $x = \mathcal{O}(1)$ 的区域里, 解是缓慢变化的 (即解的导数是有界的); 而在 $x = \mathcal{O}(\varepsilon)$ 邻域里, 解函数里面的 $e^{-x/\varepsilon}$ 在 0 点附近变化剧烈 (即解的导数很大).

给定 $[0,1]$ 上的一个网格

$$\bar{\omega} = \{x_i | 0 = x_0 < x_1 < \cdots < x_{N-1} < x_N = 1\}, \tag{7.5}$$

以及网格步长 $h_j = x_i - x_{i-1}$. 考虑守恒的迎风差分格式:

$$\frac{\varepsilon}{h_{i+1}} \left(\frac{U_{i+1} - U_i}{h_{i+1}} - \frac{U_i - U_{i-1}}{h_i} \right) + \frac{U_{i+1} - U_i}{h_{i+1}} = 1, \quad U_0 = U_N = 1. \tag{7.6}$$

可以证明上面的差分格式有一个唯一的解, 可以明确地表达为

$$U_i = x_i + \frac{W_i - W_N}{1 - W_N}, \quad 1 \leqslant i \leqslant N, \tag{7.7}$$

其中

$$W_i = \prod_{j=1}^{i} \frac{1}{1 + h_j/\varepsilon}, \quad 1 \leqslant i \leqslant N.$$

比较 (7.4) 和 (7.7), 可以看出 $u(x_i) - U_i$ 的大小将由 $w(x_i) - W_i$ 的大小来决定.

本章我们所关心的是 ε-一致 (ε-uniform) 的误差估计, 即当 N 充分大时,

$$\max_{0 \leqslant i \leqslant N} |U_i - u(x_i)| \leqslant C N^{-\rho},$$

其中 C, ρ 是和 ε 无关的正常数.

我们对不同的 $1 \leqslant i \leqslant N$, 考察 $w(x_i) - W_i$ 的大小. 先看第一个点的误差:

$$W_1 - w(x_1) = (1 + \gamma)^{-1} - e^{-\gamma}, \quad \gamma := h_1/\varepsilon.$$

很容易验证

$$(1 + \gamma)^{-1} - e^{-\gamma} \geqslant 0.2, \quad 2.1 \leqslant \gamma \leqslant 3. \tag{7.8}$$

这就说明, 如果选择一致网格, $h = 1/N$, 那么不管 N 取值多大, 总能找到一些很小的 ε, 使得 $W_1 - w(x_1) \geqslant 0.2$, 从而导致 $u(x_1)$ 和 U_1 的误差超过一个和 N 无关的常数.

这个讨论使得我们意识到: 对于 ε-一致的最大模误差估计, 一个必要的条件就是要求 h_1 满足

$$\frac{h_1}{\varepsilon} \to 0, \quad \text{当 } N \to \infty \text{ 时.} \tag{7.9}$$

用泰勒展开可以证明 $(1 + \gamma)^{-1} - e^{-\gamma} \leqslant C\gamma^2$, 那么上面这个要求保证了当 $N \to \infty$ 时 $|W_1 - w(x_1)| \to 0$.

上面的分析间接地说明了采用等距的网格剖分, 是不可能得到 ε- 一致的最大模误差估计的. 一个简单的修正办法是采用分片等距网格, 也就是说把 $[0, 1]$ 分成有限个 (最好是两三个) 小区间, 在每个区间上采用等距网格. 所有的网格点加起来还是等于 N.

对于差分格式 (7.6), 我们做更仔细的分片等距网格分析. 假设可以找到一个过渡点 (transition point) σ, 在 $(0, \sigma)$ 里面放 M 个点, 而在 $(\sigma, 1)$ 里面放 $N - M$ 个点. 在第一个区间, 等距网格的长度是 $h = \sigma/M$, 而在第二个区间里等距网格的长度是 $H = (1 - \sigma)/(N - M)$. 具体来说, 网格点的分布是

$$\left\{ x_i = ih : 0 \leqslant i \leqslant M; \ x_i = \sigma + (i - M)H : M \leqslant i \leqslant N \right\}.$$

由于边界层发生在 $x = 0$, 我们一个自然的要求是 $\sigma \leqslant 1/2$; 也就是说, 我们希望在小一点的区间 $(0, \sigma)$ 放 M 个点, 而在大一点的区间 $(\sigma, 1)$ 放 $N - M$ 个点. 同时, 我们希望在 $(0, \sigma)$ 的计算点不超过总点数的一半, 也就是说 $M \leqslant N/2$. 从这两个要求可以推出

$$\frac{1}{2} N^{-1} \leqslant H \leqslant N^{-1}. \tag{7.10}$$

采用 (7.7) 和上面的网格, 可以验证

$$W_i = \begin{cases} (1 + h/\varepsilon)^{-i}, & i = 0, \cdots, M, \\ (1 + h/\varepsilon)^{-M}(1 + H/\varepsilon)^{-(i-M)}, & i = M, \cdots, N. \end{cases}$$

此时, 在条件 (7.9) 满足的情况下, 对于 $i \leqslant M$, 如果 $\gamma = h/\varepsilon \to 0$, 则有

$$W_i = (1 + \gamma)^{-i} = e^{-i\ln(1+\gamma)} = e^{-x_i/\varepsilon}[1 + \varepsilon_i \mathcal{O}(\gamma)],$$

其中我们用到了下面几个事实: $\ln(1 + \gamma) = \gamma[1 + \mathcal{O}(\gamma)], i\gamma = ih/\varepsilon = x_i/\varepsilon$ 以及 $e^{-(x_i/\varepsilon)\gamma} = 1 + (x_i/\varepsilon)\mathcal{O}(\gamma)$. 因此, 当 $i \leqslant M$ 时,

$$|W_i - w(x_i)| = e^{-(x_i/\varepsilon)}(x_i/\varepsilon)\mathcal{O}(\gamma) \leqslant C\gamma = Ch/\varepsilon.$$

下面考虑 $i > M$ 的情形. 先考虑 $i = M + 1$. 此时 $W_{M+1} = W_M(1 + H/\varepsilon)$, 并且由上式我们知道 $W_M = e^{-\sigma/\varepsilon} + \mathcal{O}(h/\varepsilon)$. 因此

$$W_{M+1} - w(x_{M+1}) = e^{-\sigma/\varepsilon}[(1 + \gamma')^{-1} - e^{-\gamma'}] + \mathcal{O}(h/\varepsilon),$$

其中 $\gamma' = H/\varepsilon$. 由 (7.10) 得知, $H/\varepsilon \leqslant N^{-1}/\varepsilon$, 给定任何 N 的值, 总存在一个 ε

使得 γ' 满足 (7.8). 也就是说上式的括号里面的值将会不小于 0.2.

对于 ε-一致的最大模误差估计, 一个必要的条件就是要求过渡点 σ 满足

$$\frac{\sigma}{\varepsilon} \to \infty, \quad \text{当 } N \to \infty \text{ 时}. \tag{7.11}$$

可以很容易验证, 如果上面这个条件满足了, 那么对所有的 $M < i \leqslant N$, $|W_i - w(x_i)| \leqslant C(h/\varepsilon + e^{-\sigma/\varepsilon})$.

以上的分析给出了下面的结论: 当 (7.9) 和 (7.11) 同时满足时, 有

$$|U_i - u(x_i)| \leqslant C(h/\varepsilon + e^{-\sigma/\varepsilon}).$$

我们可以把上式写成一个等价的形式:

$$|U_i - u(x_i)| \leqslant C(\hat{\sigma} M^{-1} + e^{-\hat{\sigma}}), \quad \hat{\sigma} := \sigma/\varepsilon. \tag{7.12}$$

为了让 (7.12) 的右端误差极小化, 我们需要调节 $\hat{\sigma}$ 使得括号里面的两项具有同一个量级. 注意到括号里面第一项关于 $\hat{\sigma}$ 递增, 而第二项关于 $\hat{\sigma}$ 递减, 我们可以验证取 $\hat{\sigma} = C_\sigma \ln N$ 使得两项具有相同的量级:

$$|U_i - u(x_i)| \leqslant C(2C_\sigma N^{-1} \ln N + N^{-\hat{\sigma}}) \leqslant CN^{-1} \ln N, \quad C_\sigma \geqslant 1.$$

这个结果是比较令人满意的: 我们得到了与 ε 无关的几乎一阶的收敛性.

上面结果可以推广到变系数情形 (7.1). 对于定义在 $(0,1)$ 上的方程 $-\varepsilon u''(x) + p(x)u'(x) = f(x)$, 其中 $p(x)$ 恒负, 相关的 Shishkin 网格要求几乎和上面一致:

$$M := \frac{1}{2}N, \quad \sigma = \varepsilon\hat{\sigma} := \min\left\{\varepsilon C_\sigma \ln N, \frac{1}{2}\right\}, \quad C_\sigma \geqslant m/\alpha, \tag{7.13}$$

其中 m 是差分方法的截断误差阶, 比如我们采用迎风差分格式 (7.6) 时 $m = 1$; 而对常系数问题 (7.3) 取 $\alpha = 1$. 对于变系数问题 (7.1), 一般取 $0 < \alpha < \min\{-p(x)\}$. 采用网格 (7.13) 来求解变系数问题 (7.1), 有几类一阶和二阶差分方法可以在极大模意义下达到 $\mathcal{O}([N \ln N]^m)$ 的一致估计. 这些结果可以参考 [8, 125, 172].

在二维情形下, 奇异摄动的边值问题是

$$-\varepsilon\Delta u + b_1(x,y)u_x + b_2(x,y)u_y = f(x,y), \quad (x,y) \in \Omega := (0,1)^2, \tag{7.14}$$
$$u = 0, \quad (x,y) \in \partial\Omega, \tag{7.15}$$

其中 $0 < \varepsilon \ll 1$, $b_1(x,y) < 0, b_2(x,y) < 0$ 对所有的 $(x,y) \in \bar{\Omega}$. 我们假设这两个系数以及源项 $f(x,y)$ 是光滑函数. 在这种假设下, 问题 (7.14)—(7.15) 通常情况下在 $x = 1$ 和 $y = 1$ 附近有边界层. 上面描述的一维情形下的 Shishkin 网格方法很容易推广到二维或高维情形[152,158].

7.2 自适应网格半离散分析

为了表述基本的自适应思想以及其网格结构, 我们考虑和 (7.3) 相似的一个模型方程:

$$-\varepsilon u'' - u' = 0, \qquad x \in (0,1), \quad \varepsilon > 0, \tag{7.16}$$

以及边界条件

$$u(0) = 0, \qquad u(1) = 1. \tag{7.17}$$

和前面讨论的问题一样, 这个方程最大的特点是其解有一个边界层:

$$u(x) = \frac{1 - e^{-x/\varepsilon}}{1 - e^{-1/\varepsilon}}. \tag{7.18}$$

我们采用和上节一样的一阶的迎风差分格式来求解 (7.16)—(7.17)

$$(L_\Delta u_\Delta)(j) \equiv -\varepsilon(D_+D_-u_\Delta)(j) - (D_+u_\Delta)(j) = 0, \quad 1 \leqslant j \leqslant N - 1, \tag{7.19}$$

$$(u_\Delta)(0) = 0, \qquad (u_\Delta)(1) = 1, \tag{7.20}$$

其中 u_Δ 是网格函数, $u_\Delta(j) = u_j$ 代表了 $u(x_j)$ 的近似. 上面用到的差分符号是

$$(D_+u_\Delta)(j) = \frac{u_{j+1} - u_j}{h_{j+1}}, \qquad (D_-u_\Delta)(j) = (D_+u_\Delta)(j-1),$$

$$(D_+D_-u_\Delta)(j) = \frac{D_+u_j - D_-u_j}{\tilde{h}_j}, \quad \tilde{h}_j = \frac{h_j + h_{j+1}}{2}.$$

为了方便后面的分析, 我们把 (7.19)—(7.20) 写成下面的等价形式:

$$-C_j u_{j-1} + A_j u_j - B_j u_{j+1} = 0, \qquad 1 \leqslant j \leqslant N - 1, \tag{7.21}$$

$$u_0 = 0, \qquad u_N = 1, \tag{7.22}$$

其中

$$A_j = \frac{2\varepsilon}{h_j h_{j+1}} + \frac{1}{h_{j+1}}, \quad B_j = \frac{\varepsilon}{h_{j+1}\tilde{h}_j} + \frac{1}{h_{j+1}}, \quad C_j = \frac{\varepsilon}{h_j \tilde{h}_j}.$$

很容易验证

$$A_j > 0, \quad B_j > 0, \quad C_j > 0, \qquad 1 \leqslant j \leqslant N - 1,$$

$$A_j = B_j + C_j, \quad 1 \leqslant j \leqslant N - 1.$$

我们考虑最常见的等弧长分布的网格生成. 如前面章节讨论的, 此时我们要等分布弧长函数:

$$M(u, x) = \sqrt{1 + u_x^2}, \quad 0 < x < 1.$$

这将给出坐标变换 $x = x(\zeta)$, $\zeta \in [0,1]$; 把物理坐标 x 和计算空间的坐标 ζ 联系起来:

$$\int_0^x M(u(s),s)ds = \zeta \int_0^1 M(u(s),s)ds = \zeta L, \tag{7.23}$$

其中 L 是解函数 u 在 $(0,1)$ 上的弧长. 如果 (7.23) 定义了一个变换 $x = x(\zeta)$, 那么

$$\frac{dx}{d\zeta} = \frac{L}{\sqrt{1+u_x^2}}. \tag{7.24}$$

为了简化分析, 抓住自适应算法所生成网格的结构, 我们在此节仅考虑半离散格式. 在计算区间上考虑等分网格:

$$\zeta_j = \frac{j}{N}, \qquad 0 \leqslant j \leqslant N.$$

我们采用 (7.24) 来得到物理区间上的网格分布:

$$x_j = \int_0^{\zeta_j} \frac{L}{\sqrt{1+u_x^2}}d\zeta, \qquad 0 \leqslant j \leqslant N-1, \tag{7.25}$$

其中在被积函数里面, 我们注意到 $u_x = u'(x(\zeta))$. 同时, 可以得到网格长度

$$h_j = x_j - x_{j-1}, \qquad 1 \leqslant j \leqslant N. \tag{7.26}$$

结合 (7.25) 和 (7.26), 可以得到

$$h_j = \int_{\zeta_{j-1}}^{\zeta_j} \frac{L}{\sqrt{1+u_x^2}}d\zeta, \qquad j = 1,\cdots,N. \tag{7.27}$$

这样, 问题 (7.16)—(7.17) 的数值解可以通过 (7.21), (7.22) 和 (7.27) 得到. 这一过程被称为半离散求解, 其原因是我们并没有弧长 L 以及导数 u_x 的信息. 但对于误差分析本身来说, 半离散分析往往可以给出很有用的网格结构以及解的误差分析了.

在实际计算中, 我们很容易得到全离散的网格. 注意到 (7.24) 给出

$$\left(1+u_x^2\right)(dx)^2 = (Ld\zeta)^2.$$

采用一阶差分近似给出:

$$\left[1+\left(\frac{u_{j+1}-u_j}{x_{j+1}-x_j}\right)^2\right](x_{j+1}-x_j)^2 = \left(\frac{L}{N}\right)^2, \quad 0 \leqslant j \leqslant N-1.$$

从上面的公式我们可以进一步得到

$$(x_{j+1} - x_j)^2 + (u_{j+1} - u_j)^2 = (x_j - x_{j-1})^2 + (u_j - u_{j-1})^2,$$
$$1 \leqslant j \leqslant N - 1, \tag{7.28}$$

$$x_0 = 0, \qquad x_N = 1. \tag{7.29}$$

求解 (7.21)—(7.22) 和 (7.28)—(7.29) 就可以生成自适应网格以及在网格点上的近似解.

对于半离散近似, 我们可以得到下面的误差分析结果.

定理 7.1　考虑 (7.21)—(7.22) 产生的数值解 $u_j, 0 \leqslant j \leqslant N$, 它用来近似 (7.16)—(7.17) 的精确解 $u(x)$. 任意给定一个常数 $\gamma \in (0,1)$, 如果

$$N \geqslant L\gamma|\ln\gamma|^{-1} + L, \tag{7.30}$$

其中 L 是 u 在解区间上的弧长, 那么必然存在一个不依赖于 ε 和 N 的常数 $C(\gamma) > 0$, 使得

$$|u(x_j) - u_j| \leqslant C(\gamma)N^{-\gamma}, \qquad 0 \leqslant j \leqslant N.$$

在下面的分析中, 我们用 $\mathcal{O}(1), c, c_1, \cdots$ 代表一些不依赖于 N 和 ε 的常数, 而 $C(\gamma), C_1(\gamma), \cdots$ 代表一些仅依赖于 γ 但不依赖于 N 和 ε 的常数.

先考虑 (7.19) 在网格点 x_j 上的截断误差:

$$\tau_j = (L_\Delta u)(j) - (Lu)(x_j). \tag{7.31}$$

很容易验证

$$\tau_j = -\frac{\varepsilon}{2\tilde{h}_j}\left\{\frac{1}{h_{j+1}}\int_{x_j}^{x_{j+1}}(s - x_{j+1})^2 u'''(s)ds - \frac{1}{h_j}\int_{x_{j-1}}^{x_j}(s - x_{j-1})^2 u'''(s)ds\right\}$$
$$+ \frac{1}{h_{j+1}}\int_{x_j}^{x_{j+1}}(s - x_{j+1})u''(s)ds.$$

由此我们可以得到

$$|\tau_j| \leqslant \varepsilon\int_{x_{j-1}}^{x_{j+1}}|u'''(s)|ds + \int_{x_j}^{x_{j+1}}|u''(s)|ds.$$

如果结合 (7.16), 上面的估计可以进一步简化为

$$|\tau_j| \leqslant c\int_{x_{j-1}}^{x_{j+1}}|u''(s)|ds, \tag{7.32}$$

其中 c 是不依赖于 ε 和 N 的正常数.

接下来考察自适应生成的网格结构. 因为考虑 ε 非常小的情形, 所以无妨假设

$$\varepsilon\ln N \leqslant \frac{1}{N}, \qquad \varepsilon|\ln\varepsilon| \leqslant \frac{1}{N}. \tag{7.33}$$

如果上述要求不满足, 误差分析变得更为简单; 经典的误差分析方法几乎可以照搬.

给定一个正常数 $0 < \gamma < 1$. 我们定义一个正数 $\beta = \beta(\gamma, L)$:

$$\beta = \frac{1}{L\gamma} \ln \left(\frac{1}{\gamma} \right).$$

进一步, 令 K 为满足下式的正整数:

$$1 - \frac{LK}{N} \geqslant \frac{1}{N\beta}, \qquad 1 - \frac{L(K+1)}{N} < \frac{1}{N\beta}. \tag{7.34}$$

换句话说, K 满足下面的要求;

$$\frac{1}{L}(N - \beta^{-1}) - 1 < K \leqslant \frac{1}{L}(N - \beta^{-1}). \tag{7.35}$$

在下面的分析中, 要求 N 充分大; 特别地, 要求 (7.30) 成立. 很容易看出, 只要 (7.30) 和 (7.35) 成立, 则必然存在一个正整数 K.

我们可以证明 $u_x(x_K) \gg 1$, 即 x_K 在边界层里面. 从 (7.24) 可以推导出

$$L\frac{K}{N} = \int_0^{x_K} \sqrt{1 + u_x^2}\, dx \geqslant \int_0^{x_K} |u_x|\, dx \geqslant 1 - e^{-x_K/\varepsilon}.$$

这一结果以及 (7.34) 给出

$$e^{-x_K/\varepsilon} \geqslant \frac{1}{N\beta}, \qquad \text{或等价地} \qquad x_K \leqslant \varepsilon \ln(N\beta). \tag{7.36}$$

上面的第一个不等式表明

$$u_x(x_K) \geqslant (\varepsilon N\beta)^{-1} \gg 1,$$

这就证明了 x_K 确实在边界层里面. 我们进一步可以证明

$$e^{-x_K/\varepsilon} \leqslant \frac{L}{N} + \frac{1}{N\beta} + \frac{2}{N} + \frac{|\ln \beta|}{N}, \tag{7.37}$$

$$x_K \geqslant \varepsilon \ln(N\beta) - \varepsilon \ln(\beta L + 1 + 2\beta + \beta |\ln \beta|). \tag{7.38}$$

根据 (7.24) 我们得到

$$L\frac{K}{N} \leqslant \int_0^{x_K} (1 + u_x)\, dx = x_K + u(x_K)$$

$$\leqslant \varepsilon \ln(N\beta) + \frac{1 - e^{-x_K/\varepsilon}}{1 - e^{-1/\varepsilon}},$$

这里我们用到了 (7.18) 和 (7.36). 通过 (7.33) 得到

$$L\frac{K}{N} \leqslant \frac{1}{N} + \frac{|\ln\beta|}{N} + \frac{1 - e^{-x_K/\varepsilon}}{1 - \varepsilon}.$$

而从 (7.34) 的第二个不等式, 可以得到

$$L\frac{K}{N} > 1 - \frac{L}{N} - \frac{1}{N\beta}.$$

结合上面两个不等式就可以得到 (7.37) 和 (7.38).

我们已经知道模型问题 (7.16)—(7.17) 的精确解在 $x = 0$ 附近有一个长度为 $\mathcal{O}(\varepsilon)$ 的边界层. 而上面的分析 (7.36) 表明 $x_K \in (0, \varepsilon\ln(N\beta))$, 这就说明了根据等分弧长形成的自适应网格非常接近上一节讨论的 Shishkin 网格.

在下面的分析中, 我们讨论三种情形:

(1) 边界层区域 $(0, x_K)$;

(2) 过渡区域 (x_K, x_J);

(3) 正常区域 $(x_J, 1)$,

其中 x_J 满足: 如果 $x < x_J$, 则 $|u_x| \gg 1$, 以及如果 $x > x_J$, 则 $|u_x| = \mathcal{O}(1)$.

引理 7.1　在边界层区域 $(0, x_K)$ 存在 $\mathcal{O}(N)$ 个网格点, 并且

(i) $$h_j \leqslant \frac{\varepsilon}{\gamma}\ln\left(\frac{1}{\gamma}\right), \ j \leqslant K; \tag{7.39}$$

(ii) $$h_j \geqslant C(\gamma)\varepsilon, \ j \geqslant K, \tag{7.40}$$

其中 $C(\gamma)$ 是依赖于 γ 但和 ε 及 N 无关的正常数.

证明　通过 (7.35) 我们很容易证明 $K = \mathcal{O}(N)$. 因此在边界层区域 $(0, x_K)$ 存在 $\mathcal{O}(N)$ 个网格点. 我们进一步观察到: 对于 $x \leqslant x_K$,

$$u_x(x) \geqslant u_x(x_K) \geqslant \frac{1}{\varepsilon}e^{-x_K/\varepsilon} \geqslant \frac{1}{N\beta\varepsilon},$$

其中在最后一步用到了 (7.36). 这样, 我们就可以得到

$$h_j = \int_{\zeta_{j-1}}^{\zeta_j} \frac{L}{\sqrt{1 + u_x^2}}d\zeta \leqslant \int_{\zeta_{j-1}}^{\zeta_j} \frac{L}{u_x(x_K)}d\zeta \leqslant L\beta\varepsilon = \frac{\varepsilon}{\gamma}\ln\left(\frac{1}{\gamma}\right), \quad j \leqslant K.$$

还剩下 (7.40) 的证明. 通过 (7.38) 和 (7.39), 可以得到

$$x_{K-1} = x_K - h_K \geqslant \varepsilon\ln(N\beta) - C(\gamma)\varepsilon.$$

因此,

$$u_x(x_{K-1}) \leqslant \frac{C(\gamma)}{\varepsilon N\beta}. \tag{7.41}$$

对于 $j \geqslant K$, 如果 $x \in (x_{j-1}, x_j)$, 则 $|u_x(x)| \leqslant |u_x(x_{K-1})|$. 因此,

$$h_j = \int_{\zeta_{j-1}}^{\zeta_j} \frac{L}{\sqrt{1 + u_x^2}} d\zeta \geqslant \frac{L}{N\sqrt{1 + u_x^2(x_{K-1})}}.$$

这样, 通过 (7.41) 就可以得到

$$h_j \geqslant cN^{-1}[u_x(x_{K-1})]^{-1} \geqslant C(\gamma)\varepsilon, \qquad j \geqslant K.$$

这个引理因此得证. □

引理 7.2　在过渡区域 (x_K, x_J) 有 $\mathcal{O}(1)$ 个网格点; 这里 $\mathcal{O}(1)$ 表示一个与 N 和 ε 无关的一个常数.

证明　注意到当 $x = \varepsilon \ln\left(\dfrac{1}{\varepsilon}\right)$ 时, $u_x = \mathcal{O}(1)$, 我们很容易证明 $x_{J-1} \leqslant \varepsilon|\ln\varepsilon|$. 换句话说, $(\varepsilon|\ln\varepsilon|, 1)$ 在正常区域. 通过 (7.24) 可以得到

$$\begin{aligned}
L\frac{J-1-K}{N} &= \int_{x_K}^{x_{J-1}} \sqrt{1 + u_x^2} dx \leqslant \int_{x_K}^{x_{J-1}} (1 + u_x) dx \\
&\leqslant x_{J-1} - x_K + c\left(e^{-x_K/\varepsilon} - e^{-x_{J-1}/\varepsilon}\right) \\
&\leqslant \varepsilon|\ln\varepsilon| + ce^{-x_K/\varepsilon} \leqslant \varepsilon|\ln\varepsilon| + \frac{C(\gamma)}{N\beta},
\end{aligned}$$

其中在最后一步我们用到了 (7.37). 再用到 (7.33) 这个假设, 我们推导出 $J - K$ 可以小于一个与 N 和 ε 无关的常数. □

下面的结论是一个非常显然的结果.

引理 7.3　在正规区域 $(x_J, 1)$ 有 N 个网格点. 另外, 如果 $j > J+1$, 则有 $h_j = \mathcal{O}(N^{-1})$.

7.2.1　正规区域的误差

接下来将给出正规区域 $(x_J, 1)$ 里面的误差分析. 我们回忆在这一区域里面 $u_x = \mathcal{O}(1)$ 且 $h_j = \mathcal{O}(N^{-1})$.

引理 7.4　在正规区域 $(x_J, 1)$ 里, 由 (7.31) 所定义的截断误差满足: 对任意给定的与 ε 和 N 无关的常数 $0 < \lambda < 1$,

$$|\tau_j| \leqslant \frac{c}{N\varepsilon^{1+\lambda}} \exp\left(-\frac{\lambda x_{j-1}}{\varepsilon}\right). \tag{7.42}$$

证明　通过 (7.32) 得到

$$|\tau_j| \leqslant c \int_{x_{j-1}}^{x_{j+1}} |u_{xx}| dx = c \int_{\zeta_{j-1}}^{\zeta_{j+1}} \frac{|u_{xx}|}{\sqrt{1 + u_x^2}} d\zeta$$

$$= c \int_{\zeta_{j-1}}^{\zeta_{j+1}} \frac{|u_x/\varepsilon|}{\sqrt{1+u_x^2}} d\zeta,$$

其中在最后一步我们用到了方程 (7.16). 注意到 $f(y) = y/\sqrt{1+y^2}$ 是一个单调递增函数, 我们结合 (7.18) 可以得到

$$\begin{aligned}
|\tau_j| &\leqslant \frac{c}{\varepsilon} \int_{\zeta_{j-1}}^{\zeta_{j+1}} \frac{c_1 \varepsilon^{-1} \exp\left(-\dfrac{x}{\varepsilon}\right)}{\sqrt{1 + c_1^2 \varepsilon^{-2} \exp\left(-\dfrac{2x}{\varepsilon}\right)}} d\zeta \\
&\leqslant \frac{c}{N\varepsilon^2} \frac{c_1 \exp\left(-\dfrac{x_{j-1}}{\varepsilon}\right)}{\sqrt{1 + c_1^2 \varepsilon^{-2} \exp\left(-\dfrac{2x_{j-1}}{\varepsilon}\right)}} \\
&= J_j \exp\left(\frac{-\lambda x_{j-1}}{\varepsilon}\right),
\end{aligned} \tag{7.43}$$

其中 c_1 是一个与 ε 及 N 无关的常数, 并且 J_j 满足如下的定义:

$$J_j = \frac{c}{N\varepsilon^{1+\lambda}} \frac{c_1 \varepsilon^{-(1-\lambda)} \exp\left(-\dfrac{(1-\lambda)x_{j-1}}{\varepsilon}\right)}{\sqrt{1 + c_1^2 \varepsilon^{-2} \exp\left(-\dfrac{2x_{j-1}}{\varepsilon}\right)}},$$

其中 $0 < \lambda < 1$ 且与 ε 及 N 无关. 令

$$y_j = \frac{c_1}{\varepsilon} \exp\left(\frac{-x_{j-1}}{\varepsilon}\right), \qquad g(y) = \frac{y^{1-\lambda}}{\sqrt{1+y^2}}.$$

令 $y^* := \sqrt{(1-\lambda)/\lambda}$. 注意到当 $y \in [0, y^*]$ 时 $g(y)$ 单调递增, 而当 $y > y^*$ 时 $g(y)$ 单调递减. 由于 $\lambda = \mathcal{O}(1)$, 因此 $y^* = \mathcal{O}(1)$. 进一步地,

$$J_j = \frac{c}{N\varepsilon^{1+\lambda}} g(y_j) \leqslant \frac{c}{N\varepsilon^{1+\lambda}} g(y^*) \leqslant \frac{c}{N\varepsilon^{1+\lambda}}.$$

结合 (7.43) 和这一结果就可以得到 (7.42). $\qquad\qquad\qquad\qquad\qquad\square$

引理 7.5 误差函数 $e_j = u(x_j) - u_j$ 在正规区域满足

$$(L_\Delta e)(j) < \frac{c}{N\varepsilon^{1+\lambda}} S_{j-1}. \tag{7.44}$$

证明 很容易验证 $\tau_j = (L_\Delta e)(j)$, 其中 $L_\Delta e$ 的定义由 (7.19) 给出. 注意到 $x_{j-1} = \sum_{k=1}^{j-1} h_k$, 从 (7.42) 可以得到

$$|\tau_j| \leqslant \frac{c}{N\varepsilon^{1+\lambda}} \exp\left(-\sum_{k=1}^{j-1} \frac{\lambda h_k}{\varepsilon}\right) = \frac{c}{N\varepsilon^{1+\lambda}} \prod_{k=1}^{j-1} e^{-\lambda h_k/\varepsilon}. \tag{7.45}$$

注意对于任何 $\phi > 0$ 都有 $e^{-\phi} < (1+\phi)^{-1}$ 这一事实, 并结合 (7.45), 我们马上就可以得到 (7.44).　　　　　　　　　　　　　　　　　　　　　□

下面的引理非常重要, 它给出了离散算子的单调性将会导致解的单调性. 这个引理的证明是基于 M-矩阵的理论的[94,187].

引理 7.6　考虑离散方程组 $(L_\Delta u)(j) = f_j, 1 \leqslant j \leqslant N-1$. 如果 $u(0)$ 和 $u(N)$ 的值给定, 则解是存在的. 进一步地, 如果 $(L_\Delta u)(j) < (L_\Delta v)(j), 1 \leqslant j \leqslant N-1$, 并且如果 $u(0) < v(0)$, $u(N) < v(N)$, 则对于所有的 $1 \leqslant j \leqslant N-1$ 我们有 $u(j) < v(j)$.

引进下面这些定义在网格点上的函数:

$$S_0 = 1, \qquad S_j = \prod_{k=1}^{j} \frac{1}{1 + \lambda h_k/\varepsilon}, \qquad 1 \leqslant j \leqslant N.$$

我们现在可以考察数值解在正规区域的误差. 可以验证

$$\frac{S_j - S_{j-1}}{h_j} = -\frac{\lambda}{\varepsilon} S_j, \qquad 1 \leqslant j \leqslant N. \tag{7.46}$$

利用 (7.21) 可以得到: 对 $j = 1, \cdots, N-1$,

$$\begin{aligned}
(L_\Delta S)(j) &= -C_j S_{j-1} + A_j S_j - B_j S_{j+1} \\
&= -\frac{1}{h_{j+1}} (S_{j+1} - S_j) + \frac{\lambda}{\tilde{h}_j} (S_{j+1} - S_j) \\
&= \frac{\lambda}{\varepsilon} \left(1 - \frac{\lambda h_{j+1}}{\tilde{h}_j} \right) S_{j+1},
\end{aligned}$$

其中在最后一步用到了 (7.46). 注意到 $h_{j+1}/\tilde{h}_j \leqslant 2$; 结合这个结果和上面的估计可以得到: 只要 $\lambda \leqslant 1/4$, 则有

$$(L_\Delta S)(j) \geqslant \frac{\lambda}{\varepsilon} (1 - 2\lambda) S_{j+1} \geqslant \frac{\lambda}{2\varepsilon} S_{j+1}. \tag{7.47}$$

考虑到限制要求 $\lambda \leqslant 1/4$ 以及引理 7.4 的要求, 我们选取

$$0 < \lambda \leqslant \frac{1}{4}, \qquad \lambda = \mathcal{O}(1). \tag{7.48}$$

利用 S_j 的定义, 由 (7.47) 可以得到: 对所有的 $1 \leqslant j \leqslant N-1$,

$$(L_\Delta S)(j) \geqslant \frac{c\lambda}{\varepsilon} S_{j-1} \frac{1}{(1 + \lambda h_j/\varepsilon)(1 + \lambda h_{j+1}/\varepsilon)}.$$

结合这一结果和 (7.44) 得到: 如果 λ 满足 (7.48), 则对所有的 $1 \leqslant j \leqslant N-1$,

$$(L_\Delta e)(j) < \frac{c}{N(\lambda \varepsilon^\lambda)} \left(1 + \frac{\lambda h_j}{\varepsilon}\right) \left(1 + \frac{\lambda h_{j+1}}{\varepsilon}\right) (L_\Delta S)(j). \qquad (7.49)$$

注意到对所有的 j, 成立 $h_j \leqslant L/N$, 我们得到

$$(L_\Delta e)(j) < \frac{c}{N(\lambda \varepsilon^\lambda)} \left(1 + \frac{c\lambda}{N\varepsilon}\right)^2 (L_\Delta S)(j), \quad 1 \leqslant j \leqslant N-1.$$

由于 $e_0 = e_N = 0$, 利用引理 7.6 可以得到

$$e_j < \frac{c}{N(\lambda \varepsilon^\lambda)} \left(1 + \frac{c\lambda}{N\varepsilon}\right)^2 S_j, \quad 1 \leqslant j \leqslant N-1.$$

同样的步骤可以得到对 $-e_j$ 的估计. 因此, 我们可以得到

$$|e_j| < \frac{c}{N(\lambda \varepsilon^\lambda)} \left(1 + \frac{c\lambda}{N\varepsilon}\right)^2 S_j, \quad 1 \leqslant j \leqslant N-1.$$

由于 $h_{J+2} = \mathcal{O}(N^{-1})$, $h_{J+3} = \mathcal{O}(N^{-1})$, 我们可以验证

$$S_j \leqslant \left(1 + \frac{c\lambda}{N\varepsilon}\right)^{-2}, \qquad j \geqslant J+3.$$

因此, 可以得到

$$|e_j| \leqslant \frac{c}{N(\lambda \varepsilon^\lambda)}, \qquad J+3 \leqslant j \leqslant N.$$

在实际计算中, 我们通常要求 $\varepsilon \geqslant 10^{-15}$ (机器精度). 所以只要我们选取 $\lambda = \dfrac{1}{30}$, 就可以得到

$$|e_j| \leqslant \frac{c}{N}, \qquad J+3 \leqslant j \leqslant N. \qquad (7.50)$$

7.2.2 过渡区域的误差

移动网格方法的一个重要特点是数值解不可能在任何一个计算区间上有 $\mathcal{O}(1)$ 量级的跳跃. 更精确地说, 有

$$|u(x_j) - u(x_{j-1})| \leqslant \frac{L}{N}, \qquad j = 1, \cdots, N. \qquad (7.51)$$

上面的结果证明如下:

$$|u(x_j) - u(x_{j-1})| \leqslant \int_{x_{j-1}}^{x_j} |u_x| dx = \int_{\zeta_{j-1}}^{\zeta_j} \frac{L|u_x|}{\sqrt{1+u_x^2}} d\zeta \leqslant \frac{L}{N}.$$

为了得到过渡区域的误差估计, 我们需要考察差分格式 (7.19). 从 (7.19) 可以推导出

$$D_+u_j = \frac{\varepsilon/\tilde{h}_j}{1+\varepsilon/\tilde{h}_j}D_+u_{j-1} = \frac{1}{1+\tilde{h}_j/\varepsilon}D_+u_{j-1}. \tag{7.52}$$

引理 7.7 对初始点, 有

$$|D_+u_0| \leqslant c\varepsilon^{-1}. \tag{7.53}$$

证明 令 $M := \left[\dfrac{N}{2L}\right]$, 其中 $[\cdot]$ 表示 $\cdot$ 的整数部分. 由 (7.24) 得

$$\frac{Lj}{N} = \int_0^{x_j} \sqrt{1+u_x^2}\,dx \geqslant \int_0^{x_j} u_x\,dx \geqslant 1 - e^{-x_j/\varepsilon}, \qquad 1 \leqslant j \leqslant N.$$

进一步地, 我们有

$$e^{-x_j/\varepsilon} \geqslant 1 - \frac{Lj}{N} \geqslant 1 - \frac{1}{2} = \frac{1}{2}, \qquad 1 \leqslant j \leqslant M,$$

这就导致了 $x_j \leqslant \varepsilon \ln 2$. 对 $j \leqslant M$, 利用 (7.27) 给出

$$h_j \leqslant \frac{L}{N}\frac{1}{u_x(x_j)} \leqslant \frac{L\varepsilon}{N}e^{x_j/\varepsilon} \leqslant \frac{2L\varepsilon}{N}, \qquad j \leqslant M. \tag{7.54}$$

同理, 我们可以证明

$$h_j \geqslant \frac{c}{Nu_x(x_{j-1})} \geqslant \frac{c\varepsilon}{N}e^{x_{j-1}/\varepsilon}, \qquad j \leqslant M. \tag{7.55}$$

因此, 通过 (7.52) 可以得到

$$|D_+u_{j-1}| \geqslant e^{-\tilde{h}_{j-1}/\varepsilon}|D_+u_{j-2}| \geqslant \cdots \geqslant \exp\left(-\sum_{k=1}^{j-1}\tilde{h}_k/\varepsilon\right)|D_+u_0|. \tag{7.56}$$

结合 (7.55) 和 (7.56) 给出

$$|u_j - u_{j-1}| \geqslant \frac{c\varepsilon}{Nh_1}\exp\left(\frac{h_1}{2\varepsilon} - \frac{h_{j-1}}{2\varepsilon}\right)|u_1 - u_0| \geqslant \frac{c\varepsilon}{Nh_1}|u_1 - u_0|, \qquad j \leqslant M,$$

其中最后一步我们利用了 (7.54). 在 (7.54) 中令 $j = 1$, 并把结果代入上面这个不等式, 可以得到

$$|u_j - u_{j-1}| \geqslant c|u_1 - u_0|, \qquad j \leqslant M.$$

通过 (7.19)—(7.20) 可以证明 $\{u_j\}$ 是一个单独递增序列. 因此

$$1 \geqslant u_M - u_0 = \sum_{j=1}^{M}|u_j - u_{j-1}| \geqslant cM|u_1 - u_0|. \tag{7.57}$$

注意到 $M = \left[\dfrac{N}{2L}\right] = \mathcal{O}(N)$, 因此由 (7.57) 可得 $|u_1 - u_0| \leqslant cN^{-1}$. 这一结果, 结合 $h_1 \geqslant c\varepsilon N^{-1}$ (见 (7.55)), 可证明 (7.53). $\qquad\square$

引理 7.8 令 $\gamma \in (0,1)$ 是一个固定常数且 K 由 (7.35) 所定义, 我们有

$$|u_j - u_{j-1}| \leqslant \frac{c}{N\gamma} e^{(1-\gamma)x_j/\varepsilon}, \qquad j \leqslant K.$$

证明 首先证明

$$\text{对 } 0 \leqslant \phi \leqslant \frac{1}{\gamma}\ln\left(\frac{1}{\gamma}\right), \quad \text{有} \quad g(\phi) = e^{\gamma\phi} - 1 - \phi \leqslant 0. \tag{7.58}$$

其证明可以从下面给出

$$g(0) = 0, \quad g'(\phi) = \gamma e^{\gamma\phi} - 1 \leqslant \gamma \exp\left(\gamma \cdot \frac{1}{\gamma}\ln\left(\frac{1}{\gamma}\right)\right) - 1 = 0.$$

由 (7.39) 可以得到

$$\frac{h_j}{\varepsilon} \leqslant \frac{1}{\gamma}\ln\left(\frac{1}{\gamma}\right), \qquad j \leqslant K. \tag{7.59}$$

结合 (7.58) 和 (7.59) 给出

$$\frac{1}{1 + \tilde{h}_{j-1}/\varepsilon} \leqslant e^{-\gamma\tilde{h}_{j-1}/\varepsilon}, \qquad j \leqslant K.$$

利用 (7.52) 以及上面的不等式给出

$$|u_j - u_{j-1}| \leqslant e^{-\gamma\tilde{h}_{j-1}/\varepsilon} \frac{h_j}{h_{j-1}}|u_{j-1} - u_{j-2}|$$

$$\leqslant \cdots \leqslant \exp\left(-\gamma\sum_{k=1}^{j-1}\tilde{h}_k/\varepsilon\right)\frac{h_j}{h_1}|u_1 - u_0|$$

$$= h_j\exp\left(-\gamma\sum_{k=1}^{j-1}\tilde{h}_k/\varepsilon\right)|D_+u_0|, \qquad j \leqslant K. \tag{7.60}$$

由 (7.27) 可以得到 $h_j \leqslant c\varepsilon N^{-1}e^{x_j/\varepsilon}$. 结合这一结果, 以及 (7.60) 和引理 7.7, 可以得到

$$|u_j - u_{j-1}| \leqslant \frac{c}{N}\exp\left(\frac{\gamma h_1}{2\varepsilon} + \frac{\gamma h_{j-1}}{2\varepsilon}\right)\exp\left((1-\gamma)\frac{x_j}{\varepsilon}\right)$$

$$\leqslant \frac{c}{N}\left(\frac{1}{\gamma}\right)\exp\left((1-\gamma)\frac{x_j}{\varepsilon}\right),$$

其中在最后一步我们得到了 (7.39). $\qquad\square$

引理 7.9　令 $\gamma \in (0,1)$ 是一个固定常数且 K 由 (7.35) 所定义, 则对 $K \leqslant j \leqslant J+3$, 有

$$|u_j - u_{j-1}| \leqslant C(\gamma)N^{-\gamma}. \tag{7.61}$$

证明　注意到在 x_K 和 x_{J+3} 之间仅有有限个网格点, 即 $J - K = \mathcal{O}(1)$. 我们可以采用数学归纳法来证明 (7.61). 从引理 7.8 知道 (7.61) 对于 $j = K$ 是成立的. 假设 (7.61) 对过渡区域的某个指标 $j = s$ 成立, 即对 $K \leqslant s \leqslant J+2$, 有

$$|u_s - u_{s-1}| \leqslant C(\gamma)N^{-\gamma}. \tag{7.62}$$

我们需要证明 (7.61) 对 $j = s+1$ 也成立. 由 (7.52) 我们得到

$$|u_{s+1} - u_s| \leqslant \frac{\varepsilon}{h_s}\frac{h_{s+1}}{\tilde{h}_s}|u_s - u_{s-1}| \leqslant \frac{2\varepsilon}{h_s}|u_s - u_{s-1}|. \tag{7.63}$$

由于 $s \geqslant K$, 由 (7.40) 得到 $h_s \geqslant C(\gamma)\varepsilon$. 利用这一结果, 以及 (7.62) 和 (7.63), 给出

$$|u_{s+1} - u_s| \leqslant C(\gamma)N^{-\gamma}.$$

因此引理得证.　　　　　　　　　　　　　　　　　　　　　　　　　　　　　　□

有了上面两个引理, 我们很容易得到数值解在过渡区域的误差. 从 (7.61) 得到

$$|u_{J+3} - u_j| \leqslant C(\gamma)N^{-\gamma}, \qquad K \leqslant j \leqslant J+2, \tag{7.64}$$

其中用到了 $J - K = \mathcal{O}(1)$ 这个事实 (引理 7.2). 对于 $K \leqslant j \leqslant J+2$, 我们现在有

$$\begin{aligned}|u(x_j) - u_j| &\leqslant |u(x_j) - u(x_{J+3})| + |u(x_{J+3}) - u_{J+3}| + |u_{J+3} - u_j| \\ &\leqslant cN^{-1} + cN^{-1} + C(\gamma)N^{-\gamma},\end{aligned}$$

其中最后一步用到了 (7.51), (7.50) 和 (7.64). 上述结果告诉我们在过渡区域, 下面的误差估计成立:

$$|u(x_j) - u_j| \leqslant C(\gamma)N^{-\gamma}, \qquad K \leqslant j \leqslant J+2.$$

7.2.3　边界层内的误差

上个小节的结果告诉我们:

$$|u(x_K) - u_K| \leqslant C_1(\gamma)N^{-\gamma}, \tag{7.65}$$

其中 $C_1(\gamma)$ 是一个仅依赖于 γ 的常数. 运用与 7.2.1 小节同样的记号和技巧可以得到: 如果 λ 满足 (7.48) 的要求, 则

$$(L_\Delta e)(j) < \frac{c}{N(\lambda\varepsilon^\lambda)}\left(1+\frac{\lambda h_j}{\varepsilon}\right)\left(1+\frac{\lambda h_{j+1}}{\varepsilon}\right)(L_\Delta S)(j), \quad 1\leqslant j\leqslant N-1.$$

上面的结果其实就是 (7.49). 结合这个结果与 (7.49) 给出

$$(L_\Delta e)(j) < \frac{C_2(\gamma)}{N(\lambda\varepsilon^\lambda)}(L_\Delta S)(j), \quad 1\leqslant j\leqslant K-1.$$

由于 $0<\lambda<1$, 进一步得到

$$(L_\Delta e)(j) < \frac{\max\Big(C_2(\gamma),(1+\beta)C_1(\gamma)\Big)}{N^\gamma(\lambda\varepsilon^\lambda)}(L_\Delta S)(j), \quad 1\leqslant j\leqslant K-1,$$

其中 $C_1(\gamma)$ 在 (7.65) 给出. 注意到

$$S_K = \prod_{k=1}^{K}\frac{1}{1+\lambda h_k/\varepsilon} \geqslant \exp\left(-\lambda\sum_{k=1}^{K}h_k/\varepsilon\right)$$

$$= \exp\left(-\frac{\lambda x_K}{\varepsilon}\right) \geqslant \frac{1}{(N\beta)^\lambda},$$

其中最后一步用到了 (7.36). 进一步地, 因为 $0<\lambda<1$ 和 $N\varepsilon<1$, 我们可以得到

$$\lambda(N\varepsilon\beta)^\lambda \leqslant \beta^\lambda < 1+\beta.$$

结合上面的两个结果可以得到

$$\frac{\max\Big(C_2(\gamma),(1+\beta)C_1(\gamma)\Big)}{N^\gamma(\lambda\varepsilon^\lambda)}S_K$$

$$\geqslant \frac{(1+\beta)C_1(\gamma)}{\lambda N^\gamma(N\varepsilon\beta)^\lambda} > C_1(\gamma)N^{-\gamma} \geqslant e_K,$$

其中最后一步用到了 (7.65). 考虑到 $e_0=0$, 我们得到

$$\frac{\max\Big(C_2(\gamma),(1+\beta)C_1(\gamma)\Big)}{N^\gamma(\lambda\varepsilon^\lambda)}S_0 > e_0.$$

现在采用引理 7.6 得到

$$e_j < \frac{C(\gamma)}{N^\gamma(\lambda\varepsilon^\lambda)}S_j, \quad 1\leqslant j\leqslant K.$$

同样的结果对 $-e_j$ 成立. 这样就得到了

$$|e_j| < \frac{C(\gamma)}{N^\gamma(\lambda\varepsilon^\lambda)}S_j, \qquad 1 \leqslant j \leqslant K.$$

我们再一次选择 $\lambda = \frac{1}{30}$, 这样只要 $\varepsilon \geqslant \mathcal{O}(10^{-15})$ (机器精度) 就有 $\lambda\varepsilon^\lambda = \mathcal{O}(1)$. 由于对所有的 j 有 $S_j \leqslant 1$, 我们可以得到

$$|u(x_j) - u_j| \leqslant C(\gamma)N^{-\gamma}, \qquad 1 \leqslant j \leqslant K.$$

综合以上的证明, 我们得出了下面的结论:

(1) 等分布弧长形成的网格基本上和 Shishikin 网格的结构相似, 即数值边界层的长度约为 $\mathcal{O}(\varepsilon \ln N)$, 且有 $\mathcal{O}(N)$ 在这个边界层里面;

(2) 我们得到了与奇异扰动参数 ε 无关的一直误差, 即 (7.30).

7.3　自适应网格全离散分析

在本节, 我们根据 [98] 的方法给出一个最大模意义下的一致误差估计, 所用的方法是离散的极大值原理.

我们考虑一个比上两节的模型方程更一般的问题:

$$Lu := -\varepsilon u'' - u' = f(x), \quad x \in (0,1), \tag{7.66}$$

$$u(0) = u(1) = 0, \tag{7.67}$$

其中 $\varepsilon \in (0,1]$ 是一个小参数, $f(x)$ 充分光滑.

和上节一样, 我们考虑迎风格式. 首先令

$$Av(x) = \varepsilon v' + v. \tag{7.68}$$

相应的离散近似定义为

$$A^N v_i = \varepsilon D^- v_i + v_i. \tag{7.69}$$

这样模型问题 (7.66) 的迎风离散可以写成

$$L^N u_i := -\frac{A^N u_{i+1} - A^N u_i}{\hat{h}_j} = f_i, \quad 1 \leqslant i \leqslant N-1. \tag{7.70}$$

本节所用的差分符号和上节几乎一致:

$$D^- v_i = \frac{v_i - v_{i-1}}{h_i}, \quad D_i^+ = \frac{v_{i+1} - v_i}{h_{i+1}},$$

$$Dv_i = \frac{v_{i+1} - v_i}{\hat{h}_i}, \quad \hat{h}_i = \frac{1}{2}(h_i + h_{i+1}),$$
$$h = \max_i h_i, \quad I_i = (x_{i-1}, x_i).$$

令 $u^N(x)$ 是数值解在小区间 I_i 上的线性插值, 即 $u^N(x)$ 是一个分片线性函数, 且满足

$$u^N(x_i) = u_i, \quad i = 0, 1, \cdots, N. \tag{7.71}$$

我们还需要定义最大模以及负模:

$$\|v(x)\|_\infty := \operatorname*{ess\,sup}_{x \in [0,1]} |v(x)|, \quad \|v(x)\|_* := \min_{V: V' = v} \|V(x)\|_\infty. \tag{7.72}$$

注意到 $V(x)$ 是 v 的原函数; 所以

$$\|v(x)\|_* = \min_{C \in \mathbf{R}} \left\| \int_x^1 v(s)ds + C \right\|_\infty. \tag{7.73}$$

这一负模的另一个等价形式为

$$\|v(x)\|_* = \min_{u \in W_0^{1,1}(0,1)} \frac{\langle u, v \rangle}{|u|_{1,1}}.$$

相关的符号可以参考索伯列夫空间方面的教科书, 如 [1]. 可以证明

$$\|f(x)\|_* \leqslant \frac{1}{2}\|f(x)\|_\infty.$$

我们定义相关的离散模:

$$\|v\|_{\infty,N} = \max_i |v_i|,$$

以及

$$\|v\|_{*,N} = \max_{v_i: DV_i = v_i} \|v\|_{\infty,N}$$
$$= \min_{c \in \mathbf{R}} \left\| \max_C \sum_{j=i}^N \hat{h}_j v_j + C \right\| \leqslant \frac{1}{2}\|v\|_{\infty,N}. \tag{7.74}$$

注意到对于分片线性函数 $F(x)$, 如果 $f(x) = -F'(x)$, 则 $f(x)$ 在经典意义上具有奇性. 所以在这种情况下, 我们求解 (7.66)—(7.67) 是在分片意义下理解的.

7.3.1 一些有用的引理

引理 7.10 给定一个有界且分片连续函数 $F(x)$, 并令 $f(x) = -F'(x)$. 则 (7.66)—(7.67) 存在一个唯一解 $u(x) \in C([0,1])$ 且满足

$$\|u(x)\|_\infty \leqslant 2\|Lu(x)\|_*.$$

证明　很容易验证 (7.66)—(7.67) 的解具有下面的形式:

$$u(x) = W(x) - W(1)\frac{V(x)}{V(1)}, \tag{7.75}$$

其中

$$W(x) = \int_0^x \frac{F(s)}{\varepsilon} \exp\left\{-(x-s)/\varepsilon\right\} ds,$$
$$V(x) = \int_0^x \frac{1}{\varepsilon} \exp\left\{-(x-s)/\varepsilon\right\} ds, \tag{7.76}$$

很容易验证

$$0 \leqslant V(x) \leqslant 1, \quad V(1) \geqslant 1 - e^{-1}, \quad |W(x)| \leqslant V(x)\|F(x)\|_\infty. \tag{7.77}$$

这就给出了 $|u(x)| \leqslant 2V(x)\|F(x)\|_\infty$. 因此进一步得到

$$\|u(x)\|_\infty \leqslant 2\|F(x)\|_\infty.$$

结合这个结果和 (7.72), 得到了本引理的结论.　　　　　　　　　　　　　　　　□

推论 7.1　假设 u 是 (7.66)—(7.67) 的解, 则对任何一个连续的分片线性函数 $v^N(x)$, 满足 $v^N(0) = v^N(1) = 0$, 则下面的估计成立:

$$\|v^N(x) - u(x)\|_\infty \leqslant 2\|Av^N(x) - f(x)\|_*. \tag{7.78}$$

7.3.2　一阶误差估计

先验估计中的 "先验" (a priori) 就是康德哲学里的 "先验" 的意思, 也就是说, 先验误差估计不用解方程就能够寻找到一些误差规律. 比如说数值解和精确解的误差由网格长度和精确解的导数性质决定; 也就是说右边有些项和未知解有关系. 在很多情况下, 我们知道这些未知解的导数是有界的, 所以误差估计就是由网格长度决定了.

同样地, 后验误差估计 (a posteriori error estimate) 就是说数值解和精确解的误差完全由数值解控制. 每一步计算或迭代后, 我们可以算出误差上界; 这样就可以准确控制数值解的误差, 给出满意的精确度.

本节我们将讨论两个结果: 一个是先验误差估计, 一个是后验误差估计.

定理 7.2 (先验误差估计)　假设 f 是个一阶光滑函数, u 是 (7.66)—(7.67) 的解, u^N 是 (7.71) 所定义的数值解, 则下面的误差估计成立:

$$\|u_i^N - u(x_i)\|_{\infty, N} \leqslant 2 \max_{1 \leqslant i \leqslant N}\left[\int_{x_{i-1}}^{x_i} |u'(x)| dx + C_1 h_i\right],$$

其中 $C_1 = \|f\|_\infty + \|f'\|_\infty/2$.

证明 采用离散方程 (7.70) 我们可以得到

$$L^N\left[u_i^N - u(x_i)\right] = f_i - L^N u_i = f_i + D^+ A^N u_i.$$

上面用到了 $L^N = -D^+ A^N$ 这个事实. 引进下面的辅助函数

$$F(x) = \int_x^1 f(x)dx, \tag{7.79}$$

可以验证 $F'(x) = -f(x)$; 考虑其离散形式:

$$F_i^N = \sum_{j=1}^N f_j h_{j+1},$$

也可以验证 $f_i = -D^+ F_i^N$. 这样我们就有

$$L^N[u_i^N - u(x_i)] = D^+(A^N u_i - F_i^N).$$

从 (7.66) 可以得到 $Au(x) - F(x)$ 是常数, 特别是 $Au(x_i) - F(x_i)$ 是常数, 因此 $D^+[A^N u_i - F(x_i)] = 0$. 这样, 结合上面的结果, 我们得到

$$L^N[u_i^N - u(x_i)] = D^+ \eta_i^N,$$
$$\eta_i^N := [A^N u_i - Au(x_i)] - [F_i^N - F(x_i)].$$

再利用 (7.74) 和 (7.78) 得到

$$\|u_i^N - u(x_i)\|_{\infty,N} \leqslant 2\|L^N[u_i^N - u(x_i)]\|_{\infty,*} = 2\|D^+ \eta_i^N\|_{\infty,*} \leqslant 2\|\eta_i^N\|_{\infty,N}.$$

最后采用 (7.69) 可以得到

$$|\eta_i^N| \leqslant \varepsilon|D^- u_i - u'(x_i)| + \frac{h}{2}\|f'\|_\infty$$
$$\leqslant \varepsilon \int_{x_{i-1}}^{x_i} |u''(x)|dx + \frac{h_i}{2}\|f'\|_\infty$$
$$\leqslant \int_{x_{i-1}}^{x_i} |u'(x)|dx + (\|f\|_\infty + \|f'\|_\infty/2)h_i,$$

其中最后一步用到了方程 (7.66), 即 $\varepsilon u'' = -u - f$. 这样就得到了定理的结论. □

定理 7.3 (后验误差估计) 假设 f 是个一阶光滑函数, u 是 (7.66)—(7.67) 的解, u^N 是 (7.71) 所定义的线性插值函数, 则下面的误差估计成立:

$$\|u^N(x) - u(x)\|_\infty$$

$$\leqslant 2 \max_{1 \leqslant i \leqslant N} \left[\int_{x_{i-1}}^{x_i} |[u^N(x)]'| dx + C_1 h_i \right]$$

$$\leqslant 2 \max_{1 \leqslant i \leqslant N} \left[|u_i^N - u_{i-1}^N| + C_1 h_i \right], \tag{7.80}$$

其中 $C_1 = \|f\|_\infty + \|f'\|_\infty/2$.

证明 本定理的证明和上面的先验误差估计相似; 主要区别在于我们需要把算子 L 用到误差函数 $u^N(x) - u(x)$ 中, 并且用到原方程中消去 u. 注意到对于分片线性函数 $Lu^N(x)$ 的二阶导数是在分布意义下理解的.

采用离散方程 (7.70) 和 (7.68), 可以得到

$$L(u^N(x) - u(x)) = Lu^N(x) - f = -(Au^N(x) - F(x) - a)', \tag{7.81}$$

其中 $F(x)$ 由 (7.79) 所定义, a 是一个任意常数. 由 (7.70) 可以得到

$$A^N u_i^N - F_i^N = a, \quad i = 1, \cdots, N,$$

其中 a 也是一个任意常数. 我们把 (7.81) 中的任意常数取作和上式的一致. 这样, 我们就得到了

$$L[u^N(x) - u(x)] = \eta'(x),$$

其中

$$\eta(x) = \eta_A(x) - \eta_F(x), \quad \eta_A(x) = A^N u_i^N - Au^N(x),$$
$$\eta_F(x) = F_i^N - F(x), \qquad x \in I_i, \quad i = 1, \cdots, N.$$

利用引理 7.10, 我们只要证明下式就可以完成本定理的证明:

$$\|[u^N(x) - u(x)]\|_* \leqslant \max_i \int_{x_{i-1}}^{x_i} |[u^N(x)]'| dx + C_1 h.$$

利用 (7.73), 我们可以得到

$$\|L[u^N(x) - u(x)]\|_\infty \leqslant \|\eta\|_\infty \leqslant \|\eta_A\|_\infty + C_1 h, \tag{7.82}$$

其中我们用到了 $\|\eta_F\| \leqslant C_1 h$. 现在仅考虑在一个子区间 I_i 上的 $\eta_A(x)$. 注意到在 I_i 上: $[u^N(x)]' = D^- u_i^N$, 我们有

$$\eta_A(x) = u_i^N(x) - u(x) = \int_x^{x_i} [u^N(x)]' dx.$$

这样就得到了

$$\sup_{x \in I_i} |\eta_A(x)| \leqslant \int_x^{x_i} |[u^N(x)]'| dx.$$

这个结果, 再结合 (7.82), 就可以得到 (7.80) 的第一个不等式. 注意到在区间 I_i 上 $[u^N(x)]'$ 是一个常数, 这样我们就得到了第二个不等式. □

如果我们再把上面的误差展开一点, 就可以得到

$$\|u^N(x) - u(x)\|_\infty \leqslant C \max_{1 \leqslant i \leqslant N} \sqrt{(u_i^N - u_{i-1}^N)^2 + (x_i - x_{i-1})^2}.$$

注意到右边就是每个小区间上的数值解的弧长. 显然, 让每个小区间上的弧长等分可以使误差最小化. 基于这个定理, 文献 [99] 设计了一个基于迭代的移动网格方法. 数值结果充分显示了移动网格的优越性.

7.4 其他理论进展

移动网格的理论分析比较困难. 上节考虑的是不带时间的问题, 即常微分方程. 这方面的文章比较多, 比如 [22, 49, 57, 84, 111]. 二维的椭圆型问题也有类似的结果.

对带时间的问题, 即抛物型或双曲型问题, 很多作者提出了移动网格方法, 但这方面的分析相对比较少.

7.4.1 守恒型方程的移动网格方法

本书前一部分已经讨论过基于调和映射构造逻辑区域和物理区域之间的坐标变换, 实现网格迭代移动, 之后求解双曲型守恒律问题. 这一方法利用移动网格逼近空间 (时间方向) 连续变化的特点, 设计满足偏微分方程和解所具有的性质 (如守恒等) 的新旧网格之间解重构算法; 研究保持物理性质的计算方法, 将其与网格迭代重分布结合, 发展求解微分方程的一类基于调和映射的分裂型移动网格方法. 这种思路之后被推广到多种基于移动网格的熵稳定格式求解, 此类方法利用等分布原理得到新的网格分布, 基于守恒型插值公式计算新的网格上的物理量, 使用熵稳定数值通量方法得到下一时刻的数值解[92, 132, 200, 212].

由于双曲型方程解可能是间断的, 所以其误差估计是很困难的. 在这一方面, 一个比较严格的原创性的结果是 Teng 于 2008 年的结果[181]. 他考虑了如下的双曲型守恒律问题:

$$\frac{\partial u}{\partial t} + \frac{\partial f(u)}{\partial x} = 0.$$

给定一个合适的控制函数 M, 采用下面的等分布原理可以得到网格:

$$\int_{x_j}^{x_{j+1}} M(x, t)dx = \Delta s,$$

其中 Δs 是在计算平面上的等步长; 在 [181] 中, 作者选取了常用的弧长控制函数 M. Teng 严格证明了下述结果: 对于线性双曲型守恒律方程, 如果初始值是分片

光滑的且只有有限个间断点, 则该问题的物理解和上述网格分布下的差分格式数值解在 L^1 意义下的误差是 $\mathcal{O}(t\Delta s(1 + |\ln(t\Delta s)|))$. 这是一个一阶收敛结果.

　　注意如果不采用移动网格方法, 对于线性双曲型方程, 差分方法得到的数值解的误差只能是 $\mathcal{O}(\sqrt{\Delta s})$[179]. 所以移动网格大大提高了数值解的精度.

　　另一个相关的理论结果是 Sfakianakis 于 2013 年完成的[155]. 和上面 Teng 的出发点不一样, 他没有引入计算空间的概念, 即没有用到 x 到 s 空间的映射, 而是直接在物理空间变换网格. 作者严格证明了如果采用适当的移动网格方法可以控制解的总变差不增. 作者还证明了即使一开始解的总变差是增加了, 但是移动网格技术可以使总变差随着时间增长继续降下来, 继而在一定时间后, 总变差不增的性质能够保持满足.

7.4.2　抛物型方程的移动网格方法

　　关于抛物型移动网格方法的研究历史相对悠久, 最早的方法可能起源于 Simith 和 Stuart 的工作[160, 161]. 他们考虑

$$u_t = f(u, u_x, u_{xx}), \quad x \in (0,1), \quad t > 0 \tag{7.83}$$

这样的抛物型方程. 然后引进一个空间坐标变换: $x = \tilde{x}(\zeta), \zeta \in (0,1)$, 它是根据标准的等分布原理生成的:

$$\int_0^{\tilde{x}(\zeta,t)} M(Du)(x,t)dx = \zeta \int_0^1 M(Du)(x,t)dx. \tag{7.84}$$

根据原方程 (7.83) 和网格方程 (7.84), 作者考虑了一个关于 $\tilde{u}(\tilde{x}(\zeta,t),t)$ 和 $\tilde{x}(\zeta,t)$ 以及关于 ζ 和 t 的方程组, 并且得到了网格 $\tilde{x}$ 的稳定性质.

　　另一个值得讨论的误差分析工作是 Dupont 和 Liu 的关于移动网格有限元方法的 "对称误差估计", 作者考虑的模型方程是对流扩散方程:

$$u_t - \nabla \cdot (\nabla u) + v \cdot \nabla u + cu = f. \tag{7.85}$$

通过给出严格的对称误差估计, 作者说明了移动网格方法的有效性. 具体证明手段和结论请见 [65, 115].

第 8 章　移动网格方法的广泛应用

本书主要写给移动网格方法入门的读者, 限于篇幅和时间, 只介绍了移动网格的一些基本内容和思想.

移动网格方法还有很多地方值得进一步探讨, 比如上一章介绍的理论误差分析部分, 这一方向极不完善, 大家注意到我们只介绍了不带时间的、不带偏导数的简单情形. 那么带有时间的问题, 比如简单的 Burgers 方程, 一般情况下解都会有奇性, 如果配备一个相应的移动网格方法, 会不会得到改进的误差估计呢？如何建立一个相应的理论分析框架, 这仍是一个富有挑战性的问题.

另外, 如何结合其他两类自适应算法, 即 h-方法、r-方法, 做出混合型方法 (图 8.1), 更好地提高求解效率, 也是一个值得关注的问题.

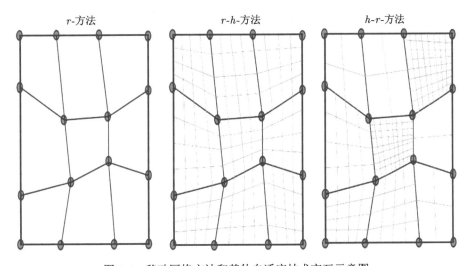

图 8.1　移动网格方法和其他自适应技术交互示意图

很多实际问题的求解可求助于移动网格方法, 以提高求解效率和精度. 在本书收尾的时候, 我们简要回顾和展望移动网格在实际问题中的应用.

在过去的三十年, 移动网格的应用体现在很多方面, 比如著名数学家 Gilbert 等在电路仿真问题上[170], Warnecke 等[144], Watkins[193] 等在人口动力学问题上, 包刚等在第一原理计算问题上[20], 沈捷、杜强等在相场模拟方面[67,156] 都做出了重要的成果. 还有其他有实际应用背景的移动网格模拟, 比如海啸模拟[96]、数据同化研究[9,31] 等.

但是, 移动网格最成功的、大范围的应用还是在大尺度、大区域的问题上, 这里主要指的是宇宙、地球, 所以在宇宙学、大气学等方面, 移动网格方法起到了极其重要的作用. 一个典型的例子是移动网格模拟宇宙从大爆炸到今天的演化过程. 2012 年 8 月 31 日, 国际媒体广泛报道了哈佛-史密森尼天体物理中心的科学家与德国海德堡理论研究所的研究人员联手制作了一段高分辨率的电脑模拟视频. 这段视频只有短短 78 秒, 却为我们呈现了宇宙从大爆炸到今天大约 140 亿年的演化过程.

媒体报道指出: "这段模拟视频由名为 AREPO 的软件生成, 采用移动网格技术呈现宇宙内不同星系的图像, 细节非常丰富. 与此前的模拟软件不同的是, AREPO 通过虚拟的可弯曲网格再现大爆炸后的宇宙演化. 这种网格可以移动, 以对应构成宇宙的气体、恒星、暗物质和暗能量的移动."

注意到, 软件 AREPO 完全基于移动网格技术, 它保持计算网格点数不变, 但允许网格弯曲和移动, 以对应构成宇宙的气体、恒星、暗物质和暗能量的移动和变化. 这个软件的开创者、德国海德堡理论研究所的 Volker Springel 于 2010 年发表的移动网格文章 [169], 谷歌引用一千多次, 他于 2005 年完成的基于 SPH 软件 GADGET-2 的文章 [168] 被引用超过五千次.

下面我们将重点介绍移动网格比较有系统应用的四个领域.

8.1 大气和海洋模拟

移动网格适用于超大区域的问题, 比如大气问题、海洋问题. 这些超大区域很难用均匀网格计算, 常采用的一种高精度方法是谱方法, 这个方法决定于多项式的展开项, 不需要有网格小的要求. 另一个重要的方法就是自适应网格.

大气科学研究大气的结构组成、物理现象、运动规律, 以及如何运用这些规律为人类服务, 是地球科学的一个重要组成部分. 1939 年, 气象学家罗斯比提出了长波动力学, 并由此引出了位势涡度理论. 这为后来的数值天气预报和大气环流的数值模拟开辟了道路. 大气中各类过程的相互影响, 以及大气现象中的跃变形式, 都可以由非常复杂的非线性方程描述. 大型高速电子计算机的问世, 为求解非线性方程提供了条件, 使定量分析成为可能, 成为现代大气科学研究的一个重要支柱.

气象模式中的自适应网格方法始于 20 世纪 90 年代. 移动网格方法能响应不同时间层面数值解的不断变化, 通过重新分布, 在物理意义大的地方加密网格, 物理意义小的地方疏散网格, 而总格点数不变 (参看图 8.2 大气计算中地球表面的网格图). 澳大利亚气象局的 Dietachmayer 给出了移动网格的系列工作[59,60],

主要模拟了运动锋生和中性环境下热力浮升问题. 曾庆存等用该技术计算了月平均风应力场强迫下的南海海流, 还用自适应浅水方程组来预报台风路径[114]. 早期类似的工作还有美国俄克拉荷马大学气象学院 Fiedler-Trapp 等关于动网格自适应 (dynamic grid adaption) 的系列工作[69]; 以及爱荷华大学 Iselin 的博士学位论文[90], 以及他的后续文章[91].

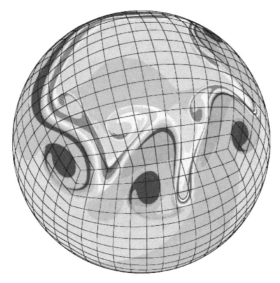

图 8.2 大气计算中地球表面的示意图

2000 年之后, 在这一方面的研究有更进一步的发展, 比如 Bacon 等建立的基于移动网格的 OMEGA 数值模型[17], 以及 Prusa 等对于地球物理发展的移动网格方法[142]. 近几年来, 几类移动网格方法被发展用来研究大气流问题[97,100] 以及气象问题[34].

除了上面提到的爱荷华大学 Iselin 的博士学位论文[90], 近几年还有多篇相关的博士论文, 包括英国巴斯大学 Walsh[191] 和 Cook[54] 关于气象学的移动网格博士学位论文, 以及德国慕尼黑大学 Kühnlein 关于地球物理的移动网格博士学位论文[101].

海洋模式是建立在描述动力和物理过程的偏微分方程基础上, 通过求解复杂的纳维-斯托克斯方程对海洋系统进行建模和模拟. 海洋模式从其刻画的运动形态, 可以分为海洋环流模式、海浪模式、潮汐模式和风暴潮模式等, 这些刻画不同现象的海洋模式可以认为是纳维-斯托克斯方程不同形式的简化, 图 8.3 是海洋速度场的示意图. 随着海洋和气候变化研究的不断深入, 海洋模式正逐步朝着更高分辨率、更多物理过程和更快计算速度的方向发展.

20 世纪后期, 随着计算机的飞速发展, 海洋学家发展了一系列的海洋环流模式, 如 MIT General Circulation Model (MITgcm)、Princeton Ocean Model (POM) 等. 这些海洋环流模式通过有限插分 (有限体积) 格式实现海洋过程的数值模拟. 海洋环流模式的控制方程均采用 Boussinesq 近似, 绝大多数采用准静压近似. 进入 21 世纪以来, 随着观测技术的提高和观测数据的日益丰富, 人们对海洋中物理过程的机理有了更清晰的认识, 不同物理过程之间的相互作用不断应用于高分辨率海洋环流模式中. 2020 年 1 月, 由我国国家海洋环境预报中心开发的新一代高分辨率全球海洋数值预报系统正式业务化运行. 为了更好地满足国家海洋战略需求, 预报中心 2013 年 10 月发布了第一代全球海洋环流数值预报系统, 该系统分辨率为 25 公里.

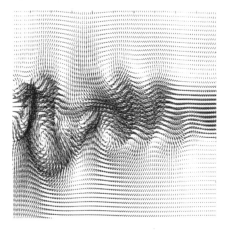

图 8.3　海洋速度计算结果示意图

移动网格在三维海洋模型中起到了重要的作用, 2005 年 Pain 等[134] 发表了一篇综述文章, 讨论了自适应网格对海洋模型计算的作用, 指出对复杂的海底和海岸线结构, 这类网格是唯一的计算技术, 文章的结论是如果需要充分发挥计算的潜能, 移动网格是非常必要的. Piggott, Pain 等还有多篇后续文章讨论网格自适应, 见 [140,141,192]. 英国帝国理工学院 Yeager 于 2018 年的博士学位论文[198], 对海洋环流的一些问题研究了相关移动有限元算法, 也进一步体现了移动网格算法在海洋模型计算方面的应用.

8.2　计算宇宙学

宇宙学是研究宇宙形成及演化等基本问题的学科, 其研究对象是天体运动. 由于宇宙学的研究对象在质量和物理尺度上都极其巨大, 因此不能直接在宇宙中进行实验, 这使得数值模拟为宇宙学研究提供了一个重要的平台. 这几年的数值研究极大地提高了人们对宇宙大尺度结构以及星系形成和演化的认识.

从 20 世纪 80 年代开始, 由于天体物理基础理论的突破性进展和计算机技术的迅速发展, 相对精确的宇宙学模型得以建立, 高分辨率的大规模数值模拟得以实现. 这一时期的数值算法大多采用直和 (direct sum) 算法来计算引力. 在有限的计算机能力下, 这种方法限制了数值模拟的分辨率、精度和模拟粒子数目.

为了提高计算效率和规模, 人们设法修改计算引力的方式, 采用非碰撞的玻尔兹曼方程, 给出了牛顿力学在宇宙学中的近似形式, 并在此基础上发展出了树算法 (tree algorithm)、粒子-网格 (particle-mesh, PM) 等算法, 由此衍生了直和算法与粒子-网格算法的组合算法 (particle-particle/particle-mesh, P³M), 以及树算法与粒子-网格算法的组合算法 (treePM). 20 世纪 80 年代出现了第一代冷暗物质宇宙学多体数值模拟. 在宇宙学中, 有一个模型与观测结果非常吻合, 被称为 ΛCDM 模型, 它包含以希腊字母 Λ 和冷暗物质 (CDM) 表示的暗能量. 该模型的许多改进都涉及对模型中的某些参数 (例如宇宙年龄、哈勃参数和暗物质密度) 进行更好的测量, 这些参数的无偏测量遵循一定的统计模式. 20 世纪 90 年代, 标准宇宙模型的建立推进了第一代 ΛCDM 宇宙学多体数值模拟的出现.

近年来, 随着计算机技术的进一步发展, 宇宙学大尺度数值模拟的算法逐渐成熟, 在动力学上可以用经典流体动力学方程组来描述粒子的运动. 根据处理对象的不同, 可以将算法分成两种: 第一种是拉格朗日算法, 即以粒子为对象, 对粒子质量进行离散化处理, 其中最常用的是所谓的 SPH (smoothed particle hydrodynamics) 算法; 第二种是欧拉或网格化 (Eulerian/grid-basd) 算法, 即以空间为对象, 对空间进行离散化处理. 但是应用这些算法的数值模拟对星系形成和演化的预测仍然与观测存在较大的偏差. 在过去 20 年内, 人们通过观测逐渐完善了对星系的形成和演化中重要物理过程的描述, 并逐渐发展出了比较完整的流体动力学宇宙学数值模拟体系. 中国科学院上海天文台唐林和林伟鹏的《宇宙大尺度结构数值模拟的研究进展》[176] 是这方面的一篇非常优秀的综述文章. 图 8.4 展示了一个宇宙学计算示意图.

为了更深入地理解星系的形成和演化, 人们需要在很大的物理尺度下研究暗物质晕的统计性质和演化历史. 但是, 早期的数值模拟在小尺度区域的结果并没有达到很高的统一性, 而且与观测相比有很大的差异. 这主要是由以下两个原因引起的: 第一个是早期的观测对于星系和恒星的形成机制以及两者之间相互影响的理解很不明确; 第二个是算法的复杂性使得早期数值模拟的精确性很不可靠. 以上两点在之前的数值模拟程序对比研究中有较明显的体现. 为了解决以上问题, 2005 年 Springel 等发展了第一代千禧数值模拟 (MS)、第二代千禧数值模拟 (MS-II) 和第三代千禧数值模拟 (MXXL).

　　宇宙动力学移动网格计算的开创性文章属于 1996 年前后 Gnedin 等的工作[71], 以及 1998 年当时的哈佛大学博士后 Ue-Li Pen(彭威礼) 的工作[136]. 他们的工作引发了十几年后一个重要的软件: AREPO[169], 此软件的开发者 Springel 等用了一个直截了当的名字"移动网格宇宙学"(moving mesh cosmology)[28, 95, 121, 131, 135, 159, 184, 189, 190]. AREPO 是一个修正的移动网格数值模拟程序, 包含了流体动力学方程欧拉特性和拉格朗日特性, 并用泰森多边形曲面细分法来进行空间离散. 引力由 treePM 方式得到, 其短程力通过多层的八叉树算法得到. 这方面的移动网格工作还有很多, 比如 [68, 139, 154].

图 8.4　宇宙学计算示意图

　　AREPO 是目前为止最重要的移动网格程序, 取得了举世瞩目的计算结果. 前面提到, 2012 年国际媒体广泛报道了 AREPO 的重大作用, 指出基于移动网格的 AREPO 已经帮助天体物理学家创建了有史以来产生最丰富信息的宇宙大尺度模拟. 新的工具为黑洞如何影响暗物质的分布、重元素在整个宇宙中的形成和分布, 以及磁场的产生提供了新解释. 媒体报道中专门介绍了 Springel 和他的软件:

　　AREPO 研发者、海德堡理论研究所天体物理学家沃克尔-斯普林格尔表示: "我们利用了当前模拟软件的优势, 同时消除劣势. "

　　斯普林格尔是研究星系形成的专家, 曾帮助创建"千禧模拟", 追踪 100 亿个粒子的演化. 这一次, 他利用哈佛的"奥德赛"超级计算机运行 AREPO. "奥德赛"共有 1024 个处理器, 能够使科学家们将 140 亿年的宇宙演化压缩到短短几个月.

研究小组表示视频中的螺旋星系——例如银河系和仙女座星系——与实际景象更接近, 而在此前的模拟视频中, 这些星系呈现为模糊的点. 研究人员在一篇描述这项技术的文章中指出: "与此前的模拟软件 GADGET 相比, AREPO 模拟出的星系恒星形成速度更快, 星系内的气体盘范围更大, 形态上更薄更平滑. "

8.3 数值相对论

数值相对论旨在通过数值方法求解爱因斯坦场方程, 以模拟强引力场中的物理过程. 相对论天文学中的物理系统, 如引力坍缩、中子星、黑洞及引力波等等 (图 8.5), 都可以利用数值相对论模拟. 由于爱因斯坦方程的复杂性与非线性, 这一领域的模拟需要特定的数值方法.

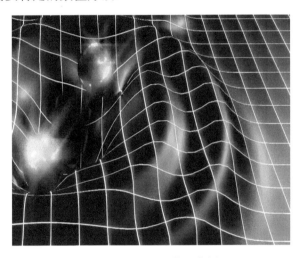

图 8.5 引力波计算示意图

模拟黑洞的并合是科学上的一次飞跃. 一方面, 它需要进行只有超级计算机才能胜任的大规模计算; 另一方面, 它还需要数值求解爱因斯坦广义相对论下用于描述黑洞及其运动的复杂方程. 这就是数值相对论研究的重要部分. 通过使用超级计算机, 科学家们希望能了解诸如黑洞并合或者中子星碰撞这些事件背后所暗藏着的物理本质.

广义相对论与生俱来的数学复杂性以及把它们转换成计算机代码的极端困难性使得计算模型极不稳定. 近半个世纪以来, 数值相对论几乎没有什么进展, 只需几步计算就会遇到分母为零 (溢出) 或其他无法处理的状况而崩溃, 数学上这就是问题不适定. 那是一个黑暗的时期, 很多人都失去了信心.

2005 年 4 月 19 日, 一次数值相对论会议上, 普林斯顿大学的弗兰斯·普雷托里斯 (Frans Pretorius) 向人们展示了一个 "秘密". 在介绍了他的代码的数学背景之后, 普雷托里斯展示了两个黑洞完整地互相绕转五圈的数值模拟. 这简直太惊人了! 在普雷托里斯的新方法中, 爱因斯坦方程被处理成了类似普通波方程的形式. 这是一种非常抽象而不直观的做法. 普雷托里斯无疑证明了数值相对论并不是一场不可能的梦想.

　　自适应网格细化是一种在数值相对论萌芽时即已发展的数值算法. 它是在 20 世纪 80 年代由 Choptuik 引入[50] 的. 目前, 自适应网格已经成为数值相对论的标准工具, 用于研究黑洞与其他稠密系统的融合, 以及由此产生的引力波[90,130]. 最近十几年发展的自适应网格算法的精确度足以用来验证引力波的探测结果, 比如人类首次直接探测到的引力波 GW150914, 实验数据与数值模拟数据的误差可以小到 4% 以内.

　　最新的一些相关工作是用 AREPO 等移动网格方法计算黑洞等问题, 这是一个非常活跃且有意思的工作, 这方面的工作可以参考 2019 年 Goicovic 等的工作[72,143]. 欧盟 2018 年支持了一个 150 万欧元的基金项目①, 支持德国 Helmholtz 重离子研究中心, 就是做移动网格广义相对论计算, 研究中子星碰撞问题[130].

　　与数值相对论相关的是相对论流体力学 (RHD) 和相对论磁流体力学 (RMHD) 问题, 这些问题普遍存在于从恒星尺度到星系尺度的许多天体物理现象中. 由于劳伦兹因子的出现, 相对论 (磁) 流体力学方程组的求解要比相应的非相对论流体力学方程组复杂和困难, 它们的高精度、高分辨数值方法的研究是重要的研究课题, 而它们的自适应移动网格方法研究非常少. 这方面的研究最近比较活跃, 包括北京大学汤华中以及 Duffell 等的工作[51,64,77].

8.4　化学反应和燃烧问题

　　超声速燃烧流场的数值模拟中存在刚性强、流动结构复杂、计算量大等困难, 特别是各种波系之间以及它们和化学反应之间的相互作用对各种因素的变化十分敏感, 数值模拟的可信度亟待提高. 而在非平衡气体动力学中, 爆轰问题通常被描述成无黏性的化学反应流动问题, 其物理模型是一个非齐次双曲守恒律方程组, 通常被称作反应欧拉方程组 (reactive Euler equations), 其中非齐次项 (源项) 通常被解释为由化学反应引起的混合组分的质量变化率. 关于这类问题的研究文献已经非常多, 可以参考 [47,133].

　　在燃烧和化学反应问题中, 更需要准确追踪反应界面或燃烧火焰面, 自适应网格技术可以发挥独特的优势. 这方面的文献在过去的二十年也很多, 包括 [13, 27,61,62,199,208].

---

　　① 项目名称 "General Relativistic Moving-Mesh Simulations of Neutron-Star Mergers"; 项目网页 https://cordis.europa.eu/project/id/759253.

这里要特别提到 Oran 和 Boris 1987 年的名著 *Numerical Simulation of Reactive Flow*[133], 此书 1987 年首版, 2001 年重印, 两位作者 Oran 和 Boris 都是美国工程院院士, 是反应动力学计算方面的重要专家. 在这本书里面, 作者花了较大篇幅介绍了 AMR 方法 (工程里面对 h-方法和移动网格方法的统称) 在反应动力学里面的应用, 以及详细的步骤, 图 8.6 为用 AMR 方法计算的化学反应流. 在本书 2001 年的版本中 (第 183 页), 作者指出: "自适应网格技术可以分为两大类: 自适应网格重分和自适应网格加密, 两个可以统一缩写为 AMR. 第一个方法把固定数的单元连续重新定位, 这样可以把计算区域上一些特殊位置的分辨率提高. 第二个方法根据需求加上一些计算单元或去掉一些单元. 由于 AMR 方法在不损失精度的前提下还能够减少计算资源, 它是科学计算里面一个前沿学科."

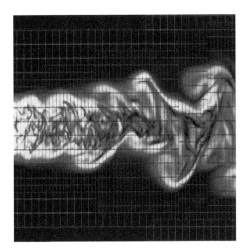

图 8.6　化学反应计算示意图

因为这段评论很精彩, 我们把原文列在这里, 作为本书的结束语:

Adaptive griding techniques fall into two broad classes, adaptive mesh redistribution and adaptive mesh refinement, both contained in the acronym AMR. Techniques for adaptive mesh redistribution continuously reposition a fixed number of cells, and so they improve the resolution in particular locations of the computational domain. Techniques for adaptive mesh refinement add new cells as required and delete other cells that are no longer required. Because the great potential of AMR for reducing computational costs without reducing the overall level of accuracy, it is a forefront area in scientific computation.

参 考 文 献

[1] Adams R A. Sobolev Spaces. New York: Academic Press, 1975.

[2] Adjerid S, Flaherty J E. A moving finite element method with error estimation and refinement for one-dimensional time dependent partial differential equations. SIAM Journal on Numerical Analysis, 1986, 23: 778-796.

[3] Alexander R, Manselli P, Miller K. Moving finite elements for the Stefan problem in two dimensions. Rend. Accad. Naz. Lincei (Rome), 1979, LXVII: 57-61.

[4] Anderson D A. Adaptive mesh schemes based on grid speeds. AIAA-83-1931, AIAA 6th Computational Fluid Dynamics Conference, Danvers, MA, 1983.

[5] Anderson D A. Equidistribution schemes, Poisson generators, and adaptive grids. Applied Mathematics and Computation, 1987, 24: 211-227.

[6] Anderson D A. Grid cell volume control with an adaptive grid generator. Applied Mathematics and Computation, 1990, 35: 209-217.

[7] Anderson D A. Application of adaptive grids to transient problems//Babuška I, Chandra J, Flaherty J E, eds. Adaptive Computational Methods for Partial Differential Equations. Philadelphia: Society for Industrial and Applied Mathematics, 1983: 208-223.

[8] Andreev V B, Savin I A. On the convergence, uniform with respect to the small parameter, of A. A. Samarskii' s monotone scheme and its modifications. Zh. Vychisl. Mat. Mat. Fiz., 1995, 35: 739-752 (in Russian); translation in Comput. Math. Math. Phys., 1995, 35: 581-591.

[9] Aydogdu A, Carrassi A, Guider C, Jones C, Rampal P. Data assimilation using adaptive, non-conservative, moving mesh models. Nonlinear Processes in Geophysics, 2019, 26: 175-193.

[10] Azarenok B N. Variational barrier method of adaptive grid generation in hyperbolic problems of gas dynamics. SIAM Journal on Numerical Analysis, 2002, 40: 651-682.

[11] Azarenok B N, Ivanenko S A. Application of adaptive grids in numerical analysis of time-dependent problems in gas dynamics. Computational Mathematics and Mathematical Physics, 2000, 40: 1330-1349.

[12] Azarenok B N, Ivanenko S A, Tang T. Adaptive mesh redistibution method based on Godunov's scheme. Communications in Mathematical Sciences, 2003, 1: 152-179.

[13] Azarenok B, Tang T. Second-order Godunov-type scheme for reactive flow calculations on moving meshes. Journal of Computational Physics, 2005, 206: 48-80.

[14] Arney D C, Flaherty J E. A two-dimensional mesh moving technique for time dependent partial differential equations. Journal of Computational Physics, 1986, 67: 124-144.

[15] Babuška I, Szabo B A, Katz I N. The p-version of the finite element method. SIAM Journal on Numerical Analysis, 1981, 18: 515-545.

[16] Babuška I, Dorr M R. Error estimates for the combined h and p version of the finite element method. Numerische Mathematik, 1981, 37: 252-277.

[17] Bacon D P, Ahmad N N, Boybeyi Z, Dunn T J. A dynamically adapting weather and dispersion model: The operational multiscale environment model with grid adaptivity (OMEGA). Monthly Weather Review, 2000, 128: 2044-2076.

[18] Baines M J. Moving Finite Elements. Oxford: Oxford University Press, 1994.

[19] Baines M J. Grid adaptation via node movement. Applied Numerical Mathematics, 1998, 26: 77-96.

[20] Bao G, Hu G, Liu D. Numerical solution of the Kohn-Sham equation by finite element methods with an adaptive mesh redistribution technique. Journal of Scientific Computing, 2013, 55(2): 372-391.

[21] Batina J T. Unsteady Euler algorithm with unstructured dynamic mesh for complex-aircraft aerodynamic analysis. AIAA Journal, 1991, 29: 327-333.

[22] Beckett G M, Mackenzie J A. Convergence analysis of finite difference approximations on equidistributed grids to a singularly perturbed boundary value problem. Applied Numerical Mathematics, 2000, 35: 87-109.

[23] Beckett G M, Mackenzie J A. Uniformly convergent high order finite element solutions of a singularly perturbed reaction-diffusion equation using mesh equidistribution. Applied Numerical Mathematics, 2001, 39: 31-45.

[24] Beckett G, Mackenzie J A, Ramage A, Sloan D M. On the numerical solution of one-dimensional PDEs using adaptive methods based on equidistribution. Journal of Computational Physics, 2001, 167: 372-392.

[25] Beckett G, Mackenzie J A, Robertson M L. A moving mesh finite element method for the solution of two-dimensional Stefan problems. Journal of Computational Physics, 2001, 168: 500-518.

[26] Beckett G, Mackenzie J A, Ramage A, Sloan D M. Computational solution of two-dimensional unsteady PDEs using moving mesh methods. Journal of Computational Physics, 2002, 182: 478-495.

[27] Bihari B, Schwendeman D. Multiresolution schemes for the reactive Euler equations. Journal of Computational Physics, 1999, 154: 197-230.

[28] Bird S, Vogelsberger M, Sijacki D, Zaldarriaga M, Springel V, Hernquist L. Moving-mesh cosmology: Properties of neutral hydrogen in absorption. Monthly Notices of the Royal Astronomical Society, 2013, 429: 3341-3352.

[29] Blake K W. Moving mesh methods for nonlinear parabolic partial differential equations. PhD Thesis, University of Reading, 2001.

[30] Blom J G, Sanz-Serna J M. On Simple moving grid methods for one-dimensional evolutionary partial differential equations. Journal of Computational Physics, 1988, 74: 191-213.

[31] Bonan B, Nichols N, Baines M, Partridge D. Data assimilation for moving mesh methods with an application to ice sheet modelling. Nonlinear Processes in Geophysics, 2017, 24: 515-534.

[32] Brackbill J U, Saltzman J S. Adaptive zoning for singular problems in two dimensions. Journal of Computational Physics, 1982, 46: 342-368.

[33] Brackbill J U. An adaptive grid with directional control. Journal of Computational Physics, 1993, 108: 38-50.

[34] Browne P A, Budd C, Piccolo C, Cullen M. Fast three dimensional r-adaptive mesh redistribution. Journal of Computational Physics, 2014, 275: 174-196.

[35] Budd C J, Huang W Z, Russell R D. Moving mesh methods for problems with blow-up. SIAM Journal on Scientific Computing, 1996, 17: 305-327.

[36] Budd C J, Chen S, Russell R D. New self-similar solutions of the nonlinear Schrödinger equation with moving mesh computations. Journal of Computational Physics, 1999, 152: 756-789.

[37] Budd C J, Huang W Z, Russell R D. Adaptivity with moving grids. Acta Numerica, 2009, 18: 111-241.

[38] Cao W M, Huang W Z, Russell R D. An r-adaptive finite element method based upon moving mesh PDEs. Journal of Computational Physics, 1999, 149: 221-244.

[39] Cao W M, Huang W Z, Russell R D. A study of monitor functions for two-dimensional adaptive mesh generation. SIAM Journal on Scientific Computing, 1999, 20: 1978-1994.

[40] Cao W M, Huang W Z, Russell R D. An error indicator monitor function for an r-adaptive finite-element method. Journal of Computational Physics, 2001, 170: 871-892.

[41] Cao W M, Huang W Z, Russell R D. A moving mesh method based on the geometric conservation law. SIAM Journal on Scientific Computing, 2002, 24: 118-142.

[42] Carlson N N, Miller K. Design and application of a gradient-weighted moving finite element code I, in one dimension. SIAM Journal on Scientific Computing, 1998, 19: 728-765.

[43] Carlson N, Miller K. Design and application of a gradient-weighted moving finite code II, in two dimensions. SIAM Journal on Scientific Computing, 1998, 19: 766-798.

[44] Ceniceros H D. A semi-implicit moving mesh method for the focusing nonlinear Schrödinger equation. Communications on Pure and Applied Analysis, 2002, 1: 1-18.

[45] Ceniceros H D, Hou T Y. An efficient dynamically adaptive mesh for potentially singular solutions. Journal of Computational Physics, 2001, 172: 609-639.

[46] Charakhch'yan A A, Ivanenko S A. A variational form of the Winslow grid generator. Journal of Computational Physics, 1997, 136: 385-398.

[47] 陈坚强, 张涵信, 高树椿. 冲压加速器燃烧流场的数值模拟. 空气动力学学报, 1998, (3): 297-303.

[48] Chen S, Russell R D, Sun W. Comparison of some moving mesh methods in higher dimensions. Proceedings of the Fourth Internal Workshop on Scientific Computing and Applications. Beijing: Science Press, c2007.

[49] Chen Y. Uniform convergence analysis of finite difference approximations for singular perturbation problems on an adapted grid. Advances in Computational Mathematics, 2006, 24(1-4): 197-212.

[50] Choptuik M W. Experiences with an adaptive mesh refinement algorithm in numerical relativity//Evans C, Finn L, Hobill D, eds. Frontiers in Numerical Relativity. Cambridge: Cambridge University Press, 1989.

[51] Fragile P C. Nemergut D, Shaw P L, Anninos P. Divergence-free magnetohydrodynamics on conformally moving, adaptive meshes using a vector potential method. Journal of Computational Physics, 2019, 2: 100020 (1-21).

[52] Coyle J, Flaherty J, Ludwig R. On the stability of mesh equidistribution strategies for time dependent partial differential equations. Journal of Computational Physics, 1986, 62: 26-39.

[53] Cristini V, Błazwdziewicz J, Loewenberg M. An adaptive mesh algorithm for evolving surfaces: Simulations of drop breakup and coalescence. Journal of Computational Physics, 2001, 168: 445-463.

[54] Cook S. Adaptive methods for problems in meteorology. PhD Thesis, University of Bath, 2017.

[55] Davis S F, Flaherty J E. An adaptive finite element method for initial boundary value problems for partial differential equations. SIAM Journal on Scientific and Statistical Computing, 1982, 3: 6-27.

[56] de Boor C. Good approximation by splines with variable knots II. Springer Lecture Notes Series 363. Berlin: Springer-Verlag, 1973.

[57] Das P, Mehrmann V. Numerical solution of singularly perturbed convection-diffusion-reaction problems with two small parameters. BIT Numerical Mathematics, 2016, 56: 51-76.

[58] Denny V E, Landis R B. A new method for solving two-point boundary value problems using optimal node distribution. Journal of Computational Physics, 1972, 9: 120-137.

[59] Dietachmayer G S, Droegemeier K K. Application of continuous dynamic grid adaption techniques to meteorological modeling. Part I: Basic formulation and accuracy. Monthly Weather Review, 1992, 120: 1675-1706.

[60] Dietachmayer G S. Application of continuous dynamic grid adaption techniques to meteorological modeling. Part II: Efficiency. Monthly Weather Review, 1992, 120: 1707-1722.

[61] Deiterding R. Parallel adaptive simulation of multi-dimensional detonation structures. PhD Thesis, Techn. U. Cottbus, 2003.

[62] Deiterding R. A parallel adaptive method for simulating shock-induced combustion with detailed chemical kinetics in complex domains. Computers & Structures, 2009, 87(11-12): 769-783.

[63] Dorfi E A, Drury L O. Simple adaptive grids for 1-D initial value problems. Journal of Computational Physics, 1987, 69: 175-195.

[64] Duffell P, MacFadyen A. TESS: A relativistic hydrodynamics code on a moving Voronoi mesh. The Astrophysical Journal Supplement Series, 2011, 197: 15.

[65] Dupont T F, Liu Y. Symmetric error estimates for moving mesh Galerkin methods for advection-diffusion equations. SIAM Journal on Numerical Analysis, 2002, 40(3): 914-927.

[66] Dvinsky A S. Adaptive grid generation from harmonic maps on Riemannian manifolds. Journal of Computational Physics, 1991, 95: 450-476.

[67] Feng W M, Yu P, Hu S Y, Liu Z K, Du Q, Chen L Q. Spectral implementation of an adaptive moving mesh method for phase-field equations. Journal of Computational Physics, 2006, 220: 498-510.

[68] Gaburro E, Boscheri W, Chiocchetti S, Klingenberg C, Springel V, Dumbser M. High order direct Arbitrary-Lagrangian-Eulerian schemes on moving Voronoi meshes with topology changes. Journal of Computational Physics, 2020, 407: 109167.

[69] Fiedler B H, Trapp R J. A fast dynamic grid adaption scheme for meteorological flows. Monthly Weather Review, 1993, 121: 2879-2888.

[70] Furzeland R M, Verwer J G, Zegeling P A. A numerical study of three moving-grid methods for one-dimensional partial differential equations which are based on the method of lines. Journal of Computational Physics, 1990, 89: 349-388.

[71] Gnedin N Y, Bertschinger E. Building a Cosmological Hydrodynamic Code: Consistency Condition, Moving Mesh Gravity, and SLH-P3M. Astrophysical Journal, 1996, 470: 115.

[72] Goicovic F G, Springel V, Ohlman S T, Pakmor R. Hydrodynamical moving-mesh simulations of the tidal disruption of stars by supermassive black holes. Monthly Notices of the Royal Astronomical Society, 2019, 487: 981-992.

[73] Haldenwang P, Pignol D. Dynamically adapted mesh refinement for combustion front tracking. Computers & Fluids, 2002, 31: 589-606.

[74] Hardy G H, Littlewood J E, Ólya G. Inequalities. Cambridge: Cambridge University Press, 1934.

[75] Harten A, Hyman J M. Self-adjusting grid methods for one-dimensional hyperbolic conservation laws. Journal of Computational Physics, 1983, 50: 235-269.

[76] Hawken D F, Gottlieb J J, Hansen J S. Review of some adaptive node-movement techniques in finite-element and finite difference solutions of partial differential equations. Journal of Computational Physics, 1991, 95: 254-302.

[77] He P, Tang H Z. An adaptive moving mesh method for two-dimensional relativistic hydrodynamics. Communications in Computational Physics, 2012, 11: 114-146.

[78] Huang W Z. Practical aspects of formulation and solution of moving mesh partial differential equations. Journal of Computational Physics, 2001, 171: 753-775.

[79] Huang W Z. Convergence analysis of finite element solution of one-dimensional singularly perturbed differential equations on equidistributing meshes. Internal Journal of Numerical Analysis and Modeling, 2005, 2: 57-74.

[80] Huang W Z. Variational mesh adaptation: Isotropy and equidistribution. Journal of Computational Physics, 2001, 174(2): 903-924.

[81] Huang W Z, Sloan D M. A simple adaptive grid method in two dimensions. SIAM Journal on Scientific Computing, 1994, 15: 776-797.

[82] Huang W Z, Russell R D. Analysis of moving mesh partial differential equations with spatial smoothing. SIAM Journal on Numerical Analysis, 1997, 34: 1106-1126.

[83] Huang W Z, Russell R D. Moving mesh strategy based on a gradient flow equation for two dimensional problems. SIAM Journal on Scientific Computing, 1999, 20: 998-1015.

[84] Huang W, Russell R D. Adaptive Moving Mesh methods. New York: Springer, 2011.

[85] Huang W Z, Ren Y H, Russell R D. Moving mesh partial differential equations (MM-PDEs) based on the equidistribution principle. SIAM Journal on Numerical Analysis, 1994, 31: 709-730.

[86] Huang W Z, Ren Y H, Russell R D. Moving mesh methods based on moving mesh partial differential equations. Journal of Computational Physics, 1994, 113: 279-290.

[87] Hou T Y, Lowengrub J S, Shelley M J. Removing the stiffness from interfacial flows with surface tension. Journal of Computational Physics, 1994, 114: 312-338.

[88] Hyman J M, Larrouturou B. Dynamic rezone methods for partial differential equations in one space dimension. Applied Numerical Mathematics, 1989, 5: 435-450.

[89] Imbiriba B, Baker J G, Choi D, Centrella J. Evolving a puncture black hole with fixed mesh refinement. Physical Review D, 2004, 70(12): 124025.

[90] Iselin J P. A dynamic adaptive grid MPDATA scheme: Application to the computational solution of atmospheric tracer transport problems. PhD thesis, Iowa State University, 1999.

[91] Iselin J P, Prusa J M, Gutowski W J. Dynamic grid adaptation using the MPDATA scheme. Monthly Weather Review, 2002, 130: 1026-1039.

[92] Jin C, Xu K. A unified moving grid gas-kinetic method in Eulerian space for viscous flow computation. Journal of Computational Physics, 2007, 222(1): 155-175.

[93] Kwak S, Pozrikidis C. Adaptive triangulation of evolving, closed, or open surfaces by the advancing-front method. Journal of Computational Physics, 1998, 145: 61-88.

[94] Kellogg R B, Tsan A. Analysis of some difference approximations for a singular perturbation problem without turning points. Mathematics of Computation, 1978, 32: 1025-1039.

[95] Keres D, Vogelsberger M, Sijacki D, Springel V. Moving-mesh cosmology: characteristics of galaxies and haloes. Monthly Notices of the Royal Astronomical Society, 2012, 425: 2027-2048.

[96] Khakimzyanov G, Dutykh D, Mitsotakis D, Shokina N Y. Numerical simulation of conservation laws with moving grid nodes: Application to tsunami wave modelling. Geosciences, 2019, 9(5): 197.

[97] Kopera M A, Giraldo F X. Analysis of adaptive mesh refinement for IMEX discontinuous Galerkin solutions of the compressible Euler equations with application to atmospheric simulations. Journal of Computational Physics, 2014, 275: 92-117.

[98] Kopteva N. Maximum norm a posteriori error estimates for a one-dimensional convection-diffusion problem. SIAM Journal on Numerical Analysis, 2001, 39(2): 423-441.

[99] Kopteva N, Stynes M. A robust adaptive method for a quasi-linear one-dimensional convection-diffusion problem. SIAM Journal on Numerical Analysis, 2001, 39(4): 1446-1467.

[100] Kühnlein C, Smolarkiewicz P K, Dörnbrack A. Modelling atmospheric flows with adaptive moving meshes. Journal of Computational Physics, 2012, 231(7): 2741-2763.

[101] Kühnlein C. Solution-adaptive moving mesh solver for geophysical flows. PhD Thesis, University of Munich, 2011.

[102] Li S T. Adaptive mesh methods and software for time-dependent partial differential equacitons. PhD thesis, University of Minnesod, 1998.

[103] Li S T, Petzold L R. Moving mesh methods with upwinding schemes for time-dependent PDEs. Journal of Computational Physics, 1997, 131: 368-377.

[104] Li S T, Petzold L R, Ren Y H. Stability of moving mesh systems of partial differential equations. SIAM Journal on Scientific Computing, 1998, 20: 719-738.

[105] Li R. Moving Mesh Method and its Application. PhD Thesis (in Chinese), School of Mathematical Sciences, Peking University, 2001.

[106] Li R, Liu W B, Ma H P, Tang T. Adaptive Finite element approximation for distributed elliptic optimal control problems. SIAM Journal on Control and Optimization, 2002, 41: 1321-1349.

[107] Li R, Tang T, Zhang P W. Moving mesh methods in multiple dimensions based on harmonic maps. Journal of Computational Physics, 2001, 170: 562-588.

[108] Li R, Tang T, Zhang P. A moving mesh finite element algorithm for singular problems in two and three space dimensions. Journal of Computational Physics, 2002, 177: 365-393.

[109] Liao G, Pan T W, Su G. Numerical grid generator based on Moser's deformation method. Numerical Methods for Partial Differential Equations, 1994, 10: 21-31.

[110] Linβ T. Uniform pointwise convergence of finite difference schemes using grid equidistribution. Computing, 2001, 66: 27-39.

[111] Linss T. Analysis of a system of singularly perturbed convection-diffusion equations with strong coupling. SIAM Journal on Numerical Analysis, 2009, 47: 1847-1862.

[112] Linss T, Roos H G, Vulanovic R. Uniform pointwise convergence on Shishkin-type meshes for quasi-linear convection-diffusion problems. SIAM Journal on Numerical Analysis, 2000, 38: 897-912.

[113] Liseikin V L. Grid Generation Methods. Berlin: Springer, 1999.

[114] 刘卓, 曾庆存. 自适应网格在大气海洋问题中的初步应用. 大气科学, 1994, 18(6): 641-648.

[115] Liu Y, Bank R E, Dupont T F, Garcia S, Santos R F. Symmetric error estimates for moving mesh mixed methods for advection-diffusion equations. SIAM Journal on Numerical Analysis, 2002, 40: 2270-2291.

[116] Liu F, Ji S, Liao G. An adaptive grid method and its application to steady Euler flow calculations. SIAM Journal on Scientific Computing, 1998, 20: 811-825.

[117] Ma J. Convergence analysis of moving Godunov methods for dynamical boundary layers. Computers & Mathematics with Applications, 2010, 59: 80-93.

[118] Mackenzie J A. The efficient generation of simple two-dimensional adaptive grids. SIAM Journal on Scientific Computing, 1998, 19: 1340-1365.

[119] Mackenzie J A. Uniform convergence analysis of an upwind finite-difference approximation of a convection-diffusion boundary value problem on an adaptive grid. IMA Journal of Numerical Analysis, 1999, 19: 233-249.

[120] Mackenzie J A, Robertson M L. The numerical solution of one-dimensional phase change problems using an adaptive moving mesh method. Journal of Computational Physics, 2000, 161: 537-557.

[121] Marinacci F, Pakmor R, Springel V. The formation of disc galaxies in high-resolution moving-mesh cosmological simulations. Monthly Notices of the Royal Astronomical Society, 2014, 437: 1750-1775.

[122] Miller K. Recent results on finite element methods with moving nodes//Babuška I, et al, eds. Accuracy Estimates and Adaptive Refinement in Finite Element Calculations. New York: Wiley, 1986: 325-338.

[123] Miller K. A geometrical-mechanical interpretation of gradient-weighted moving finite elements. SIAM Journal on Numerical Analysis, 1997, 34: 67-90.

[124] Miller J J H, O'Riordan E, Shishkin G I. On piecewise-uniform meshes for upwind- and central-difference operators for solving singularly perturbed problems. IMA Journal of Numerical Analysis, 1995, 15: 89-99.

[125] Miller J J H, O'Riordan E, Shishkin G I. Fitted Numerical Methods for Singular Perturbation Problems. Singapore: World-Scientific, 1996.

[126] Miller K, Miller R N. Moving finite elements. I. SIAM Journal on Numerical Analysis, 1981, 18: 1019-1032.

[127] Miller K. Moving finite elements. II. SIAM Journal on Numerical Analysis, 1981, 18: 1033-1057.

[128] Moore P K, Flaherty J E. Adaptive local overlapping grid methods for parabolic systems in two space dimensions. Journal of Computational Physics, 1992, 98: 54.

[129] Moser J. On the volume elements on a manifold. Transactions of the American Mathematical Society, 1965, 120: 286-294.

[130] Nagakura H, Iwakami W, Furusawa S, Sumiyoshi K, Yamada S, Matsufuru H, Imakura A. Three-dimensional Boltzmann-Hydro code for core-collapse in massive stars. II. The implementation of moving-mesh for neutron star kicks. The Astrophysical Journal Letters Supplement Series, 2017, 229(2): 42.

[131] Nelson D, Vogelsberger M, Genel S, Sijacki D, Keres D, Springel V, Hernquist L. Moving mesh cosmology: Tracing cosmological gas accretion. Monthly Notices of the Royal Astronomical Society, 2013, 429: 3353-3370.

[132] Ni G, Jiang S, Xu K. Remapping-free ALE-type kinetic method for flow computations. Journal of Computational Physics, 2009, 228: 3154-3171.

[133] Oran E S, Boris J P. Numerical Simulation of Reactive Flow. New York: Elsevier, 1987; Cambridge: Cambridge University Press, 2001 (2nd ed.).

[134] Pain C C, Piggott M D, Goddard, Fang F, Gorman G J, Marshall D P, Eaton M D, Power P W, de Oliveira C R E. Three-dimensional unstructured mesh ocean modelling. Ocean Modelling, 2005, 10(1-2): 5-33.

[135] Pakmor R, Springel V, Bauer A, Mocz P, Munoz D J, Ohlmann S T, Schaal K, Zhu C. Improving the convergence properties of the moving-mesh code AREPO. Monthly Notices of the Royal Astronomical Society, 2016, 455(1): 1134-1143.

[136] Pen U L. A high-resolution adaptive moving mesh hydrodynamic algorithm. The Astrophysical Journal Supplement Series, 1998, 115(1): 19-34.

[137] Perot B, Nallapati R. A moving unstructured staggered mesh method for the simulation of incompressible free-surface flows. Journal of Computational Physics, 2003, 184: 192-214.

[138] Petzold L R. Observations on an adaptive moving grid method for one-dimensional systems of partial differential equations. Applied Numerical Mathematics, 1987, 3: 347-360.

[139] Pfrommer C, Pakmor R, Schaal K, Simpson C M, Springel V. Simulating cosmic ray physics on a moving mesh, Monthly Notices of the Royal Astronomical Society, 2017, 465(4): 4500-4529.

[140] Piggott M D, Pain C C, Gorman G J, Power P W, Goddard A J H. h, r, and h-r adaptivity with applications in numerical ocean modelling. Ocean modelling, 2005, 10(1-2): 95-113.

[141] Piggott M D, Farrell P E, Wilson C R, Gorman G J, Pain C C. Anisotropic mesh adaptivity for multi-scale ocean modelling. Philosophical Transactions of the Royal Society A: Mathematical, Physical and Engineering Sciences, 2009, 367(1907): 4591-4611.

[142] Prusa J, Smolarkiewicz P K. An all-scale anelastic model for geophysical flows: Dynamic grid deformation. Journal of Computational Physics, 2003, 190: 601-622.

[143] Prust L J. Moving and reactive boundary conditions in moving-mesh hydrodynamics. Monthly Notices of the Royal Astronomical Society, 2020, 494(4): 4616-4626.

[144] Qamar S, Ashfaq A, Warnecke G, Angelov I, Elsner M P, Seidel-Morgenstern A. Adaptive high-resolution schemes for multidimensional population balances in crystallization processes. Computers & Chemical Engineering, 2007, 31(10): 1296-1311.

[145] Qiu Y, Sloan D M. Analysis of difference approximations to a singularly perturbed two-point boundary value problem on an adaptively generated grid. Journal of Computational and Applied Mathematics, 1999, 101: 1-25.

[146] Qiu Y, Sloan D M, Tang T. Numerical solution of a singularly perturbed two-point boundary value problem using equidistribution: Analysis of convergence. Journal of Computational and Applied Mathematics, 2000, 116: 121-143.

[147] Reeves C P. Moving finite elements and overturning solutions. PhD Thesis, University of Reading, 1991.

[148] Remacle J F, Flaherty J E, Shephard M S. An adaptive discontinuous Galerkin technique with an orthogonal basis applied to compressible flow problems. SIAM Review, 2003, 45: 53-72.

[149] Ren W Q, Wang X P. An iterative grid redistribution method for singular problems in multiple dimensions. Journal of Computational Physics, 2000, 159: 246-273.

[150] Ren Y H. Theory and computation of moving mesh methods for solving time-dependent partial differential equations. PhD Thesis, Simon Fraser University, Burnaby, B.C., Canada, 1991.

[151] Ren Y H, Russell R D. Moving mesh techniques based upon equidistribution, and their stability. SIAM Journal on Scientific and Statistical Computing, 1992, 13: 1265-1286.

[152] Roos H G, Stynes M, Tobiska L. Robust Numerical Methods for Singularly Perturbed Differential Equations: Convection-Diffusion-Reaction and Flow Problems. New York: Springer, 2008.

[153] Roos H G, Stynes M, Tobiska L. Numerical Methods for Singularly Perturbed Differential Equations. Berlin: Springer-Verlag, 1996.

[154] Schaal K, Springel V, Pakmor R, Pfrommer C, Nelson D, Vogelsberger M, Hernquist L. Shock finding on a moving-mesh-II. Hydrodynamic shocks in the Illustris universe. Monthly Notices of the Royal Astronomical Society, 2016, 461(4): 4441-4465.

[155] Sfakianakis N. Adaptive mesh reconstruction for hyperbolic conservation laws with total variation bound. Mathematics of Computation, 2013, 82(281): 129-151.

[156] Shen J, Yang X. An efficient moving mesh spectral method for the phase-field model of two-phase flows. Journal of Computational Physics, 2009, 228(8): 2978-2992.

[157] Shishkin G I. Grid approximation of singularly perturbed elliptic and parabolic equations. PhD Thesis, Keldysh Institute of Applied Mathematics, USSR Academy of Sciences, Moscow, 1990.

[158] Shishkin G I, Shishkina L P. Difference Methods for Singular Perturbation Problems. Boca Raton: Chapman and Hall/CRC Press, 2009.

[159] Sijacki D, Vogelsberger M, Keres D, Springel V, Hernquist L. Moving mesh cosmology: The hydrodynamics of galaxy formation. Monthly Notices of the Royal Astronomical Society, 2012, 424: 2999-3027.

[160] Smith J H, Stuart A M. Analysis of continuous moving mesh equations. Technical report, SCCM Program, Stanford University, Stanford, CA, 1996.

[161] Smith J H. Analysis of moving mesh methods for dissipative partial differential equations. PhD thesis, Stanford University, Dept. Computer Science, 1996.

[162] Stynes M, Roos H G. The midpoint upwind scheme. Applied Numerical Mathematics, 1997, 23: 361-374.

[163] Stockie J M, Mackenzie J A, Russell R D. A moving mesh method for one-dimensional hyperbolic conservation laws. SIAM Journal on Scientific Computing, 2001, 22: 1791-1813.

[164] Miller J J H, O' Riordan E, Shishkin G I. Fitted Numerical Methods for Singular Perturbation Problems (Revised Edition). Singapore: World Scientific, 2012.

[165] Salari K, Steinberg S. Flux-corrected transport in a moving grid. Journal of Computational Physics, 1994, 111: 24-32.

[166] Shu C W, Osher S. Efficient implemention of essentially non-oscillatory shock-capturing schemes, II. Journal of Computational Physics, 1989, 83: 32-78.

[167] Sochnikov V, Efrima S. Level set calculations of the evolution of boundaries on a dynamically adaptive grid. International Journal for Numerical Methods in Engineering, 2003, 56: 1913-1929.

[168] Springel V. The cosmological simulation code GADGET-2. Monthly Notices of the Royal Astronomical Society, 2005, 364(4): 1105-1134.

[169] Springel V. E pur si muove: Galilean-invariant cosmological hydrodynamical simulations on a moving mesh. Monthly Notices of the Royal Astronomical Society, 2010, 401(2): 791-851.

[170] Stockie J M, Mackenzie J A, Russell R D. A moving mesh method for one-dimensional hyperbolic conservation laws. SIAM Journal on Scientific Computing, 2001, 22: 1791-1813.

[171] Strang G, Persson P O. Circuit simulation and moving mesh generation. Communications and Information Technology, 2004, DOI: 10.1109/ISCIT.2004.1412441.

[172] Stynes M, Roos H G. The midpoint upwind scheme. Applied Numerircal Mathematics, 1997, 23: 361-374.

[173] Sun M, Takayama K. Conservative smoothing on an adaptive quadrilateral grid. Journal of Computational Physics, 1999, 150: 143-180.

[174] Sun W T, Tang T, Ward M J, Wei J C. Numerical challenges for resolving spike dynamics for two one-dimensional reaction-diffusion systems. Studies in Applied Mathematics, 2003, 111: 41-84.

[175] Szabo B A, Mehta A K. *p*-convergent finite element approximations in fracture mechanics. International Journal for Numerical Methods in Engineering, 1978, 12: 551-560.

[176] 唐林, 林伟鹏. 宇宙大尺度结构数值模拟的研究进展. 天文学进展, 2018, 36(2): 136-172.

[177] Tang H Z, Tang T. Adaptive mesh methods for one- and two-dimensional hyperbolic conservation laws. SIAM Journal on Numerical Analysis, 2003, 41: 487-515.

[178] Tang H Z, Tang T, Zhang P W. An adaptive mesh redistribution method for nonlinear Hamilton-Jacobi equations in two- and three-dimensions. Journal of Computational Physics, 2003, 188: 543-572.

[179] Tang T, Teng Z H. The sharpness of Kuznetsov's $O(\sqrt{\Delta x})$ L^1-error estimate for monotone difference schemes. Mathematics of Computation, 1995, 64(210): 581-589.

[180] Tang T, Xue W M, Zhang P W. Analysis of moving mesh methods based on geometrical variables. Journal of Computational Mathematics, 2001, 19: 41-54.

[181] Teng Z H. Modified equation for adaptive monotone difference schemes and its convergent analysis. Mathematics of Computation, 2008, 77(263): 1453-1465.

[182] Thompson J F. A survey of dynamically-adaptive grids in the numerical solution of partial differential equations. Applied Numerical Mathematics, 1985, 1: 3-27.

[183] Thompson J F, Warsi Z U A, Mastin C W. Numerical Grid Generation. New York: North-Holland, 1985.

[184] Torrey P, Vogelsberger M, Sijacki D, Springel V, Hernquist L. Moving-mesh cosmology: Properties of gas discs. Monthly Notices of the Royal Astronomical Society, 2012, 427: 2224-2238.

[185] Tourigny Y, Hülsemann F. A new moving mesh algorithm for the finite element solution of variational problems. SIAM Journal on Numerical Analysis, 1998, 35: 1416-1438.

[186] Turner M J, Clough R W, Martin H C, Topp L J. Stiffness and deflection analysis of complex structures. Journal of the Aeronautical Sciences, 1956, 23: 805-823.

[187] Varga R S. Matrix Iterative Analysis. Englewood Cliffs: Prentice-Hall, 1962.

[188] Verwer J G, Blom J G, Furzeland R M, Zegeling P A. A moving-grid method for one-dimensional PDEs based on the method of lines//Flaherty J E, Paslow P J, Shephard M S, Vasilakis J D, eds. Adaptive Methods for Partial Differential Equations. Philadelphia: SIAM, 1989: 160-185.

[189] Vogelsberger M, Sijacki D, Keres D, Springel V, Hernquist L. Moving mesh cosmology: Numerical techniques and global statistics. Monthly Notices of the Royal Astronomical Society, 2012, 425(4): 3024-3057.

[190] Vogelsberger M, Genel S, Springel V, Torrey P, Sijacki D, Xu D, Snyder G, Bird S, Neslon D, Hernquist L. Properties of galaxies reproduced by a hydrodynamic simulation. Nature, 2014, 509: 177-182.

[191] Walsh E. Moving mesh methods for problems in meteorology. PhD Thesis, University of Bath, 2010.

[192] Wang P, Ozgokmen T M. Langmuir circulation with explicit surface waves from moving mesh modeling. Geophysical Research Letters, 2018, 45(1): 216-226.

[193] Watkins A. A moving mesh finite element method and its application to population dynamics. PhD thesis, University of Reading, 2017.

[194] White A B, Jr. On selection of equidistributing meshes for two-point boundary-value problems. SIAM Journal on Numerical Analysis, 1979, 16: 472-502.

[195] White A B, Jr. On the numerical solution of initial/boundary-value problems in one space dimension. SIAM Journal on Numerical Analysis, 1982, 19: 683-697.

[196] Winslow A. Numerical solution of the quasi-linear Poisson equation. Journal of Computational Physics, 1967, 1: 149-172.

[197] Xu X, Huang W Z, Russell R D, Williams J F. Convergence of de Boor's algorithm for the generation of equidistributing meshes. IMA Journal of Numerical Analysis, 2010, 31: 580-596.

[198] Yeager B A. Moving mesh finite element modeling of ocean circulation beneath ice shelves. PhD Thesis, Imperial College, London, 2018.

[199] Yuan L, Tang T. Resolving the shock-induced combustion by an adaptive mesh redistribution method. Journal of Computational Physics, 2007, 224: 587-600.

[200] Zaide D W, Roe P L. Entropy-based mesh refinement, II: A new approach to mesh movement. 19th AIAA Computational Fluid Dynamics, 2009: 3791.

[201] Zegeling P A. A dynamically-moving adaptive grid method based on a smoothed equidistribution principle along coordinate lines. Proceedings of 5th International Conference on Numerical Grid Generation in Computational Field Simulations, Mississippi State University, 1996.

[202] Zegeling P A. Tensor-product adaptive grids based on coordinate transformations. Journal of Computational and Applied Mathematics, 2014, 166: 343-360.

[203] Zegeling P A. On resistive MHD models with adaptive moving meshes. Journal of Scientific Computing, 2005, 24: 263-284.

[204] Zegeling P A. MFE revisited, Part I: Adaptive Grid-Generation using the Heat Equation. Department of Mathematics, Utrecht University, 1996.

[205] Zegeling P A, Kok H P. Adaptive moving mesh computations for reaction-diffusion systems. Journal of Computational and Applied Mathematics, 2004, 168: 519-528.

[206] Zegeling P A. Moving grid techniques//Thompson J F, Soni B K, Weatherill N P, eds. Handbook of Grid Generation. Boca Raton: CRC Press LLC, 1999: 33431.

[207] De Zeeuw P M. Matrix-dependent prolongations and restrictions in a blackbox multigrid solver. Journal of Computational and Applied Mathematics, 1990, 33: 1-27.

[208] 张磊, 袁礼. 龙格库塔间断有限元方法在计算爆轰问题中的应用. 计算物理, 2010, 27(4): 509-517.

[209] Zhang Z R, Tang T. An adaptive mesh redistribution algorithm for convection-dominated problems. Communications on Pure and Applied Analysis, 2002, 1: 341-357.

[210] Zhang Z R, Tang T. Resolving small-scale structures in Boussinesq convection by adaptive grid methods. Journal of Computational and Applied Mathematics, 2006, 195: 274-291.

[211] Zhang Z R, Tang H Z. An adaptive phase field method for the mixture of two incompressible fluids. Computers & Fluids, 2007, 36: 1307-1318.

[212] Fidkowski K J, Roe P L. Entropy-based mesh refinement, I: The entropy adjoint approaeh. AIAA paper 2009-3790 19th AIAA CFD meeting, San Antonio, 2009.

[213] Huang W Z. Variational mesh adaptation: Isotropy and equidistrihution. Journal of computational Physics, 2001, 174: 903-924.

[214] Tang T, Xu J C. Adaptive Computations: Theory and Algorithms. Beijing: Science Press, 2007.

索 引

《信息与计算科学丛书》已出版书目